ECOLOGICAL ENVIRONMENT

生态环境产教融合系列教材

环境工程实验

主编　章琴琴

编委　王宝珍　徐乾前　万邦江

孙启耀　汤金柱　余艳丽

屈　燕　黄江平

中国科学技术大学出版社

内 容 简 介

本书对环境工程实验进行了全面介绍，内容包括环境工程实验的教学目的与要求、实验设计、误差分析与实验数据处理，城镇污水、化工、轻工、冶金、造纸、医药工业、燃煤、餐饮、汽车运输等行业产生的废液、废渣、废气等污染物的水污染控制实验、大气污染控制实验、固体废物处理与处置实验、环境污染噪声控制实验和综合实验等。

本书实验项目与产业相融，可作为高等院校环境工程专业、环境科学专业、给水排水专业以及其他相关专业的实验教学用书，也可供行业、企业管理人员、技术人员学习参考。

图书在版编目(CIP)数据

环境工程实验/章琴琴主编.—合肥：中国科学技术大学出版社，2024.1
ISBN 978-7-312-05841-7

Ⅰ.环… Ⅱ.章… Ⅲ.环境工程—实验—高等学校—教材 Ⅳ.X5-33

中国国家版本馆CIP数据核字(2023)第228988号

环境工程实验
HUANJING GONGCHENG SHIYAN

出版 中国科学技术大学出版社
安徽省合肥市金寨路96号，230026
http://press.ustc.edu.cn
https://zgkxjsdxcbs.tmall.com

印刷 合肥市宏基印刷有限公司
发行 中国科学技术大学出版社
开本 787 mm×1092 mm 1/16
印张 14.5
字数 344千
版次 2024年1月第1版
印次 2024年1月第1次印刷
定价 54.00元

前 言

人类社会的发展历程与自然环境的变迁紧密相连，从原始的狩猎采集，到农业革命，再到工业革命，每一次重大的社会进步都伴随着对自然环境的深刻影响。如今，我们身处一个科技进步、经济腾飞的时代，与此同时，解决生态环境问题也成为全球共同面临的挑战，加强环境保护和可持续发展已成为社会的共识。在这样的背景下，生态环境产教融合系列教材应运而生，这套教材不仅是对环境保护领域知识的一次全面梳理，更是对产教融合教育模式的一种实践与探索，让知识更好地服务于环保产业的创新与发展。

产教结合的基础是“产”，即必须以真实的行业生产为前提，教学与产业相融，在“产”的基础和氛围中进行专业实践教学。环境工程学科近十几年来发展很快，出现了许多新理论、新工艺和新方法，加之近年来学校、社会对环境类实验中心建设投入力度不断加大，实验室相关实验装置和仪器设备不断更新，亟需一本结合行业生产需求的环境工程实验教材。

通过本书的学习可加深学生对水污染控制工程，大气污染控制工程、固体废弃物处理及处置工艺、噪声污染控制等技术基本理论的理解；培养学生设计和组织实验方案，进行环境工程实险和使用设备的基本能力，综合锻炼学生分析与处理实验数据的技能；培养学生的实践操作、团队协作能力、创新意识和实事求是的精神。

本书围绕城镇生活污水、化工、冶金、造纸、医药工业、燃煤、餐饮、汽车运输等行业产生的废液、废渣、废气等污染物设置实验项目，如油气开采中压裂返排液的污染特征评价及处理实验；钢铁厂、机械制造厂、化工厂、化纤厂产生的酸性废水过滤中和实验；塑料行业废水Fenton法降解污染物实验；铜的开采及加工行业废水中铜回收实验等。同时本书较全面系统地介绍了环境工程实验的教学目的与要求、实验设计、误差分析与实验数据处理等内容。

本书由长江师范学院章琴琴副教授担任主编，长江师范学院王宝珍、万邦江、孙启耀、汤金柱、余艳丽，重庆郅治环保科技有限公司的徐乾前、屈燕、黄江平对本书的编写提供了建议，全书由章琴琴副教授统稿。同时，本书参阅并引用了大量的国内外文献和资料，在此向所引用文献的作者致以诚挚谢意。

由于编者水平有限，书中不妥之处在所难免，本书将在实践中不断改进，恳请读者批评指正。

编　者

2023年9月

目　录

第1章 概　论

环境工程实验是环境工程的重要组成部分,是科研和工程技术人员解决水污染控制、大气污染控制、固体废弃物处理与处置及物理污染的手段。通过实验研究,解决以下问题:

(1) 掌握污染物在自然界的迁移转化规律,为环境保护提供依据;

(2) 掌握环境保护过程中污染物去除的基本规律,以提高和改进现有的处理技术及设备;

(3) 开发新的污染物处理技术和设备;

(4) 实现环境工程设备的优化设计和优化控制;

(5) 解决环境工程技术开发的放大问题。

1.1　实验教学目的

实验教学是让学生学会理论联系实际,培养学生分析问题和解决问题能力的重要方面。本课程的教学目的如下:

(1) 加深学生对基本概念的理解,巩固新学知识;

(2) 理解水污染控制工程、大气污染控制工程和固体废物处理与处置工程的基本实验技术原理及实验方法,掌握基本仪器设备的正确操作规程,明确其性能参数、适应范围及注意事项;

(3) 使学生了解如何进行实验方案的设计,并初步掌握污染控制实验研究方法和基本测试技术;

(4) 通过对实验数据的整理,使学生初步掌握数据分析处理技术,包含如何收集实验数据,如何正确分析和归纳使用数据,如何运用实验成果验证已有的概念和理论等。

1.2　实验教学程序

为了更好地实验,实现实验教学目的,使学生学好本门课程。实验研究工作的一般程序如下:

(1) 提出问题

根据已经掌握的知识提出需要研究和解决的问题。

(2) 设计实验方案

确定实验目标后,要根据人力、设备和技术能力等方面的具体情况进行实验方案设计,实验方案应包含实验目的、装置、步骤、计划、测试项目和测试方法等内容。

(3) 实验研究

根据设计好的实验方案进行实验,按时进行测试;收集实验数据;定期整理分析数据。实验数据的可靠性和定期整理分析是实验工作的重要环节,实验者用已掌握的基本概念分析实验数据,加深对基本概念的理解,并发现实验设备、操作运行、测试方法和实验方向等方面的问题。通过实验数据的系统分析对实验结果进行评价:通过实验掌握哪些新的知识;是否解决了提出的问题;是否证明了文献中的某些论点;实验结果是否可用于改进已有的实验设备、操作运行条件或设计新的处理设备。当实验数据不合适时,应分析原因,提出新的实验方案。由于受课程学时等条件限制,学生只能在已有的实验装置和规定的实验条件范围内进行实验,并通过本课程的设计实现初步的培养和训练,为今后从事实验研究和进行科学实验打好基础。

1.3 实验过程的基本要求

(1) 课前预习

为了完成好每个实验,学生在实验课前必须认真阅读实验教材,清楚了解实验目的和要求、实验原理和实验内容,写出简明的预习提纲。预习提纲包含实验目的、主要内容、需要测试的项目、测试方法、注意事项和记录表格。

(2) 实验设计

实验设计是实验研究的重要环节,是获得满足要求实验结果的基本保障。在实验教学中,应从实验仪器、实验原理、实验步骤和结果处理等各个环节对实验进行设计,以达到使学生掌握实验设计方法的目的。

(3) 实验操作

学生实验前应仔细检查实验设备、仪器仪表是否完整齐全。实验时要严格按照操作规程认真操作,仔细观察实验现象,细心测定实验数据,并详细填写时间,实验结束后要将实验设备和实验仪表恢复原状,将实验环境整理干净。学生应注意培养自己严谨的科学态度,养成良好的工作和学习习惯。

(4) 实验数据处理

通过实验获得大量数据以得到正确可靠的结论。

(5) 编写实验报告

将实验结果进行整理,并编写实验报告,是实验学教学必不可少的组成部分,这一环节的训练可为学生今后写好科学论文或科研报告打下基础。

1.4 实验安全基本知识

很多实验项目涉及药品、试剂使用和仪器设备操作，实验时若不注意安全，违规操作会造成很大的安全隐患，因此必须严格遵照实验操作规程和规章制度，时刻牢记安全第一，保持警惕，做到预防为主，避免事故的发生。在实验室管理和实验操作过程中涉及的安全事项主要有实验室防火安全，实验室水、电、气使用安全，化学危险品与易制毒化学品使用安全，生物安全和特种设备安全等方面。

1.4.1 实验室防火安全

进入实验室前需要接受防火安全教育，熟悉防火规范和相关操作规程，正确使用各类消防器材。在有易燃、易爆、可燃气体散逸的实验室内严禁使用明火，严禁私拉乱接电线，严禁超负荷使用电器设备；使用钢瓶、烘箱、压力容器、化学危险品等火险隐患较大的设备时，应落实岗位操作责任制。若发现火灾隐患，应及时消除隐患，杜绝火灾事故发生。

1.4.2 实验室水、电、气使用安全

必须熟悉所用设备的性能，遵守安全规定，应按正确的操作规程进行操作，对陈旧老化、存有安全隐患的设施，在使用前必须采取特别的安全防护措施，否则必须暂停使用。有用电器的场所必须执行人走水关、人走电关、人走气关的规定；24小时用水、用电、用气的设施，必须有专人值班。发现隐患应及时整改，无法解决的隐患应及时联系有关职能部门解决，以防止水淹、触电和煤气中毒等事故的发生。

1.4.3 化学危险品和易制毒化学品使用安全

化学危险品与易制毒化学品的购买、储存、生产、使用、运输和销毁等必须遵守国家、省、市及单位的有关规定，实验过程中必须遵守化学危险品与易制毒化学品安全管理制度和技术操作规范等。学生需征得指导老师同意和签字确认后方可领用，并在指导老师指导下可控性使用。使用化学危险品与易制毒化学品过程中的废气、废液、废渣和粉尘应回收综合利用，必须排放的，应经过计划处理，其有害物质浓度需经检验和记录，且不得超过国家和环保部规定的排放标准。实验结束后，废液应按要求妥善收集、保存和标识，集中放到指定地点，不得擅自处理。严禁在使用化学危险品时使用明火和高温设备。禁止在使用毒物或有可能被毒物污染的实验室内饮食和吸烟，或者在有可能被污染的容器内存放物品等。

1.4.4 生物安全

生物安全主要涉及病原微生物安全、实验动物安全和转基因生物安全等方面。从事相关科学研究、生产和教学等活动的单位和个人,必须执行国家、省、市及单位的相关规定。相关人员需掌握实验室技术规范、操作规则、生物安全防护知识和实际操作技能。实验前须考核,考核合格后方可进行实验,实验室中所有实验动物必须来源于具备实验动物生产许可证的单位,且质量合格,有兽医检疫证书等。使用病原微生物种毒及实验动物时,必须按所用来源、数量、种类和使用方法等建立详细的管理台账。实验设施和环境有等级要求的,应取得相应设施许可证后方可使用。生物实验室应根据不同级别的性质及要求进行审核,经学校审批或国家相关主管部门批准后方可建设。生物实验室的撤销按国家相关主管部门要求的程序执行。

具有传染性的标本以及排泄物处理,应当按照国家规定严格消毒,经检验并达到国家规定的排放标准后,方可排入污水处理系统;实验动物使用过程中产生的各种废弃物,按《医疗废物分类名录》(国卫医函〔2021〕238号)、《医疗废物管理条例》(国务院〔2003〕)进行相应的分类(如感染性、病理性、药物性等)。包装、标识和运输须集中到专门机构实行无害化处理,任何人不得擅自处理。实验操作过程中应做好自身防护、外来传染性疾病侵入和向外传染疾病的防护措施。实验中发生传染性疾病和微生物感染时,应当及时采取隔离防控和控制措施以防止感染扩散化,同时报告学校主管部门、当地畜牧兽医主管部门和动物防疫监督机构。发生人畜共患病时,还应当立即报告当地疾病预防控制机构。

1.4.5 特种设备

安全特种设备是国家以行政法规的形式认定的设备。实验室现有设备中属于特种设备的有五种:锅炉、压力容器(含气瓶、空压机和储气罐)、压力管道、起重机械及厂内机动车辆。特种设备的操作人员应参加相应的培训考核,取得特种设备作业人员证后方可操作。对锅炉、压力容器等设备必须定期检验,检验合格后方可使用。使用气瓶的单位和个人必须按气源的危险性、易燃性和易爆性进行分类、固定、隔离及落实相关的防范措施。以下五种情形属于禁用之列:

(1) 未经检验未办理“注册登记”和“特种设备使用登记证”的特种设备;

(2) 已超过检验日期、已办理停用手续或已报废的特种设备;

(3) 经检验被判定不合格的特种设备;

(4) 已发生故障而未排除的特种设备;

(5) 依照国家规定应当报废或国家明令淘汰的特种设备。

第2章 实验设计

2.1 实验设计简介

2.1.1 实验设计的目的

实验设计的目的是选择一种对所研究的特定问题最有效的实验安排,以便用最少的人力、物力和时间获得满足要求的实验结果。广义地说,它包括明确实验目的、确定测定参数、确定需要控制或改变的条件、选择实验方法和测试仪器、确定测量精度要求、实验方案设计和数据处理步骤等。科学合理的实验安排应做到以下几点:

(1) 实验次数尽可能少;

(2) 实验的数据要便于分析和处理;

(3) 通过实验结果的计算、分析和处理,寻找出最优方案,以便确定进一步实验的方向;

(4) 实验结果要令人满意、信服。

实验设计是实验研究过程的重要环节,通过实验设计,可以使实验安排在最有效的范围内,以保证通过较少的实验步骤得到预期的实验结果。

2.1.2 实验设计的基本概念

1. 指标

在实验设计中用来衡量实验效果好坏所采用的标准称为实验指标,或简称指标。例如,在进行地面水的混凝实验时,为了确定最佳投药量和最佳pH,选定浊度作为评定比较各次实验效果好坏的标准,即浊度是混凝实验的指标。又如在进行染料配水的臭氧氧化实验时,为了探讨臭氧的氧化能力及脱色效果随反应时间的变化情况,我们选定水样的色度作为评定不同时段实验效果好坏的标准。因此,水样的色度即为臭氧氧化实验的指标。

2. 因素

在生产过程和科学研究中,对实验指标有影响的条件通常称为因素。例如,在染料配水的臭氧氧化实验中,如果改变原始水样的浓度,那么不同氧化时段水样色度将会发生改变,如果改变原始的pH,那么不同氧化时段的水样色度也会改变,则原始水样的浓度、pH均为该实验的影响因素。有一类因素,在实验中可以人为地加以调节和控制,称为可控因素。例如，在固体废弃物的风力分选实验中风速的大小控制，可通过调节风机速率来实现；混凝实验中的投药量和pH也是可以人为控制的，属于可控因素。另一类因素，由于技术、设备和自然条件的限制，暂时还不能人为控制，称为不可控因素。例如，气温和风对沉淀效率的影响都是不可控因素。实验方案设计一般只适用于可控因素。下面说到的因素，凡是没有特别说明的，都是指可控因素。在实验中，影响因素通常不止一个，但我们往往不是对所有的因素都加以考察。有的因素在长期实践中已经比较清楚，可暂时不考察。固定在某一状态上，只考察一个因素的实验，称为单因素实验；考察两个因素的实验称为双因素实验；考察两个以上因素的实验称为多因素实验。

3. 水平

因素变化的各种状态称为因素的水平。某个因素在实验中需要考察它的几种状态，就称它是几水平的因素。因素在实验中所处状态（即水平）的变化，可能引起指标发生变化。因素的水平中有的可用数量表示，这类因素被称为定量因素，有的则不可用数量来表示，这类因素被称为定性因素。例如，在污泥厌氧消化实验时要考察3个因素——温度、泥龄和负荷率。温度因素选择为25℃、30℃和35℃，这里的25℃、30℃和35℃就是温度因素的3个水平。温度可以用数量来表示为定量因素。例如，在采用不同混凝剂进行印染废水脱色实验时，要研究哪种混凝剂较好，在这里各种混凝剂就表示混凝剂这个因素的各个水平，不能用数量表示。混凝剂种类的水平不可用数量来表示，为定性因素。再如，吸收法净化气体中SO_2的实验中，可以采用NaOH或Na_2CO_3溶液为吸收剂，这时NaOH和Na_2CO_3就分别为吸收剂这一因素的两个水平。吸收剂种类的水平不可用数量来表示，为定性因素。在多因素实验中，有时会遇到定性因素。对于定性因素，只要对每个水平规定具体含义，就可与定量因素一样对待。

4. 因素间交互作用

实验中所考察的各因素相互间没有影响，则称因素间没有交互作用，否则称为因素间有交互作用，并记为 A(因素)×B(因素)。

2.1.3 实验设计的应用

在生产和科学研究中，实验设计方法已得到广泛应用。概括地说，包括三个方面的应用：

(1) 在生产过程中，人们为了达到优质、高产和低耗等目的，常需要对有关因素的最佳点进行选择，一般是通过实验来寻找这个最佳点。实验的方法很多，为能迅速地找到最佳点，这就需要通过实验设计，合理安排实验点，才能最迅速找到最佳点。例如，混凝剂是水污染控制常用的化学药剂，其投放量因具体情况不同而异，因此，常需要多次实验确定最佳投药量，此时便可以通过实验设计来减少实验的工作量。

(2) 估算数学模型中的参数时，在实验前，若通过实验设计合理安排实验点、确定变量及其变化范围等，则可以使我们以较少的时间获得较精确的参数。

(3) 当可以用几种形式描述某一过程的数学模型时,常需要通过实验来确定哪一种是较恰当的模型。

实验设计的方法很多,有单因素实验设计、双因素实验设计、正交实验设计、析因分析实验设计和序贯实验设计等。各种实验设计方法的目的和出发点不同,在进行实验设计时,应根据研究对象的具体情况决定采用哪一种方法。

2.1.4 实验设计的步骤

进行实验设计的步骤如下:

(1) 明确实验目的、确定实验指标

在实验之前应首先确定本次实验主要解决的是哪一个或者哪几个问题,并确定相应的实验指标。例如,在进行混凝效果的研究时,要解决的问题有最佳投药量问题、最佳pH问题和水流速度梯度问题。我们不可能通过一次实验把这些问题都解决,因此,实验前应首先确定这次实验的目的究竟是解决哪一个或者哪几个主要问题,然后确定相应的实验指标。

(2) 挑选因素

在明确实验目的和确定实验指标后,要分析研究影响实验指标的因素,从所有的影响因素中排除那些影响不大,或者已经掌握的因素,让它们固定在某一状态上,挑选那些对实验指标可能有较大影响的因素来进行考察。例如,在进行BOD模型的参数估计时,影响因素有温度、菌种数、硝化作用及时间等,通常是把温度和菌种数控制在一定状态上,并排除硝化作用的干扰,只通过考察BOD随时间的变化来估计参数。又如,气体SO_2的吸收净化实验中,不同的吸收剂、不同的吸收剂浓度、气体流速和吸收液流量等因素均会影响吸收效果,可在以往实验的基础上,控制吸收剂浓度和吸收剂流量在一定水平,考察不同种类吸收剂和气体流速对吸收效果的影响。

(3) 选定实验设计方法

因素选定后,可根据研究对象的具体情况决定选用哪一种实验设计方法。例如,对于单因素问题,应选用单因素实验设计法;三个以上因素的问题,可以用正交实验设计法;若要进行模型筛选或确定已知模型的参数估计,可采用序贯实验设计法。

(4) 实验安排

上述问题都解决后,便可以进行实验点位置安排,开展具体的实验工作。

下面我们仅介绍单因素实验设计、双因素实验设计及正交实验设计的部分基本方法原理。

2.2 单因素实验设计

单因素实验是指只有一个影响因素的实验,或影响因素虽多,但在安排实验时只考虑一个对指标影响最大的因素，其他因素尽量保持不变的实验。

在安排单因素实验时，一般考虑以下三方面的内容：

首先确定包括最优点的实验范围。设下限用a表示，上限用b表示，实验范围就用由a到b的线段表示，如图2.1所示，并记作$[a,b]$。若x表示实验点，则写成$a \leqslant x \leqslant b$，如果不考虑端点$a,b$，就记成$(a,b)$或$a<x<b$。

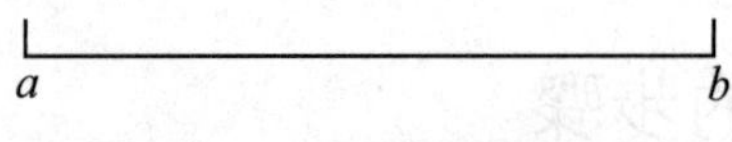

图2.1 单因素实验范围

然后确定指标。如果实验结果(y)和因素取值(x)的关系可写成数学表达式$y=f(x)$，则称$f(x)$为指标函数(或称目标函数)。根据实际问题，在因素的最优点上，以指标函数$f(x)$取最大值、最小值或满足某种规定的要求为评定指标。对于不能写成指标函数，甚至实验结果不能定量表示的情况，如比较水库中水的气味，就要确定评定实验结果好坏的标准。

最后确定实验方法，科学地安排实验点。单因素实验设计方法有均分法、对分法、0.618法(黄金分割法)、分数法、分批实验法、爬山法和抛物线法等。均分法的做法是如果要做n次实验，就将实验范围等分成$n+1$份，在各分点上做实验，比较得出n次实验中的最优点。其优点是实验可以同时安排，也可以一个接一个地安排；缺点是实验次数较多，实验投入高。对分法、0.618法和分数法可以用较少的实验次数迅速找到最佳点，适用于一次只能得出一个实验结果的问题。对分法效果最好，每做一个实验就可以去掉实验范围的一半。分数法应用较广，因为它还可以应用于实验点只能取整数或某特定数，以及限制实验次数和精确度的情况。分批实验法适用于一次可以同时得出许多个实验结果的问题。爬山法适用于研究对象不适宜或者不易大幅度调整的问题。

下面分别介绍均分法、对分法、0.618法、分数法和分批实验法。

2.2.1 均分法

均分法的做法是：首先根据经验确定实验范围，设实验范围在(a,b)之间，如果要做n次实验，就把实验范围等分成$n+1$份，在各个分点上做实验，如图2.2所示。

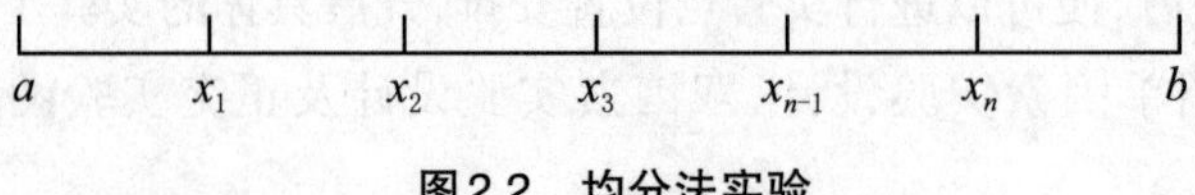

图2.2 均分法实验

各个分点计算公式为

$$x_i=a+\frac{b-a}{n+1}i \quad (i=1,2,\cdots,n) \tag{2.1}$$

把n次实验结果进行比较，最优结果对应的实验点即为均分法的优点。均分法的优点是只需要把实验放在等分点上，实验可同时安排，也可单个安排；其缺点是实验次数较多，代价较大。

2.2.2 对分法

采用对分法时，首先要根据经验确定实验范围。设实验范围在(a,b)之间，第1次实验点安排在(a,b)的中点$x_1\left(x_1=\dfrac{a+b}{2}\right)$，若实验结果表明$x_1$取大了，则丢去大于$x_1$的一半，第2次实验点安排在$(a,x_1)$的中点$x_2\left(x_2=\dfrac{a+x_1}{2}\right)$。如果第1次实验结果表明$x_1$取小了，则丢去小于$x_1$的一半，第2次实验点就取在$(x_1,b)$的中点$\left(x_2=\dfrac{x_1+b}{2}\right)$，依次进行下去，直至得到满意结果。对分法的优点是每做一次实验便可去掉实验范围的一半，且取点方便；其缺点是要求每次实验要能确定出下一次实验的方向。它适用于预先已经了解所考察因素对实验指标的影响规律，能够从一个实验的结果直接分析出该因素的取值是大了还是小了。例如，水处理实验中酸碱度的调整；消毒时加氯量的实验就可采用对分法。再例如，某种酸性污水要求投加碱量调整pH=7～8，加碱量范围为$[a,b]$，试确定最佳投药量。若采用对分法，第一次加药量$x_1=\dfrac{a+b}{2}$，加药后水样pH<7（或pH>8），则在加药范围内小于x_1（或大于x_1）的部分可舍弃取另一半重复实验，直到满意为止。

2.2.3 0.618法

单因素优选法中，对分法的优点是每次实验都可以将实验范围缩小一半，缺点是要求每次实验要能确定下次实验的方向。有些实验不能满足这个要求，因此，对分法的应用受到一定的限制。

0.618法也叫黄金分割法。黄金分割法的思想是每次在实验范围内选取两个对称点做实验，这两个对称点的位置直接决定实验的效率。理论证明这两个点分别位于实验范围$[a,b]$的0.382和0.618处是最优的选取方法。这两个点分别记为X_1和X_2，则$X_1=a+0.382(b-a)$，$X_2=a+0.618(b-a)$。对应的实验指标值记为Y_1和Y_2。如果Y_1比Y_2好，则X_1是好点，把实验范围$[X_2,b]$划去，保留的新的实验范围是$[a,X_1]$；如果Y_2比Y_1好，则X_2是好点，把实验范围$[a,X_1]$划去，保留的新的实验范围是$[X_2,b]$。不论保留的实验范围是$[a,X_1]$还是$[X_2,b]$，不妨统一记为$[a_1,b_1]$。对这新的实验范围$[a_1,b_1]$重新使用以上黄金分割过程，得到新的实验范围$[a_2,b_2]$，$[a_3,b_3]$，…，逐步做下去，直到找到满意的、符合要求的实验结果。

0.618法适用于目标函数为单峰函数的情形。下面以上单峰函数为例说明0.618法，下单峰函数同理。其做法如下：设实验范围为$[a,b]$，第1次实验点x_1选在实验范围的0.618位置上，即

$$x_1=a+0.618(b-a) \tag{2.2}$$

第2次实验点选在第1次实验点x_1的对称点x_2上，即实验范围的0.382位置上，即

$$x_2=a+0.382(b-a) \tag{2.3}$$

实验点x_1和x_2如图2.3所示。

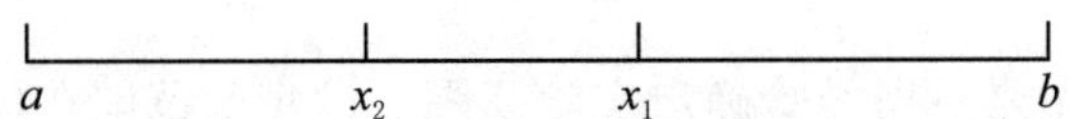

图2.3　0.618法第1,2个实验点分布

设$f(x_1)$和$f(x_2)$表示x_1与x_2两点的实验结果,$f(x)$值越大,效果越好,则存在以下3种情况:

第1种情况:如果$f(x_1)>f(x_2)$,根据“留好去坏”的原则,去掉实验范围$[a,x_2)$部分,在剩余范围$[x_2,b]$内继续做实验。

第2种情况:如果$f(x_1)<f(x_2)$,根据“留好去坏”的原则,去掉实验范围$(x_1,b]$部分,在剩余范围$[a,x_1]$内继续做实验。

第3种情况:如果$f(x_1)=f(x_2)$,去两端,在剩余范围$[x_2,x_1]$内继续做实验。

根据单峰函数性质,上述3种做法都可使好点留下,去掉的只是部分坏点,不会发生量优点丢掉的情况。

对于上述3种情况,继续做实验,新的实验点分别如下:

第1种情况:在剩余实验范围 $[x_2,b]$ 内用公式(2.2)计算新的实验点x_3:

$$x_3=x_2+0.618(b-x_2) \tag{2.4}$$

如图2.4所示,在实验点x_3安排一次新的实验。

x_1　　x_2　　x_3　　b

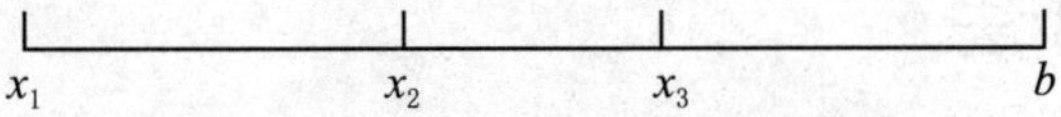

图2.4　第1种情况时第3实验点

第2种情况:在剩余实验范围$[a,x_1]$内用公式(2.3)计算新的实验点x_3:

$$x_3=a+0.382(x_1-a) \tag{2.5}$$

如图2.5所示,在实验点x_3安排一次新的实验。

a　　x_3　　x_2　　x_1

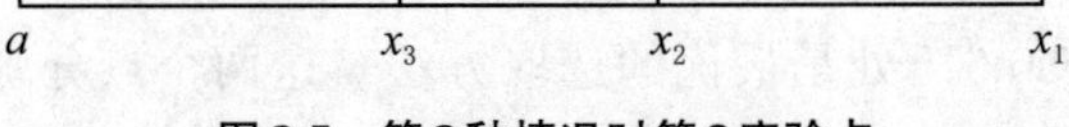

图2.5　第2种情况时第3实验点

第3种情况:在剩余实验范围$[x_2,x_1]$内用公式(2.2)和公式(2.3)计算两个新的实验点x_3和x_4:

$$x_3=x_2+0.618(x_1-x_2) \tag{2.6}$$

$$x_4=x_2+0.382(x_1-x_2) \tag{2.7}$$

在实验点x_3和x_4安排两次新的实验。如此反复做下去,将使实验的范围越来越小,如果最后两个实验结果差别不大,就可停止实验。

例2.1　对某污水采用混凝沉淀法处理,已知其最佳投加量范围在100～200 mg/L之间,现要通过0.618法做实验找到最佳投药量。根据0.618法选点,先在实验范围的0.618处做第1次实验,其投加量可由式(2.2)计算出来。再在实验范围的0.382处做第2次实验其投加量可由式(2.3)计算出。如图2.6所示。

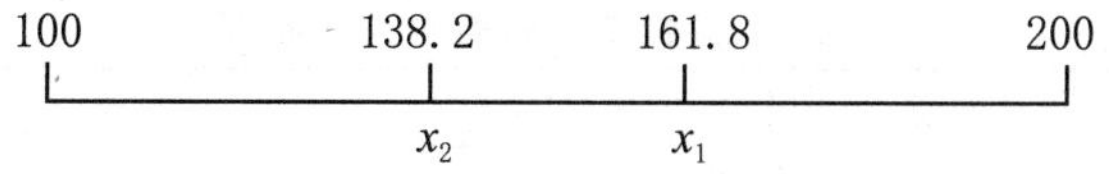

100
138.2
161.8
200
x_2
x_1

图2.6　降低水中浑浊度第1、第2次实验投加量

$$x_1=100+0.618(200-100)=161.8\ \text{mg/L}$$

$$x_2=100+0.382(200-100)=138.2\ \text{mg/L}$$

比较两次实验结果，如果第2点比第1点好，则去掉161.8 mg/L以上的部分；如果第1点较好，则去掉138.2 mg/L以下的部分。假定实验结果第1点较好，那么去掉138.2 mg/L以下的部分，在留下部分找出第1点的对称点x_3做第3次实验，$x_3=176.4$ mg/L，如图2.7所示。

138.2
161.8
176.4
200
x_2
x_1
x_3

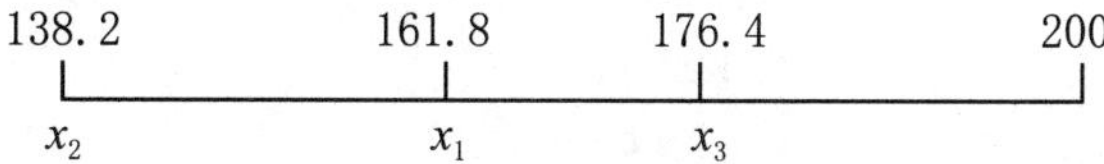

图2.7　降低水中浑浊度第3次实验投加量

如果仍然是x_1点好，则去掉176.4 mg/L以上的部分，在留下部分找出第1点的对称点x_4做第4次实验，$x_4=152.8$ mg/L，如图2.8所示。

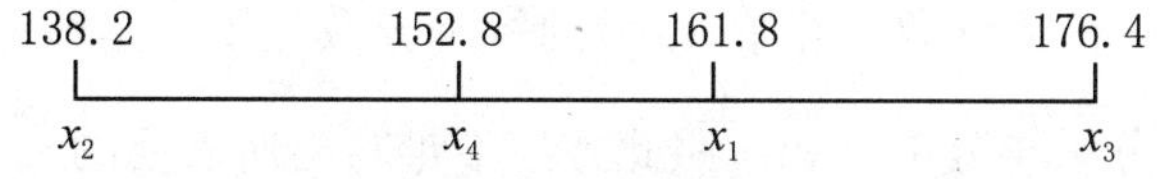

138.2
152.8
161.8
176.4
x_2
x_4
x_1
x_3

图2.8　降低水中浑浊度第4次实验投加量

如果是x_4比x_3点好，则去掉161.8 mg/L到176.4 mg/L这一段，在留下的部分按同样方法继续做下去，如此重复最终即能找到最佳点。

因此，0.618法的优点是简便易行，每次可去掉实验范围的0.382，可用较少的实验次数迅速找到最佳点。其缺点是效率不如对分法高且只适用于单峰函数的情形。

2.2.4　分数法

分数法又称为斐波那契数列法，它是利用斐波那契数列进行单因素优化实验设计的一种方法。当实验点只能取整数或者限制实验次数的情况下，采用分数法较好。例如，如果只能做1次实验，就在$\frac{1}{2}$处做，其精度为$\frac{1}{2}$，即这一点与实际最佳点的最大可能距离为$\frac{1}{2}$，如果只能做两次实验，第1次在$\frac{2}{3}$处做，第2次在$\frac{1}{3}$处做，其精度为$\frac{1}{3}$。如果能做3次实验，则第1次在$\frac{3}{5}$处做，第2次在$\frac{2}{5}$处做，第3次在$\frac{1}{5}$或$\frac{4}{5}$处做，其精度为$\frac{1}{5}$。以此类推，做几次实验，就在实验范围内$\frac{F_n}{F_{n+1}}$处做，其精度为$\frac{1}{F_{n+1}}$，如表2.1所示。

表2.1　分数法实验点位置与精度

实验次数	2	3	4	5	6	7	…	n
等分实验范围的份数	3	5	8	13	21	34	…	F_{n+1}
第1次实验点的位置	2/3	3/5	5/8	8/13	13/21	21/34	…	$\frac{F_n}{F_{n+1}}$
精确度	1/3	1/5	1/8	1/13	1/21	1/34	…	$\frac{1}{F_{n+1}}$

表2.1中的F_n及F_{n+1}称为“斐波那契数”,它们可由下列递推式确定:

$$F_0=F_1=1 \tag{2.8}$$

$$F_k=F_{k-1}+F_{k-2}\quad (k=2,3,4,\cdots) \tag{2.9}$$

由此可得

$$\begin{aligned} &F_2=F_1+F_0=2\\ &F_3=F_2+F_1=3\\ &F_4=F_3+F_2=5\\ &\cdots\\ &F_{n+1}=F_n+F_{n-1} \end{aligned}$$

因此,表2.1的第3行从分数$\frac{2}{3}$开始,以后的每一分数分子都是前一分数的分母,而其分母都等于前一分数的分子与分母之和。照此方法不难写出所需要的第1次实验点位置。

分数法各实验点的位置,可用下列公式求得

$$第1个实验点=(大数-小数)\times\frac{F_n}{F_{n+1}}+小数 \tag{2.10}$$

$$新实验点=(大数-中数)+小数 \tag{2.11}$$

式中,中数为已试的实验点数值。

上述两式推导如下:首先由于第1个实验点x_1取在实验范围内的$\frac{F_n}{F_{n+1}}$处,x_1与实验范围左端点(小数)的距离等于实验范围总长度的$\frac{F_n}{F_{n+1}}$倍,即

$$第1实验点-小数=[大数(右端点)-小数]\times\frac{F_n}{F_{n+1}}$$

移项后,即得式(2.10)。

又由于新试点($x_2,x_3,\cdots$)安排在余下范围内与已实验点相对称的点上,因此,不仅新实验点到余下范围的中点的距离等于已实验点到中点的距离,而且新实验点到左端点的距离也等于已实验点到右端点的距离(图2.9),即新试点－左端点＝右端点－已实验点。

移项后即得式(2.11)。

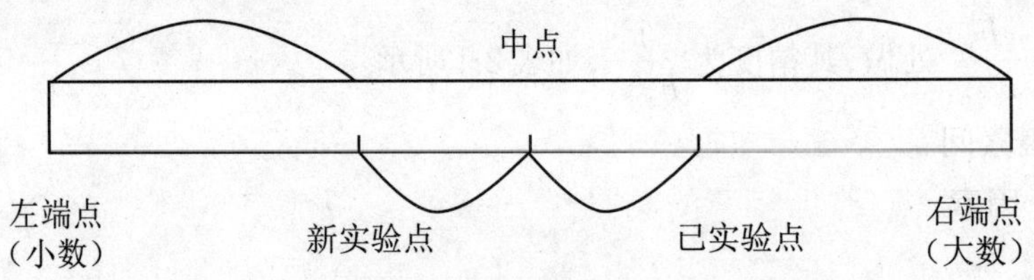

图2.9　分数法确定实验点位置示意图

下面以一具体例子说明分数法的应用。

例2.2　某污水处理厂准备投加三氯化铁来改善污泥的脱水性能，根据初步调查，投量在160 mg/L以下，要求通过4次实验确定最佳投药量。

解　具体计算方法如下：

(1) 根据式(2.10)可得到第1个实验点位置。

$$[(160-0)\times5\div8+0]\ \text{mg/L}=100\ \text{mg/L}$$

(2) 根据式(2.11)可得到第2个实验点位置。

$$[(160-100)+0]\ \text{mg/L}=60\ \text{mg/L}$$

(3) 假定第1点比第2点好，所以在(60,160)之间找第3点，丢去(0,60)的一段，即

$$[(160-100)+60]\ \text{mg/L}=120\ \text{mg/L}$$

(4) 第3点与第1点结果一样，此时可用对分法进行第4次实验，即在$\frac{100+120}{2}=$ 110 mg/L处进行实验，得到的效果最好。

2.2.5　分批实验法

当完成实验需要较长的时间或者测试1次要花较大代价，而每次同时测试几个样本和测试1个样本所花的时间、人力或费用相近时，采用分批实验法较好。分批实验法可分为均匀分批实验法和比例分割实验法。这里仅介绍均匀分批实验法。这种方法是每批实验均匀地安排在实验范围内。例如，每批要做4次实验，我们可以先将实验范围(a,b)均分为5份，在其4个分点x_1,x_2,x_3,x_4处做4次实验，将4次实验样本同时进行测试分析，如果x_3好，则去掉小于x_2和大于x_4的部分，留下(x_2,x_4)范围。然后将留下部分分成6份，在未做过实验的4个分点实验，这样一直做下去，就能找到最佳点。对于每批要做4次实验的情况，用这种方法，第1批实验后范围缩小$\frac{2}{5}$，以后每批实验后都能缩小为前次余下的1/3(图2.10)。例如，在测定某种有毒物质进入生化处理构筑物的最大允许浓度时，可以用这种方法。

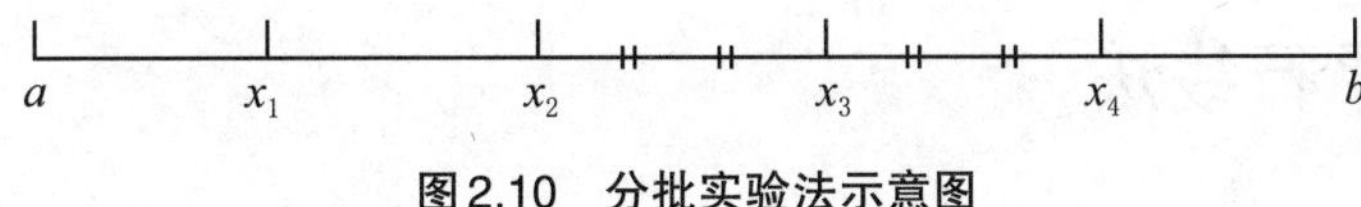

图2.10　分批实验法示意图

2.3　双因素实验设计

对于双因素问题，往往采取把两个因素变成1个因素的办法(即降维法)来解决，也就是先固定第1个因素，做第2个因素的实验，再固定第2个因素，做第1个因素的实验。这里介绍两种双因素实验设计。

2.3.1 从好点出发法

从好点出发法是先把一个因素如x固定在实验范围内的某一点x_1(0.618点处或其他点处),然后用单因素实验设计对另一因素y进行实验,得到最佳实验点$A_1(x_1,y_1)$;再把因素y固定在好点y_1处,用单因素方法对因素x进行实验,得到最佳点$A_2(x_2,y_1)$。若$x_2 < x_1$,因为A_2比A_1好,可以去掉大于x_1的部分,如果$x_2 > x_1$,则去掉小于x_1的部分。然后,在剩下的实验范围内,再从好点A_2出发,把x固定在x_2处,对因素y进行实验,得到最佳实验点$A_3(x_2,y_2)$,于是再沿直线$y = y_1$把不包含A_3的部分范围去掉,这样继续下去,能较好地找到需要的最佳点(图2.11)。

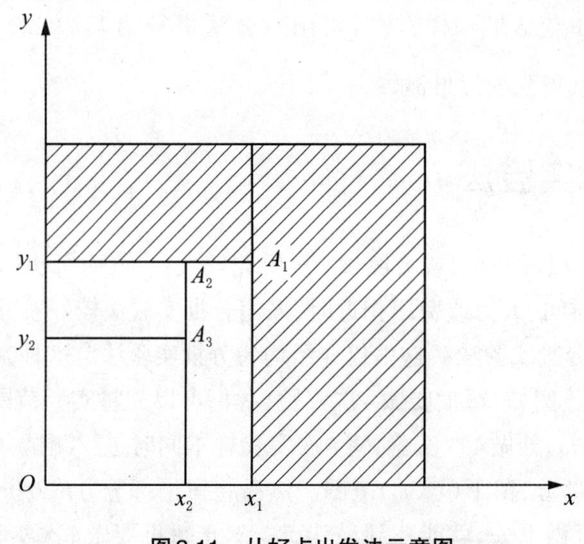

图2.11 从好点出发法示意图

这个方法的特点是对某一因素进行实验选择最佳点时,另一个因素都是固定在上次实验结果的好点上(除第1次外)。

2.3.2 平行线法

如果双因素问题的两个因素中有1个因素不易改变,宜采用平行线法。具体方法如下:设因素y不易调整,我们就把y先固定在其实验范围的0.5(或0.618)处,过该点作平行于Ox的直线,并用单因素方法找出另一因素x的最佳点A_1。再把因素y固定在0.25处,用单因素法找出因素x的最佳点A_2。比较A_1和A_2,若A_1比A_2好,则沿直线$y = 0.25$将下面的部分去掉,然后在剩下的范围内用对分法找出因素y的第3点0.625。第3次实验将因素y固定在0.625处,用单因素法找出因素x的最佳点A_3,若A_1与A_3好,则又可将直线$y = 0.625$以上的部分去掉。这样一直做下去,就可以找到满意的结果(图2.12)。

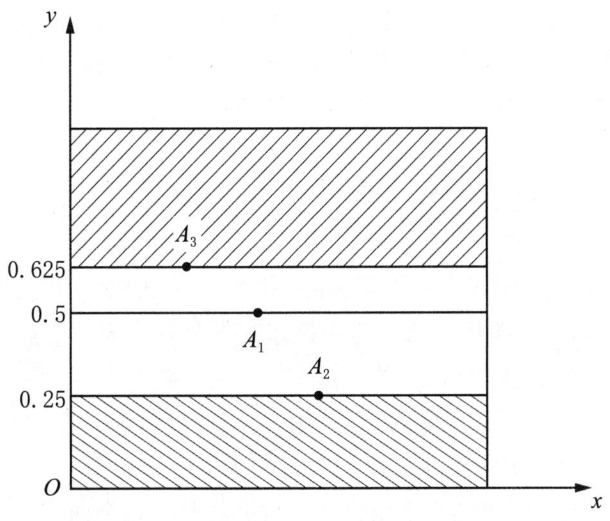

图2.12 平行线法示意图

例如,混凝效果与混凝剂的投加量、pH、水流速度梯度3个因素有关。根据经验分析,主要的影响因素是投药量和pH,因此可以根据经验把水流速度梯度固定在某一水平上,然后用双因素实验设计法选择实验点进行实验。

2.4 多因素正交实验设计

在生产和科学研究中遇到的问题一般是比较复杂的,受多种因素影响,且各个因素具有不同的状态,它们往往互相交织、错综复杂。要解决这类问题,常常需要做大量实验。例如,对某工业废水欲采用厌氧生物处理,经过分析研究,决定考察3个因素(如温度、时间和负荷率),而每个因素又可能有3种不同的状态(如温度因素有25 ℃、30 ℃和35 ℃ 3个水平),它们之间可能有$3^3=27$种不同的组合,也就是说,要经过27次实验才能知道哪一种组合最好。显然,这种全面进行实验的方法,不但费时费钱,有时甚至是不可能完成的。对于这样的一个问题,如果采用正交设计法安排实验,只要经过9次实验便能得到满意的结果。对于多因素问题,采用正交实验设计可以达到事半功倍的效果,这是因为通过正交设计可以合理地挑选和安排实验点,较好地解决多因素实验中的两个突出的矛盾:

(1) 全面实验的次数与实际可行的实验次数之间的矛盾;

(2) 实际所做的少数实验与全面掌握内在规律的要求之间的矛盾。

为解决第1个矛盾,就需要对实验进行合理的安排,挑选少数几个具有"代表性"的实验去做;为解决第2个矛盾,需要对所挑选的几个实验的实验结果进行科学的分析。我们把实验中需要考虑多个因素,而每个因素又要考虑多个水平的实验问题称为多因素实验。

对于如何合理地安排多因素实验,如何对多因素实验结果进行科学的分析,目前可用的方法较多,其中正交实验设计就是处理多因素实验的一种科学方法,它能帮助我们在实验前借助事先制作好的正交表科学地设计实验方案，从而挑选出少量具有代表性的实验，实验后经过简单的表格运算，弄清各因素在实验中的主次作用并找出较好的运行方案，得到正确的分析结果。因此，正交实验在各个领域得到了广泛应用。

2.4.1 正交实验设计

正交实验设计是研究多因素多水平实验的一种设计方法，是一种高效、快速和经济的实验设计方法。它是根据正交性从全面实验中挑选出部分有代表性的点进行实验，这些有代表性的点具备了“均匀分散，齐整可比”的特点。

例如，要进行一个三因素二水平的实验，用A,B,C表示各因素，用A_1,A_2,B_1,B_2,C_1,C_2表示各因素的水平。这样，实验点就可以用因素的水平组合表示。实验的目的是要从所有可能的水平组合中，找出一个最佳水平组合。一种办法是进行全面实验，即每个因素各水平的所有组合都做实验，共需做$2^3=8$次实验，这8次实验分别是$A_1B_1C_1$，$A_1B_1C_2$，$A_1B_2C_1$，$A_1B_2C_2$，$A_2B_1C_1$，$A_2B_1C_2$，$A_2B_2C_1$，$A_2B_2C_2$。为直观起见，将它们表示在图2.13中。

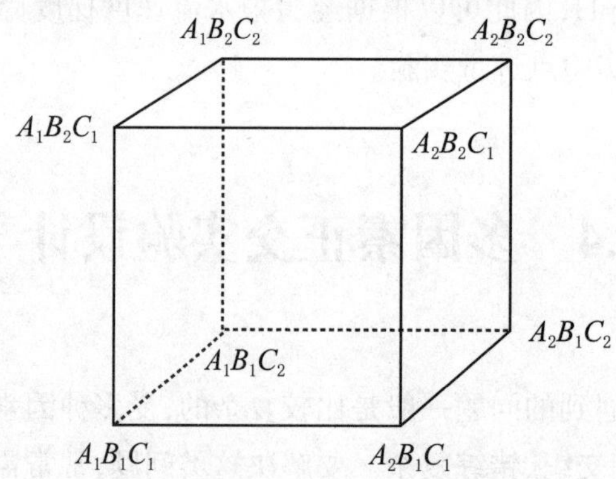

图2.13 三因素二水平全面实验点分布直观图

图2.13中正六面体的任意两个平行平面代表同一个因素的两个不同水平。比较这8次实验的结果，就可找出最佳实验条件。进行全面实验，对实验项目的内在规律揭示得比较清楚，但实验次数多，特别是当因素及因素的水平数较多时，实验量很大，如六因素五水平实验的全面实验次数为$5^6=15625$次，所需的费用和时间十分惊人。实践中，有些实验不可能做到全面实验。因此，在因素较多时，想要做到既能减少实验次数，又能较全面地揭示内在规律，就需要用科学的方法进行合理的安排。

减少实验次数的一个简便办法就是采用简单对比法，即每次只变化一个因素而固定其他因素进行实验。对于三因素二水平的实验，首先用固定B,C于B_1,C_1，变化A的方法，如图2.14所示，安排$A_1B_1C_1$，$A_2B_1C_1$两次实验（较好的结果用*表示）；再用固定A,C于A_1,C_1，变化B的方法，安排$A_1B_1C_1$，$A_1B_2C_1$两次实验（较好的结果用*表示）；最后用固定A,B于A_1,B_1，变化C的方法，安排$A_1B_1C_1$，$A_1B_1C_2$两次实验（较好的结果用*表示）。

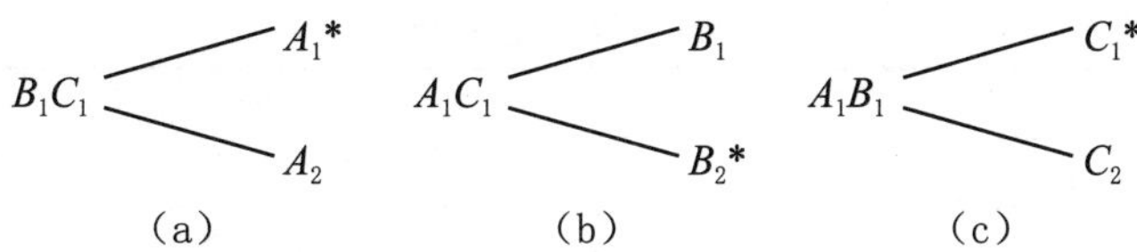

图2.14　三因素二水平简单对比法示意图

于是经过4次实验即可得出最佳生产条件为$A_1B_2C_1$。这种方法称为简单对比法，一般也能获得一定的效果。

刚才所取的4个实验点$A_1B_1C_1$，$A_2B_1C_1$，$A_1B_2C_1$，$A_1B_2C_2$，它们在图中所占的位置如图2.15所示，由图可以看出，4个实验点在正六面体上分布得不均匀，有的平面上有3个实验点，有的平面上仅有1个实验点，因而代表性较差，不能客观反映8个实验点的情况，有较大的盲目性。

如果利用$L_4(2^3)$正交表安排4个实验点：$A_1B_1C_1$，$A_1B_2C_2$，$A_2B_1C_2$，$A_2B_2C_1$，如图2.16所示，则正六面体的任何一面上都取了两个实验点，这样的分布很均匀，因而代表性较好，它能较全面地反映实验的基本情况，这也是大量应用正交实验设计法进行多因素实验设计的原因。

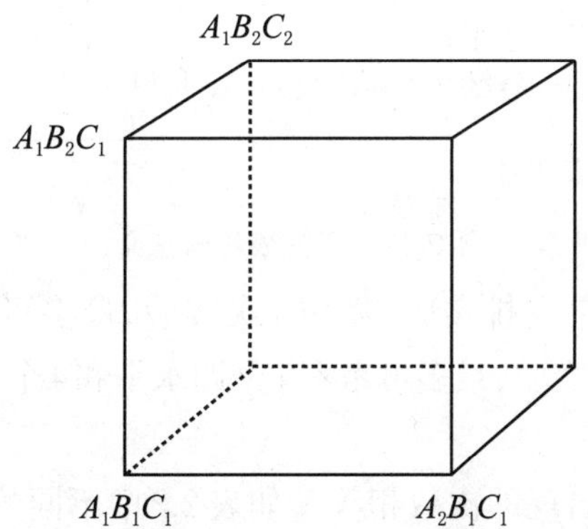

图2.15　三因素二水平简单对比法实验点分布图

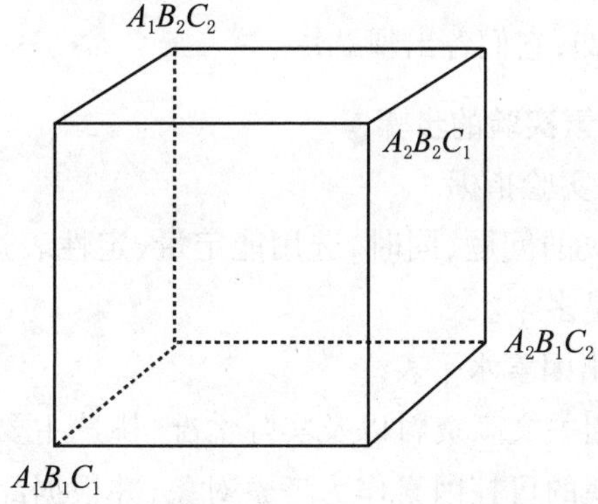

图2.16　三因素二水平正交对比法实验点分布图

1. 正交表

正交表是正交实验设计法中合理安排实验，并对数据进行统计分析的一种特殊表格。常用的正交表有 $L_4(2^3)$，$L_8(2^7)$，$L_9(3^4)$，$L_8(4\times2^4)$，$L_{18}(2\times3^7)$几种。表2.2所为$L_4(2^3)$正交表。

表2.2 $L_4(2^3)$正交表

实验号	列号		
	1	2	3
1	1	1	1
2	1	2	2
3	2	1	2
4	2	2	1

(1) 正交表符号的含义

如表2.2所示,"L"代表正交表,L下角的数字表示行数(简称行),即要做的实验次数;括号内的指数,表示表中列数(简称列),即最多允许安排的因素个数;括号内的底数表示表中每列的数字,即因素的水平数。

正交表符号意义如图2.17所示。

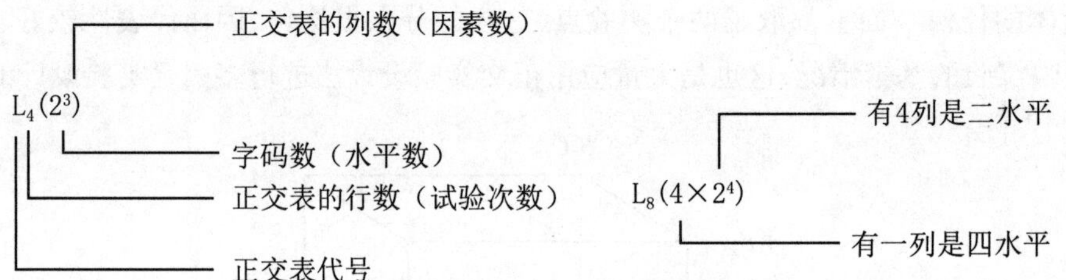

图2.17 正交表符号意义

$L_4(2^3)$正交表表示,以它安排实验,需做4次实验,最多可考察3个二水平的因素,而$L_8(4\times2^4)$正交表则要做8次实验,最多可考察1个四水平和4个二水平的因素。

(2) 正交表的2个特点

每一列中,不同的数字出现的次数相等。如表2.2中不同的数字只有两个,即1和2,它们各出现两次。任意两列中将同一行的两个数字看成有序数对(即左边的数放在前,右边的数放在后,按这一次序排出的数对)时,每种数对出现的次数相等。表2.2中有序数对共有4种:(1,1),(1,2),(2,1),(2,2),它们各出现1次。

2. 正交设计法安排多因素实验的步骤

(1) 明确实验目的,确定实验指标

首先,要明确实验要解决的问题,同时,选用能定量、定性表达的突出指标作为实验指标。指标可以是1个也可以是多个。

(2) 挑因素、选水平,列出因素水平表

根据已有的专业知识、相关文献资料以及实际情况,挑选主要因素,挑选那些可能对实验指标影响大、但又没有把握的可控因素作为考察对象,并根据经验定出它们的实验范围,在此范围内选出每个因素的水平,即确定水平的个数和各个水平的数值。因素和水平确定后,便可列出因素水平表。

(3) 选用正交表

常用的正交表有很多,可以经过综合分析后灵活选用。一般是根据因素和水平的多少、实验的工作量大小及允许条件而定的。实际安排实验时,挑选因素、水平和选用正交表等步骤往往是相互结合进行的。

(4) 确定实验方案

根据因素水平表及所选用的正交表,确定实验方案。

① 因素顺序上列。按因素水平表中因素的次序,将各因素一一放到正交表的各列中;

② 水平对号入座。因素上列后,把相应的水平放入正交表;

③ 确定实验条件。因素、水平均放入正交表后,表中的每一横行即代表一种实验条件横行数即为实验的次数。

(5) 实验

按正交表中每横行所规定的条件做实验,记录、分析和整理出每组条件下的评价指标值。

3. 正交实验结果的直观分析

实验获得大量数据后,通过科学地分析这些数据,得到正确的结论是正交实验设计不可或缺的重要组成部分。正交实验结果直观分析可解决:

(1) 挑选的因素中哪些影响大,哪些影响小,因素对指标影响的主次关系如何;

(2) 各影响因素中,哪个水平能得到满意的结果,从而找到最佳的管理运行条件。

直观分析法的步骤具体如下:

(1) 填写实验指标。

将每组实验的数据分析处理后,求出相应的评价指标值,并填入正交表的右栏实验结果内。

(2) 计算各列的水平效应值K_i,$\overline{K_i}$和极差R值,并填入表中。

各列的K_i=该列中i水平相对应的指标值之和。

各列的$\overline{K_i}=\dfrac{K_i}{\text{该列中}i\text{水平的重复次数}}$。

各列的极差R=该列中$\overline{K_i}$中最大值与最小值之差。极差R是衡量数据波动大小的重要标志,R值越大的因素越重要。

(3) 比较各因素的R值,根据其大小,即可排出因素的主次关系。

(4) 比较同一因素下的各水平效应值下,能使指标达到满意结果的值(最大或最小)为较理想的水平值。因此,可以确定最佳运行条件。

(5) 作因素和指标关系图,即以各因素的水平值为横坐标,其相应的$\overline{K_i}$值为纵坐标在直角坐标纸上作图,可以直观反映出因素及水平对实验结果的影响。

4. 多指标的正交实验及直观分析方法

在某些实验中,实验指标只有1个,考察起来比较方便,但实际工程中,需要考察的指标往往不止1个,有时有2个、3个或更多。多指标的正交实验结果分析比单指标的要复杂一些,但计算方法与单指标的并无区别。常用的方法有综合平衡法和综合评分法。

(1) 综合平衡法

先对每个指标分别进行单指标的直观分析,然后对各指标的分析结果进行综合比较和分析,得出较优方案。

综合平衡法原则:次服从主(首先满足主要指标或因素);少数服从多数;降低消耗、提高效率。

综合平衡法特点:计算量大;信息量大;有时综合平衡难。

(2) 综合评分法

先根据各个指标的重要程度,对得出的实验结果进行分析,给每一个实验评出一个分数,作为这个实验的总指标,然后进行单指标实验结果的直观分析法。

综合评分方法如下:

① 直接给出每一个实验结果的综合分数;

② 对每个实验的每个指标分别评分,再求综合分。

若各指标重要性相同,为各指标的分数总和;若各指标重要性不相同,则为各指标的分数加权和。

综合评分法特点:将多指标的问题转换成了单指标的问题,计算量小,但准确评分难。

2.4.2 正交实验分析举例

例2.3 对某废水进行混凝气浮处理,混凝药剂采用PAC和PAM,气浮采用部分回流水加压溶气气浮流程。原水SS约300 mg/L,水温22 ℃。拟用正交实验法进行实验。

(1) 实验方案确定及实验

① 确定实验目的及实验评价指标

为了找出影响混凝气浮处理效果的主要因素及确定较理想的运行条件,本实验以出水SS为评价指标。

② 挑选因素

根据有关文献资料及经验,对混凝部分主要考察药剂(PAC和PAM)的加量,对气浮部分主要考察溶气压力P及溶气水量占处理水量的比值R。

③ 确定各因素水平

为了能减少实验次数,又能说明问题,每个因素选3个水平,根据经验确定出每个水平的数值,由此可列出因素水平表,如表2.3所示。

表2.3 混凝气浮实验因素水平表

水平	因素			
	PAC投量(mg/L)	PAM投量(mg/L)	P(MPa)	R
1	10	0.5	0.4	20.0%
2	20	1.0	0.3	30.0%
3	30	2.0	0.2	35.0%

④ 选择正交表

根据以上所选的因素和水平，确定选用$L_9(3^4)$正交表，如表2.4所示。

表2.4 $L_9(3^4)$正交表

实验号	列号			
	1	2	3	4
1	1	1	1	1
2	1	2	2	2
3	1	3	3	3
4	2	1	2	3
5	2	2	3	1
6	2	3	1	2
7	3	1	3	2
8	3	2	1	3
9	3	3	2	1

⑤ 确定实验方案

根据已定的因素、水平及所选正交表，则得出实验方案表，如表2.5所示。

表2.5 混凝气浮正交实验方案表

实验号	因素			
	PAC投量(mg/L)	PAM投量(mg/L)	P(MPa)	R
1	10	0.5	0.4	20%
2	10	1.0	0.3	30%
3	10	2.0	0.2	35%
4	20	0.5	0.3	35%
5	20	1.0	0.2	20%
6	20	2.0	0.4	30%
7	30	0.5	0.2	30%
8	30	1.0	0.4	35%
9	30	2.0	0.3	20%

根据表2.5，共需组织9次实验，每次具体实验条件如表2.5中1~9各行所示，如第1次实验在PAC投量为10 mg/L、PAM投量为0.5 mg/L、溶气压力P=0.4 MPa、溶气水量占处理水量的比值R=20%的条件下进行。

(2) 实验结果的直观分析

实验结果及分析见表2.6，具体做法如下：

① 填写评价指标。将每个实验条件下所得的出水SS值填入正交表右侧相应的评价指栏内。

② 计算各列的K,$\bar{K}$及极差R。

如计算PAC投量这一因素时，各水平的K值如下：

第1水平：

$$K_1 = 117 + 91 + 98 = 306$$

第2水平：

$$K_2 = 80 + 112 + 70 = 262$$

第3水平：

$$K_3 = 89 + 61 + 107 = 257$$

其均值$\overline{K}$分别为

$$\overline{K_1} = \frac{306}{3} = 102$$

$$\overline{K_2} = \frac{262}{3} = 87.3$$

$$\overline{K_3} = \frac{257}{3} = 85.7$$

极差R=102−85.7=16.3。

表2.6　混凝气浮正交实验结果及直观分析表

实验号	因素				评价指标
	PAC投量(mg/L)	PAM投量(mg/L)	P(MPa)	R	出水SS(mg/L)
1	10	0.5	0.4	20%	117
2	10	1.0	0.3	30%	91
3	10	2.0	0.2	35%	98
4	20	0.5	0.3	35%	80
5	20	1.0	0.2	20%	112
6	20	2.0	0.4	30%	70
7	30	0.5	0.2	30%	89
8	30	1.0	0.4	35%	61
9	30	2.0	0.3	20%	107
K_1	306	286.0	248.0	336%	—
K_2	262	264.0	278.0	250%	—
K_3	257	275.0	299.0	239%	—
$\overline{K_1}$	102	95.3	82.7	112%	—
$\overline{K_2}$	87.3	88.0	92.7	83.3%	—
$\overline{K_3}$	85.7	91.7	99.7	79.7%	—
R	16.3	7.3	17.0	32.3%	—

(3) 成果分析

由表2.6中极差大小可见，影响该废水混凝气浮处理出水SS的因素主次顺序依次为：溶气水量占处理水量的比值R→溶气压力P→PAC投量→PAM 投量。

由表2.6中各因素水平值的均值可见，各因素中的较佳水平条件分别为：PAC投30 mg/L、PAM投量1 mg/L、溶气压力P=0.4 MPa、溶气水量占处理水量的比值R=30%。该实验结果与表中已做的最好实验结果（第8次实验）不一致，应将这两个实验条件再与各实验加以比较，最后确定出最佳运行条件。

例2.4　自吸式射流曝气设备是一种污水生物处理所用的新型曝气设备，为了研制设备的结构尺寸、运行条件与充氧性能的关系，拟用正交实验法进行清水充氧实验。实验在1.6 m×1.6 m×7.0 m的钢板池内进行，嘴直径d=20 mm(整个实验中的一部)。

解　(1) 实验方案确定及实验

① 明确实验目的

找出影响曝气装置充氧性能的主要因素并确定理想的设备结构尺寸和运行条件。

② 挑选因素

影响充氧性能的因素较多，根据有关文献资料及经验，对射流器本身结构主要考察两个：一个是射流器的长径比，即混合阶段的长度L与其直径D之比L/D；另一个是射流器的面积比，即混合阶段的断面面积与喷嘴面积之比。

$$m=\frac{F_2}{F_1}=\frac{D^2}{d^2}$$

对射流器的运行条件，主要考察喷嘴的工作压力p和曝气水深H。

③ 确定各因素的水平

为了能减少实验的次数，又能说明问题，每个因素选用3个水平根据有关资料选用，结果见表2.7。

表2.7　自吸式射流曝气实验因素水平表

因素	1	2	3	4
内容	水深H(m)	压力p(MPa)	面积比m	长径比L/D
水平	1,2,3	1,2,3	1,2,3	1,2,3
数值	4.5,5.5,6.5	0.10,0.20,0.25	9.0,4.0,6.3	60,90,120

④ 确定实验评价指标

本实验以充氧动力效率E为评价指标。充氧动力效率是指曝气设备所消耗的理论功率为1 kW时，单位时间内向水中充入的氧的质量，以kg/(kW·h)计。该值将曝气供氧与所消耗的动力联系在一起，是一个具有经济价值的指标，它的大小将影响到活性污泥处理厂(站)的运行费用。

⑤ 选择合适的正交表

根据以上所选择的因素和水平，确定选用 $L_9(3^4)$正交表。

⑥ 确定实验方案

根据已定的因素、水平及所选用的正交表，将实验因素和水平按顺序填入，则得出正交实验方案表(表2.8)。

表2.8　自吸式射流曝气正交实验方案表$L_9(3^4)$

实验号	因子			
	H(m)	压力p(MPa)	m	L/D
1	4.5	0.10	9.0	60
2	4.5	0.20	4.0	90
3	4.5	0.25	6.3	120
4	5.5	0.10	4.0	120
5	5.5	0.20	6.3	60

续表

实验号	因　子			
	H(m)	压力p(MPa)	m	L/D
6	5.5	0.25	9.0	90
7	6.5	0.10	6.3	90
8	6.5	0.20	9.0	120
9	6.5	0.25	4.0	60

根据表2.8,可知共需安排9次实验,每组具体实验条件见表2.8中1,2,…,9对应的各行,各次实验在相应的实验条件下进行。如第1次实验在水深为4.5 m,喷嘴工作压力为0.10 MPa,面积比为m=9.0,长径比采用60的条件下进行测试。

(2) 实验结果直观分析。

实验结果与分析见表2.9,具体分析方法如下所述。

表2.9　自吸式射流曝气正交实验结果分析

实验号	因　子				E_p[kg/(kW·h)]
	H(m)	压力p(MPa)	m	L/D	
1	4.5	0.10	9.0	60	1.03
2	4.5	0.20	4.0	90	0.89
3	4.5	0.25	6.3	120	0.88
4	5.5	0.10	4.0	120	1.30
5	5.5	0.20	6.3	60	1.07
6	5.5	0.25	9.0	90	0.77
7	6.5	0.10	6.3	90	0.83
8	6.5	0.20	9.0	120	1.11
9	6.5	0.25	4.0	60	1.01
K_1	2.80	3.16	2.91	3.11	$\sum E_p=8.89$
K_2	3.14	3.07	3.20	2.49	
K_3	2.95	2.66	2.78	3.29	
$\overline{K_1}$	0.93	1.05	0.97	1.04	$\mu=\frac{\sum E_p}{9}=0.99$
$\overline{K_2}$	1.05	1.02	1.07	0.83	
$\overline{K_4}$	0.98	0.89	0.93	1.10	
R	0.12	0.16	0.14	0.27	—

① 填写实验评价指标

将每一个实验条件下的原始数据,通过数据处理后求出动力效率,并计算算术平均值,填入相应栏内。

计算各列的K,$\bar{K}$和极差R。如计算H这一列的因素时,各水平的K值如下:

第1个水平:

$$K_{11}=1.03+0.89+0.88=2.80$$

第2个水平:

$$K_{12}=1.30+1.07+0.77=3.14$$

第3个水平：

$$K_{13}=0.83+1.11+1.01=2.95$$

其均值$\overline{K}$分别为

$$\overline{K_{11}}=\frac{2.80}{3}=0.93$$

$$\overline{K_{12}}=\frac{3.14}{3}=1.05$$

$$\overline{K_{13}}=\frac{2.95}{3}=0.98$$

极差$R_1=1.05-0.93=0.12$。

以此分别计算p,m和L/D,结果如表2.9所示。

② 结果分析

由表中的极差大小可知,影响射流曝气设备充氧效率的因素主次顺序为$L/D>p>m>H$。由表中各因素水平值的均值可见各因素中较佳的水平条件为

$$\frac{L}{D}=120,\ p=0.1\ \text{MPa},\ m=4.0,\ H=5.5\ \text{m}$$

第3章　误差与实验数据处理

环境工程实验中常需要进行一系列测定,并取得大量的数据。实践表明,每项实验都有误差,同一项目的多次重复测量,结果总有差异,即实验值与真实值之间存在差异。这是由于实验环境不理想、实验人员技术水平不高、实验设备或实验方法不完善等因素引起的。随着研究人员对研究课题认识的提高和仪器设备的不断完善,实验中的误差可以逐渐变小,但是不可能做到没有误差。因此,一方面,必须对所测对象进行分析研究,估计测试结果的可靠程度,并对取得的数据给予合理的解释;另一方面,还必须将所得数据加以整理归纳,用一定的方式表示出各数据之间的相互关系。前者即误差分析,后者为数据处理。

对实验结果进行误差分析与数据处理的目的在于:

(1) 可以根据科学实验的目的,合理地选择实验装置、仪器、条件和方法;

(2) 能正确处理实验数据,以便在一定条件下得到接近真实值的最佳结果;

(3) 合理选定实验结果的误差,避免由于误差选取不当而造成人力和物力的浪费;

(4) 总结测定的结果,得出正确的实验结论,并通过必要的整理归纳(如绘成实验曲线或得出经验公式),为验证理论分析提供条件。

3.1　误差的基本概念

3.1.1　真值与平均值

实验过程中要做各种测试工作,由于仪器、测试方法、环境、人的观察力和实验方法等都不可能做到完美无缺,我们无法测得真值(真实值)。如果我们对同一考察项目进行无限多次的测试,然后根据误差分布定律正负误差出现的几率相等的概念,可以求得各测试值的平均值,在无系统误差(系统误差的含义请参阅"误差与误差的分类")的情况下,此值为接近真值的数值。一般来说,测试的次数总是有限的,用有限测试次数求得的平均值,只能是真值的近似值。

常用的平均值有下列几种:① 算术平均值;② 均方根平均值;③ 加权平均值;④ 中位值(或中位数);⑤ 几何平均值。计算平均值方法的选择,主要取决于一组观测值的分布类型。

(1) 算术平均值

算术平均值是最常用的一种平均值，当观测值呈正态分布时，算术平均值最近似真值。算术平均值定义为

$$\bar{x}=\frac{x_1+x_2+\cdots x_n}{n}=\frac{1}{n}\sum_{i=1}^{n}x_i \tag{3.1}$$

式中，$\bar{x}$为算术平均值；$x_i(i=1,2,\cdots,n)$为各次观测值；n为观测次数。

例3.1　某工厂测定含铬废水浓度的结果如表3.1所示，试计算其平均浓度。

表3.1　某工厂废水含铬浓度

铬浓度(mg/L)	0.3	0.4	0.5	0.6	0.7
出现次数	3	5	7	7	5

解

$$\bar{x}=\frac{0.3\times3+0.4\times5+0.5\times7+0.6\times7+0.7\times5}{3+5+7+7+5}=0.52(\text{mg/L})$$

例3.2　某印染厂各类污水的BOD_5测定结果如表3.2所示，试计算该厂污水平均浓度。

表3.2　某印染厂污水的BOD_5值

污水类型	BOD_5(mg/L)	污水流量(m^3/d)
退浆污水	4000	15
煮布锅污水	10000	8
印染污水	400	1500
漂白污水	70	900

$$\bar{x}=\frac{4000\times15+10000\times8+400\times1500+70\times900}{15+8+1500+900}=331.4\ (\text{mg/L})$$

(2) 均方根平均值

均方根平均值应用较少，其定义为

$$\bar{x}=\sqrt{\frac{x_1^2+x_2^2+\cdots+x_n^2}{n}}=\sqrt{\frac{\sum_{i=1}^{n}x_i^2}{n}} \tag{3.2}$$

式中，各符号意义同前。

(3) 加权平均值

若对同一事物用不同方法去测定，或者由不同的人去测定，计算平均值时，常用加权平均值。计算公式为

$$\bar{x}=\frac{w_1x_1+w_2x_2+\cdots+w_nx_n}{w_1+w_2+\cdots+w_n}=\frac{\sum_{i=1}^{n}w_ix_i}{\sum_{i=1}^{n}w_i} \tag{3.3}$$

式中，$\omega_i\ (i=1,2,\cdots,n)$为与各观测值相应的权数。

各观测值的权数ω_i，可以是观测值的重复次数，也可以是观测者在总数中所占的比例，还可以根据经验确定。

(4) 中位值

中位值是指一组观测值按大小次序排列的中间值。若观测次数是偶数，则中位值为正

中两个值的平均值。中位值的最大优点是求法简单。只有当观测值的分布呈正态分布时，中位值才能代表一组观测值的中心趋向，近似于真值。

(5) 几何平均值

如果一组观测值是非正态分布的，当对这组数据取对数后，所得图形的分布曲线更对称时，常用几何平均值。

几何平均值是一组n个观测值连乘并开n次方求得的值，计算公式为

$$\bar{x}=\sqrt[n]{x_1x_2\cdots x_n} \tag{3.4}$$

也可用对数表示为

$$\log\bar{x}=\frac{1}{n}\sum_{i=1}^{n}\log x_i \tag{3.5}$$

例3.3 某工厂测得污水的BOD_5数据分别为100 mg/L、110 mg/L、130 mg/L、120 mg/L、115 mg/L、190 mg/L、170 mg/L。求其平均浓度。

解 该厂所得数据大部分在100～130 mg/L之间，少数数据的数值较大，此时采用几何平均值才能较好地代表这组数据的中心趋向，即

$$\bar{x}=\sqrt[7]{100\times110\times130\times120\times115\times190\times170}=130.3(\text{mg/L})$$

3.1.2 误差与误差的分类

环境工程实验过程中，各项指标的监测常需通过各种测试方法去完成。由于被测量的数值形式通常不能以有限位数表示，且因认识能力不足和科技水平的限制，测量值与其真值并不完全一致，这种差异表现在数值上称为误差。任何监测结果均具有误差，误差存在于一切实验中。

根据误差的性质及发生的原因，误差可分为系统误差、偶然误差和过失误差3种。

(1) 系统误差(恒定误差)

系统误差是指在测定中未发现或未确认的因素所引起的误差。这些因素使测定结果永远朝一个方向发生偏差，其大小及符号在同一实验中完全相同。产生系统误差的原因是：

① 仪器不良，如刻度不准、砝码未校正等；

② 环境的改变，如外界温度、压力和湿度的变化等；

③ 个人的习惯和偏向，如读数偏高或偏低等。

这类误差可以根据仪器的性能、环境条件或个人偏差等加以校正克服，使之降低。

(2) 偶然误差(或然误差、随机误差)

单次测试时，观测值总是有些变化且变化不定的，其误差时大、时小、时正、时负、方向不定。但是多次测试后，其平均值趋于零，具有这种性质的误差称为偶然误差。

偶然误差产生的原因一般不清楚，因而无法人为控制。偶然误差可用概率理论处理数据而加以避免。

(3) 过失误差

过失误差又称错误，是由于操作人员工作粗枝大叶、过度疲劳或操作不正确等因素引起

的。是一种与事实明显不符的误差。过失误差是可以避免的。

3.1.3　误差的表示方法

(1) 绝对误差与相对误差

① 绝对误差:对某一指标进行测试后,观测值与其真值之间的差值称为绝对误差,即

$$\text{绝对误差}=\text{观测值}-\text{真值} \tag{3.6}$$

绝对误差用于反映观测值偏离真值的大小,其单位与观测值相同。

② 相对误差:绝对误差与真值的比值称为相对误差,即

$$\text{相对误差}=(\text{绝对误差}/\text{真值})\times 100\% \tag{3.7}$$

相对误差用于不同观测结果的可靠性的对比,常用百分数表示。

(2) 绝对偏差与相对偏差

① 绝对偏差:对某一指标进行多次测试后,某一观测值与多次观测值的均值之差,称为绝对偏差,即

$$d_i=x_i-\bar{x} \tag{3.8}$$

式中,d_i为绝对偏差;x_i为观测值;$\bar{x}$为全部观测值的平均值。

② 相对偏差:绝对偏差与平均值的比值称为相对偏差,常用百分数表示,即

$$\text{相对偏差}=\frac{d_i}{\bar{x}}\times 100\% \tag{3.9}$$

(3) 算术平均偏差与相对平均偏差

① 算术平均偏差:观测值与平均值之差的绝对值的算术平均值称为算术平均偏差,即

$$\delta=\frac{\sum_{i=1}^{n}|x_i-\bar{x}|}{n}=\frac{\sum_{i=1}^{n}|d_i|}{n} \tag{3.10}$$

式中,δ为算术平均偏差;n为观测次数。

② 相对平均偏差:算术平均偏差与平均值的比值称为相对平均偏差,即

$$\text{相对平均偏差}=\frac{\delta}{\bar{x}}\times 100\% \tag{3.11}$$

(4) 标准偏差与相对标准偏差

① 标准偏差(均方根偏差、均方偏差、标准差):各观测值与平均值之差的平方和的算术平均值的平方根称为标准偏差,其单位与实验数据相同。计算式为

$$s=\sqrt{\frac{\sum_{i=1}^{n}(x_i-\bar{x})^2}{n}} \tag{3.12}$$

式中,s为标准偏差。

在有限观测次数中,标准偏差常用下式表示:

$$s=\sqrt{\frac{\sum_{i=1}^{n}(x_i-\bar{x})^2}{n-1}} \tag{3.13}$$

由式(3.13)可以看到,观测值越接近平均值,标准偏差越小;观测值与平均值相差越大,则偏差越大。

② 相对标准偏差:相对标准偏差又称变异系数,是样本的标准偏差与平均值的比值,前者记为RSD,后者记为CV。计算式为

$$\mathrm{RSD(CV)}=\frac{s}{\bar{x}}\times 100\% \tag{3.14}$$

(5)极差(范围误差)

极差是指一组观测值中的最大值与最小值之差,是用以描述实验数据分散程度的一种特征参数。计算式为

$$R=x_{\max}-x_{\min} \tag{3.15}$$

式中,R为极差;$x_{\max}$为观测值中的最大值;$x_{\min}$为观测值中的最小值。

例3.4 已知某标准水样中COD含量为110 mg/L,用重铬酸钾标准法测定,两次测试的结果分别为114 mg/L、113 mg/L、108 mg/L、116 mg/L、109 mg/L和114 mg/L、110 mg/L、110 mg/L、108 mg/L、103 mg/L,试分别计算其误差。

解 (1) 计算平均值,并求出第一次测试结果中测定值108 mg/L的绝对误差、相对误差、绝对偏差和相对偏差。

据式(3.6)~式(3.9),有

平均值:

$$\bar{x}_1=\frac{114+113+108+116+109}{5}=112\ (\mathrm{mg/L})$$

$$\bar{x}_2=\frac{114+110+110+108+103}{5}=109\ (\mathrm{mg/L})$$

绝对误差:

$$108-110=-2\ (\mathrm{mg/L})$$

相对误差:

$$\frac{108-110}{110}\times 100\%=-1.8\%$$

绝对偏差:

$$108-112=-4\ (\mathrm{mg/L})$$

相对偏差:

$$\frac{108-112}{112}\times 100\%=-3.6\%$$

(2) 据式(3.10)和式(3.11)计算平均偏差和相对平均偏差。

第1组测试,平均偏差为

$$\delta_i=\frac{\sum_{i=1}^{n}|x_i-\bar{x}|}{n}$$

$$=\frac{|114-112|+|113-112|+|108-112|+|116-112|+|109-112|}{5}$$

$$=\frac{2+1+4+4+3}{5}=2.8(\text{mg/L})$$

相对平均偏差为

$$\frac{2.8}{112}\times 100\%=2.5\%$$

第2组测试,平均偏差为

$$\delta_2=\frac{|114-109|+|110-109|+|110-109|+|108-109|+|103-109|}{5}$$

$$=\frac{5+1+1+1+6}{5}=2.8(\text{mg/L})$$

相对平均偏差为

$$\frac{2.8}{109}\times 100\%=2.6\%$$

(3) 据式(3.13)和式(3.14)计算标准偏差和相对标准偏差。

第1组测试,标准偏差为

$$s_1=\sqrt{\frac{\sum_{i=1}^{n}(x_i-\bar{x})^2}{n-1}}$$

$$=\sqrt{\frac{(114-112)^2+(113-112)^2+(108-112)^2+(116-112)^2+(109-112)^2}{4}}$$

$$=\sqrt{\frac{2^2+1^2+4^2+4^2+3^2}{5}}=3.39(\text{mg/L})$$

相对标准偏差为

$$\text{RSD}_1=\frac{3.39}{112}\times 100\%=3.0\%$$

第2组测试,标准偏差为

$$s_2=\sqrt{\frac{(114-109)^2+(110-109)^2+(110-109)^2+(108-109)^2+(103-109)^2}{4}}$$

$$=\sqrt{\frac{5^2+1^2+1^2+1^2+6^2}{4}}=4.00(\text{mg/L})$$

相对标准偏差为

$$\text{RSD}_2=\frac{4.00}{109}\times 100\%=3.7\%$$

(4) 据式(3.15)计算极差:

$$R_1=x_{\max}-x_{\min}=116-109=7(\text{mg/L})$$

$$R_2 = 112 - 103 = 11(\text{mg/L})$$

上述计算结果表明,虽然第1组测试所得的结果彼此比较接近,第2组测试的结果较离散,但用算术平均偏差表示时,二者所得结果相同。而标准偏差则能较好地反映测试结果与真值的离散程度。

算术平均偏差的缺点是无法表示出各次测试间彼此符合的情况。因为在一组测试中偏差彼此接近,而与另一组测试中偏差有大、中、小3种情况下,所得的算术平均误差可能完全相等。标准偏差对测试中的较大误差或较小误差比较灵敏,所以它是表示精密度较好的方法,是表明实验数据分散程度的特征参数。

极差的缺点是只与两极端有关,而与观测次数无关,用它反映精密度的高低比较粗糙,但其计算简便,在快速检验中可用于度量数据波动的大小。

工程实践中,由于真值不易测得,实际应用时常将偏差称为误差。

3.1.4 精密度和准确度

(1) 精密度

精密度(又称精确度、精度)指在控制条件下用一个均匀试样反复测试,所测得数值之间重复的程度,它反映偶然误差的大小。测试的偶然误差越小,测试的精密度越高。可通过考察测试方法的平行性、重复性和再现性来说明其精密度。

精密度通常用极差、算术平均偏差和相对平均偏差、标准偏差和相对标准偏差表示。

(2) 准确度

准确度指测定值与真实值符合的程度,它反映偶然误差和系统误差的大小。一个分析方法或分析系统的准确度是反映该方法或该测量系统存在的系统误差和偶然误差的综合指标,它决定这个分析结果的可靠性。

准确度用绝对误差或相对误差表示。

分析工作中可通过测量标准物质或用标准物质做加标实验测定回收率的方法评价分析方法和测量系统的准确度。

(3) 准确度与精密度的关系

一个化学分析,虽然精密度很高,偶然误差小,但可能由于溶液标定不准确、稀释技术不正确、不可靠的砝码或仪器未校准等原因而出现系统误差,使分析结果的准确度不高。相反,一个方法可能很准确,但由于灵敏度低或其他原因,也可造成其精密度不够。因此,评定观测数据的好坏,首先要考察精密度,然后考察准确度。一般情况下,无系统误差时,精密度越高,观测结果越准确。但若有系统误差存在,即使精密度高,结果的准确度也不一定高。两者的关系可以由图3.1所示的打靶图来说明。

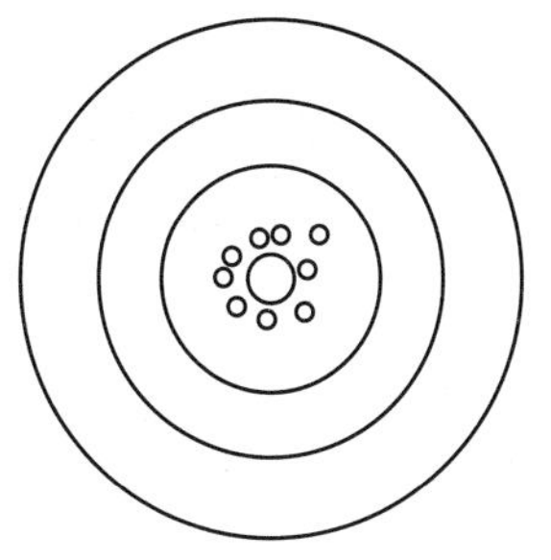
(a) 准确度高，精密度也高

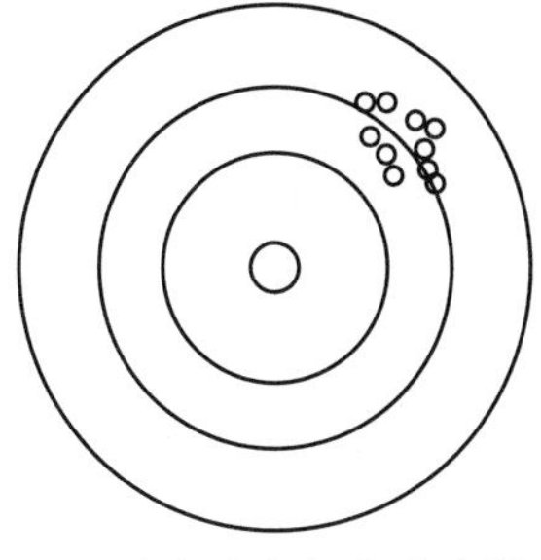
(b) 精密度高但准确度低

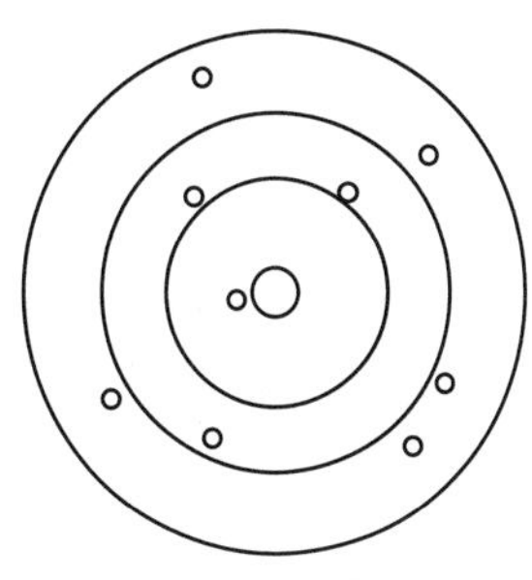
(c) 准确度低，精密度也低

图3.1　以打靶为例说明准确度和精密度的关系

(4) 提高准确度和精密度的方法

为了提高实验方法的准确度和精密度，必须减少和消除系统误差和随机误差，主要应做到：① 减少系统误差；② 增加测定的次数；③ 选择合适的实验方法。

(5) 精密度的表示方法

若在某一条件下进行多次测试，其误差分别为$\delta_1, \delta_2, \cdots, \delta_n$，这样得到的单个误差可大可小、可正可负，无法表示该条件下的测定精密度，因此常采用极差、算术平均误差和标准误差等表示精密度的高低。

3.1.5　误差分析

1. 单次测量值误差分析

环境工程实验的影响因素多且测试量大，有时由于条件限制或准确度要求不高，特别是在动态实验中不容许对被测值做重复测量，故实验中往往对某些指标只能进行一次测定。这些测定值的误差应根据具体情况进行具体分析。例如，对偶然误差较小的测定值，可按仪器上注明的误差范围进行分析；无注明时，可按仪器最小刻度的1/2作为单次测量的误差。如某溶解氧测定仪，仪器精度为0.5级。当测得DO=3.2 mg/L时，其误差值为3.2×0.005=0.016 mg/L；若仪器未给出精度，由于仪器最小刻度为0.2 mg/L，每次测量的误差可按0.1 mg/L考虑。

2. 重复多次测量值误差分析

条件允许的情况下，进行多次测量可以得到比较准确可靠的测量值，并用测量结果的算术平均值近似替代真值。误差的大小可用算术平均偏差和标准偏差来表示。工程中多用标准偏差来表示。

采用算术平均偏差表示误差时，可用式(3.16)计算，真值可表示为

$$a = \bar{x} \pm \delta \tag{3.16}$$

采用标准偏差表示误差时，可用式(3.17)计算，真值可表示为

$$a = \bar{x} \pm s \tag{3.17}$$

3. 间接测量值误差分析

实验过程中，经常需要对实测值经过公式计算后获得另外一些测得值用于表达实验结

果或用于进一步分析，称为间接测量值。由于实测值均存在误差，间接测量值也存在误差，称为误差的传递。表达各实测值误差与间接测量值间关系的公式称为误差传递公式。

(1) 间接测量值算术平均误差计算：采用算术平均误差时，需考虑各项误差同时出现最不利的情况，将算术平均误差或算术平均相对误差的绝对值相加。

加、减法运算：若$N=A+B$或$N=A-B$，则

$$\delta_N=\delta_A+\delta_B \tag{3.18}$$

式中，δ_N为间接测量值N的算术平均误差；δ_A，δ_B为直接测量值A，B的算术平均误差。

即和、差运算的绝对误差等于各直接测得值的绝对误差之和。

乘、除法运算：若$N=AB$或$N=\dfrac{A}{B}$，则

$$\frac{\delta_N}{N}=\frac{\delta_A}{A}+\frac{\delta_B}{B} \tag{3.19}$$

即乘、除运算的相对误差等于各直接测得值的相对误差之和。

(2) 间接测量值标准误差计算：若$N=f(x_1,x_2,\cdots,x_n)$，采用标准误差时，间接测量值N的标准误差传递公式为

$$\sigma_N=\sqrt{\left(\frac{\partial f}{\partial x_1}\right)^2\times\sigma_{x_1}^2+\left(\frac{\partial f}{\partial x_2}\right)^2\times\sigma_{x_2}^2+\cdots+\left(\frac{\partial f}{\partial x_n}\right)^2\times\sigma_{x_n}^2} \tag{3.20}$$

式中，σ_N为间接测量值N的标准误差；σ_{x_1}，σ_{x_2}，…，σ_{x_n}为直接测量值x_1，x_2，…，x_n的标准误差；$\dfrac{\partial f}{\partial x_1}$，$\dfrac{\partial f}{\partial x_2}$，$\dfrac{\partial f}{\partial x_n}$为函数$f(x_1,x_2,\cdots,x_n)$对$x_1$，$x_2$，…，$x_n$的偏导数，并以$\bar{x}_1$，$\bar{x}_2$，…，$\bar{x}_n$带入求其值。

3.2 实验数据整理

3.2.1 有效数字与运算

每一个实验都要记录大量原始数据，并对它们进行分析运算。但是这些直接测量数据都是近似数，存在一定的误差。因此，这就存在一个实验时记录应取几位数，运算后又应保留几位数字的问题。

(1) 有效数字

准确测定的数字加上最后一位估读数字(又称存疑数字)所得的数字称为有效数字。如用20 mL刻度为0.1 mL的滴定管测定水中溶解氧的含量，其消耗一定浓度的硫代硫酸钠溶液的体积为3.63 mL时，有效数字为3位，其中，3.6为确切读数，而0.03则为估读数字。实验报告的每一位数字，除最后一位数可能有疑问外，都不希望带来误差。如果可疑数不止一位，其他一位或几位就应剔除。剔除没有意义的位数时，应采用四舍五入的方法。但“五入”时要把前一位数凑成偶数，如果前一位数已是偶数，则“5”应舍去。例如，把5.45变成5.4，

5.35变成5.4。

因此，实验中直接测量值的有效数字与仪表刻度有关，根据实际情况，一般应尽可能估计到最小分度的1/10或是1/5，1/2。

(2) 有效数字的运算规则

由于间接测量值是由直接测量值计算出来的，因而也存在有效数字的问题，通常的运算规则有以下几点：

① 记录观测值时，只保留1位可疑数，其余一律弃去。

② 在加、减运算中，运算后得到的数所保留的小数点后的位数，应与所给各数中小数点后位数最少的相同。

③ 在乘、除运算中，运算后所得的商或积的有效数字应与参加运算各有效数中位数最少的相同。

④ 在乘方、开方运算中，运算后所得的有效数字的位数与其底的有效数字位数相同。

⑤ 计算平均值时，若为4个数或超过4个数相平均，则平均值的有效数字位数可增加1位。

⑥ 在对数运算中，对数位数的有效位数应与真数的有效位数相同。

⑦ 计算有效数字位数时，若首位有效数字是8或9，则有效数字要多计1位。例如，9.35虽然实际上只有3位，但在计算有效数字时，可按4位计算。

⑧ 计算有效数字位数时，若公式中某些系数不是由实验测得的，则计算中不考虑其位数。

3.2.2　可疑观测值的取舍

在整理分析实验数据时，有时会发现个别观测值与其他观测值相差很大，通常称它为可疑值。可疑值可能是由于偶然误差造成的，也可能是由于系统误差引起的。如果保留这样的数据，可能会影响平均值的可靠性。如果把属于偶然误差范围内的数据任意弃去，可能暂时可以得到精密度较高的结果，但这是不科学的，以后在同样条件下再做实验时，超出该精度的数据还会再次出现。因此，在整理数据时，如何正确地判断可疑值的取舍是很重要的。

可疑值的取舍，实质上是用来区别离群较远的数据究竟是偶然误差还是系统误差。因此，应该按照统计检验的步骤进行处理。

1. 一组观测值中离群数据的检验

用于一组观测值中离群数据的检验方法有格拉布斯(Grubbs)检验法、狄克逊(Dixon)检验法、肖维涅(Chauvenet)准则等。下面介绍其中的两种方法。

(1) 格拉布斯检验法

设有一组观测值$x_1,x_2,\cdots,x_n$，观测次数为n，其中x_i可疑，检验步骤如下：

① 计算n个观测值的平均值$\bar{x}$(包括可疑值)；② 计算标准偏差s；③ 计算T值，公式为

$$T_i=\frac{x_i-\bar{x}}{s} \tag{3.21}$$

根据给定的显著性水平a和测定的次数n,由附录A查出格拉布斯检验临界值T_a。若$T_i > T_{0.01}$,则该可疑值为离群数值,可舍去;若$T_{0.05} < T_i \leqslant T_{0.01}$,则该可疑值为偏离数值;若$T_i \leqslant T_{0.05}$,则该可疑值为正常数值。

例3.5 某河流的BOD_5测定结果为1.25 mg/L、1.27 mg/L、1.31 mg/L、1.40 mg/L,问1.40 mg/L这个数据是否要保留?

解 $\bar{x}=1.31$,$s=0.066$,故

$$T_4=\frac{1.40-1.31}{0.066}=1.36$$

查附录A格拉布斯检验临界值表,当$n=4$时,$T_{0.05}=1.463$,$T_4 < T_{0.05}$,所以1.40 mg/L应保留。

(2) 肖维涅准则

本方法是借助于肖维涅数值取舍标准来决定可疑值的取舍,方法如下:① 计算n个数据的平均值$\bar{x}$和标准误差s;② 根据观测次数n查表3.3得系数K;③ 计算极限误差K_s,$K_s=Ks$;④ 将$x_i-\bar{x}$与K_s进行比较,若$x_i-\bar{x}>K_s$,则x_i弃去,反之则保留。

例3.6 用肖维涅准则检验上例数据。

解 根据表3.3,观测次数$n=4$时,$K=1.53$,故

$K_s=Ks=1.53\times 0.066=0.101$

$1.40-1.31=0.09<K_s=0.101$,所以1.40应保留,与上例用格拉布斯检验判断所得结论一致。

表3.3 肖维涅数值取标准

n	K	n	K	n	K	n	K	n	K	n	K
4	1.53	7	1.79	10	1.96	13	2.07	16	2.16	19	2.22
5	1.68	8	1.86	11	2.00	14	2.10	17	2.18	20	2.24
6	1.73	9	1.92	12	2.04	15	2.13	18	2.20	—	—

2. 多组观测值的均值中离群数据的检验

多组观测值均值的可疑值的检验常用格拉布斯检验法,其步骤与一组观测值时用的格拉布斯检验法类似:

(1)计算各组观测值的平均值$\bar{x}_1,\bar{x}_2,\cdots,\bar{x}_m$(其中$m$为组数)。

(2)计算上列均值的平均值$\bar{\bar{x}}$($\bar{\bar{x}}$称为总平均值)和标准差$s_{\bar{x}}$,公式为

$$\bar{\bar{x}}=\frac{1}{m}\sum_{i=1}^{m}\bar{x}_i \tag{3.22}$$

$$s_{\bar{x}}=\sqrt{\frac{1}{m-1}\sum_{i=1}^{m}(\bar{x}_i-\bar{\bar{x}})^2} \tag{3.23}$$

(3) 计算T值:设$\bar{x}_i$为可疑均值,则

$$T_i=\frac{\bar{x}_i-\bar{\bar{x}}}{s_{\bar{x}}} \tag{3.24}$$

(4) 查出临界值T:用组数m查附录A(将表中的n改为m即可),得到T,若T_i大于临界值T,$\bar{x}_i$应弃去,反之则保留。

3.3　实验数据的方差分析

3.3.1　方差分析的用途

在对实验数据进行误差分析整理剔除错误数据后，还要利用数理统计的方法，分析各变量对实验结果的影响程度。方差分析的目的就是分析各因素对实验的影响和影响程度。它的基本思想是通过分析将由因素变化引起的实验结果差异与实验误差波动引起的差异区分开来。若因素变化引起的实验结果变化落在误差范围内，则表明因素对实验结果无显著影响；反之，若因素变化引起的实验结果的变动超出误差范围，则说明因素变化对实验结果有显著影响。因此，利用方差分析来分析实验结果，关键是寻找误差范围，可以利用数理统计中的F检验法解决这一问题。本节介绍单因素实验的方差分析。

3.3.2　单因素的方差分析

这是研究一个因素对实验结果是否有影响及影响程度的问题。

1. 问题的提出

为研究某因素不同水平对实验结果有无显著影响，设有$A_1, A_2, \cdots, A_b$个水平，在每一水平下都进行了a次实验，$x_{ij}(j=1,2,\cdots,a)$，x_{ij}表示在A_i水平下进行的第j个实验。现通过实验数据分析，研究水平变化对实验结果有无显著影响。

2. 几个常用统计名词

(1) 水平平均值：该因素下某个水平实验数据的算术平均值。

$$\bar{x}_i = \frac{1}{a}\sum_{j=1}^{a} x_{ij} \tag{3.25}$$

(2) 因素总平均值：该因素下各水平实验数据的算术平均值。

$$\bar{x} = \frac{1}{n}\sum_{i=1}^{b}\sum_{j=1}^{a} x_{ij} \tag{3.26}$$

其中，$n = ab$。

(3)总偏差平方和与组内、组间偏差平方和。总偏差平方和是各个实验数据与它们总平均值之差的平方和。

$$S_{\mathrm{T}} = \sum_{i=1}^{b}\sum_{j=1}^{a}(x_{ij} - \bar{x})^2 \tag{3.27}$$

总偏差平方和反映了n个数据分散和集中的程度。S_{T}大，说明这组数据分散；S_{T}小，说明这组数据集中。

造成总偏差的原因有两个：一个是由于测试中误差的影响造成的，表现为同一水平内实验数据的差异，以组内偏差平方和S_E表示；另一个是由于实验过程中同一因素所处的不同水平的影响造成的，表现为不同实验数据均值之间的差异，以因素的组间偏差平方和S_A表示。

因此，有$S_T = S_E + S_A$。

工程技术上，为了便于应用和计算，常用下式进行计算，将总偏差平方和分解成组间偏差平方和与组内偏差平方和，通过比较，从而判断因素影响的显著性。

组间偏差平方和：

$$S_A = Q - P \tag{3.28}$$

组内偏差平方和：

$$S_E = R - Q \tag{3.29}$$

总偏差平方和：

$$S_T = S_E + S_A \tag{3.30}$$

式中

$$P = \frac{1}{ab}\left(\sum_{i=1}^{b}\sum_{j=1}^{a} x_{ij}\right)^2 \tag{3.31}$$

$$Q = \frac{1}{a}\sum_{i=1}^{b}\left(\sum_{j=1}^{a} x_{ij}\right)^2 \tag{3.32}$$

$$R = \sum_{i=1}^{b}\sum_{j=1}^{a} x_{ij}^2 \tag{3.33}$$

(4) 自由度：方差分析中，由于S_A,S_E的计算是若干项的平方和，其大小与参加求和的项数有关，为了在分析中去掉项数的影响，故引入了自由度的概念。自由度是数理统计中的一个概念，主要反映一组数据中真正独立数据的个数。

S_T的自由度为实验次数减1，即

$$f_T = ab - 1 \tag{3.34}$$

S_A的自由度为水平数减1，即

$$f_A = b - 1 \tag{3.35}$$

S_E的自由度为水平数与实验次数减1之积，即

$$f_E = b(a - 1) \tag{3.36}$$

3. 单因素方差分析步骤

对于具有b个水平的单因素，每个水平下进行a次重复实验得到一组数据，方差分析的步骤、计算如下：

(1) 列成表3.4。

表3.4　单因素方差分析计算表

	A_1	A_2	…	A_i	…	A_b	—
1	x_{11}	x_{21}	…	x_{i1}	…	x_{b1}	
2	x_{12}	x_{22}	…	x_{i2}	…	x_{b2}	—
⋮	⋮	⋮	…	⋮	…	⋮	

续表

	A_1	A_2	…	A_i	…	A_b	—
j	x_{1j}	x_{2j}	…	x_{ij}	…	x_{bj}	—
⋮	⋮	⋮	…	⋮	…	⋮	
a	x_{1a}	x_{2a}	…	x_{ia}	…	x_{ba}	
$\sum$	$\sum_{j=1}^{a}x_{1j}$	$\sum_{j=1}^{a}x_{2j}$	…	$\sum_{j=1}^{a}x_{ij}$	…	$\sum_{j=1}^{a}x_{bj}$	$\sum_{i=1}^{b}\sum_{j=1}^{a}x_{ij}$
$\left(\sum\right)^2$	$\left(\sum_{j=1}^{a}x_{1j}\right)^2$	$\left(\sum_{j=1}^{a}x_{2j}\right)^2$	…	$\left(\sum_{j=1}^{a}x_{ij}\right)^2$	…	$\left(\sum_{j=1}^{a}x_{bj}\right)^2$	$\sum_{i=1}^{b}\left(\sum_{j=1}^{a}x_{ij}\right)^2$
$\sum^2$	$\sum_{j=1}^{a}{x_{1j}}^2$	$\sum_{j=1}^{a}x_{2j}^2$	…	$\sum_{j=1}^{a}x_{ij}^2$	…	$\sum_{j=1}^{a}x_{bj}^2$	$\sum_{i=1}^{b}\sum_{j=1}^{a}x_{ij}^2$

(2) 计算有关的统计量S_T,S_E,S_A及相应的自由度。

(3) 列成表3.5并计算F值。

表3.5　方差分析表

方差来源	偏差平方和	自由度	均方和	F
组间误差(因素A)	S_A	$b-1$	$\bar{S}_A=\dfrac{S_A}{b-1}$	$F=\dfrac{\bar{S}_A}{\bar{S}_E}$
组内误差	S_E	$b(a-1)$	$\bar{S}_E=\dfrac{S_E}{b(a-1)}$	—
总和	$S_T=S_E+S_A$	$ab-1$	—	—

F值是因素的不同水平对实验结果所造成的影响和由于误差所造成的影响的比值。F值越大,说明因素变化对结果影响越显著;F值越小,说明因素影响越小,判断影响显著与否的界限由F表给出。

(4) 由附录B(F分布表),根据组间与组内自由度 $n_1=f_A=b-1$,$n_2=f_E=b(a-1)$与显著性水平α,查出临界值λ_α。

(5) 分析判断

若$F>\lambda_\alpha$,说明在显著性水平α下,因素对实验结果有显著的影响,是重要因素;反之,若$F<\lambda_\alpha$,说明因素对实验结果无显著的影响,是一个次要因素。

在各种显著性检验中,常用$\alpha=0.05$,$\alpha=0.01$ 两个显著水平,显著水平的选取取决于问题的要求。通常在$\alpha=0.05$下,当$F<\lambda_{0.05}$时,认为因素对实验结果影响不显著;当$\lambda_{0.05}<F<\lambda_{0.01}$时,认为因素对实验结果影响显著,记为*;当$F>\lambda_{0.01}$时,认为因素对实验结果影响特别显著,记为**。

对于单因素各水平不等重复实验,或者虽然是等重复实验,但由于数据整理中剔除了离群数据或其他原因造成各水平的实验数据不等,此时进行单因素方差分析,只要对公式做适当修改即可,其他步骤不变。如某因素水平为A_1,A_2,…,A_b相应的实验次数为a_1,a_2,…,a_b,则有

$$P=\frac{1}{\sum_{i=1}^{b}a_i}\left(\sum_{i=1}^{b}\sum_{j=1}^{a_i}x_{ij}\right)^2 \tag{3.37}$$

$$Q=\sum_{i=1}^{b}\frac{1}{a_i}\left(\sum_{j=1}^{a_i}x_{ij}\right)^2 \tag{3.38}$$

$$R=\sum_{i=1}^{b}\sum_{j=1}^{a_i}x_{ij}^2 \tag{3.39}$$

4. 单因素方差分析计算举例

同一曝气设备在清水与污水中充氧性能不同，为了能根据污水生化需氧量正确地算出曝气设备在清水中所应提供的氧量，引入了曝气设备充氧修正系数α、β：

$$\alpha=\frac{K_{\text{La(污水)(20℃)}}}{K_{\text{La(清水)(20℃)}}} \tag{3.40}$$

$$\beta=\frac{\rho_{\text{s(污水)}}}{\rho_{\text{s(清水)}}} \tag{3.41}$$

式中，$K_{\text{La(污水)(20℃)}}$，$K_{\text{La(清水)(20℃)}}$为同条件下，20 ℃同一曝气设备在污水与清水中氧总转移系数，min^{-1}；$\rho_{\text{s(污水)}}$、$\rho_{\text{s(清水)}}$分别为同温度、同压力下污水与清水中氧饱和溶解浓度，mg/L。影响α值的因素很多，如水质、水中有机物含量、风量、搅拌强度和曝气池内混合液污泥浓度等。现欲对混合液污泥浓度这一因素对α值的影响进行单因素方差分析，从而判定这一因素的显著性。

例3.7 实验在其他因素固定、只改变混合液污泥浓度的条件下进行。实验数据如表3.6 所示，试进行方差分析，判断因素的显著性。

表3.6 不同污泥浓度对α值的影响

污泥浓度x(g/L)	$K_{\text{La(污水)(20℃)}}(\text{min}^{-1})$			$\overline{K}_{\text{La(污水)}}(\text{min}^{-1})$	α
1.45	0.2199	0.2377	0.2208	0.2261	0.958
2.52	0.2165	0.2325	0.2153	0.2214	0.938
3.80	0.2259	0.2097	0.2165	0.2174	0.921
4.50	0.2100	0.2134	0.2164	0.2133	0.904

解 （1）按照表3.4的形式，列表3.7。

表3.7 污泥影响显著性方差分析

n	x				
	1.45	2.52	3.80	4.50	—
1	0.932	0.917	0.957	0.890	—
2	1.007	0.985	0.889	0.904	—
3	0.936	0.912	0.917	0.917	—
$\sum$	2. 2875	2.814	2.763	2.711	11.163
$\left(\sum\right)^2$	8.266	7.919	7.634	7.350	31.169
$\sum^2$	2.759	2.643	2.547	2.450	10.399

(2) 计算统计量与自由度：

$$P=\frac{1}{ab}\left(\sum_{i=1}^{b}\sum_{j=1}^{a}x_{ij}\right)^2=\frac{1}{3\times 4}\times 11.163^2=10.384$$

$$Q=\frac{1}{a}\sum_{i=1}^{b}\left(\sum_{j=1}^{a}x_{ij}\right)^2=\frac{1}{3}\times 31.169=10.390$$

$$R=\sum_{i=1}^{b}\sum_{j=1}^{a}x_{ij}^2=10.399$$

$$S_A=Q-P=10.390-10.384=0.006$$

$$S_E=R-Q=10.399-10.390=0.009$$

$$S_T=S_A+S_E=0.006+0.009=0.015$$

$$f_T=ab-1=3\times 4-1=11$$

$$f_A=b-1=4-1=3$$

$$f_E=b(a-1)=4\times(3-1)=8$$

(3) 列表计算F值，见表3.8。

表3.8　污泥影响显著性分析

方差来源	偏差平方和	自由度	均方和	F
污泥S_A	0.006	3	0.002	1.82
误差S_E	0.009	8	0.0011	—
总和S_T	0.015	11	—	—

(4) 查附录B(表B.1)F分布表，根据显著水平$\alpha=0.05$，$n_1=f_A=3$，$n_2=f_E=8$，查得$\lambda_{0.05}=4.07$。

根据显著水平$\alpha=0.01$，查得$\lambda_{0.01}=1.82$。由于$F(1.82)<\lambda_{0.05}(4.07)$，故污泥对$\alpha$值有影响，但95%的置信度说明它不是一个显著影响因素。

例3.8　采用水解酸化法处理某难降解有机废水时，不同有机物负荷率条件下COD去除率数据如表3.9所示，试进行方差分析，判断有机物负荷率因素的显著性。

表3.9　不同有机物负荷率对COD去除率的影响

水平	0.24 kg(COD)/(m^3·d)	0.35 kg(COD)/(m^3·d)	0.49 kg(COD)/(m^3·d)
1	50%	48%	38%
2	45%	50%	41%
3	52%	38%	42%
4	48%	44%	42%
5	47%	46%	40%

解　(1) 按表3.9列表3.10。

表3.10　有机物负荷率影响方差分析计算表

水平	0.24 kg(COD)/(m^3·d)	0.35 kg(COD)/(m^3·d)	0.49 kg(COD)/(m^3·d)	—
1	0.50	0.48	0.38	—
2	0.45	0.50	0.41	—

续表

水平	0.24 kg(COD)/(m^3·d)	0.35 kg(COD)/(m^3·d)	0.49 kg(COD)/(m^3·d)	—
3	0.52	0.38	0.42	—
4	0.48	0.44	0.42	—
5	0.47	0.46	0.40	—
$\sum$	2.42	2.26	2.03	6.71
$\left(\sum\right)^2$	5.86	5.11	4.12	15.09
$\sum^2$	1.17	1.03	0.83	3.03

(2) 计算统计量与自由度：

$$P=\frac{1}{ab}\left(\sum_{i=1}^{b}\sum_{j=1}^{a}x_{ij}\right)^2=\frac{1}{3\times5}\times6.71^2=3.00$$

$$Q=\frac{1}{a}\sum_{i=1}^{b}\left(\sum_{j=1}^{a}x_{ij}\right)^2=\frac{1}{5}\times15.09=3.02$$

$$R=\sum_{i=1}^{b}\sum_{j=1}^{a}x_{ij}^2=3.03$$

$$S_A=Q-P=3.02-3.00=0.02$$

$$S_E=R-Q=3.03-3.02=0.01$$

$$S_T=S_A+S_E=0.02+0.01=0.03$$

$$f_T=ab-1=5\times3-1=14$$

$$f_A=b-1=3-1=2$$

$$f_E=b(a-1)=3\times(5-1)=12$$

(3) 列表3.11计算F。

表3.11　有机物负荷率影响方差分析表

方差来源	偏差平方和	自由度	均方和	F
有机物负荷率S_A	0.02	2	0.0077	7.37
误差S_E	0.01	12	0.00104	—
总和S_T	0.03	14	—	—

(4) 查附录B(表B.1)F分布表,根据显著水平$\alpha=0.05$,$n_1=f_A=2$,$n_2=f_E=12$,查得$\lambda_{0.05}=3.89$。

根据显著水平$\alpha=0.01$,查得$\lambda_{0.01}=6.93$。由于$F(7.37)>\lambda_{0.01}(6.93)$,故有机物负荷率的影响特别显著。

3.3.3　正交实验方差分析

1. 概述

对正交实验结果的分析,除了前面介绍过的直观分析法外,还有方差分析法。直观分析法，其优点是简单、直观，分析、计算量小，容易理解，但因缺乏误差分析，所以不能给出误差大小的估计，有时难以得出确切的结论，也不能提供一个标准，用来考察、判断因素影响是否显著。而使用方差分析法，虽然计算量大一些，但可以克服上述缺点，因而在科研和生产中广泛使用。

(1) 正交实验方差分析基本思想

与单因素方差分析一样，正交实验方差分析的关键问题也是把实验数据总的差异(即总偏差平方和)分解成两部分：一部分反映因素水平变化引起的差异，即组间(各因素的)偏差平方和；另一部分反映实验误差引起的差异，即组内偏差平方和(即误差平方和)。然后计算它们的平均偏差平方和(即均方和)，进行各因素组间均方和与误差均方和的比较，应用F检验法，判断各因素影响的显著性。

由于正交实验是利用正交表所进行的实验，所以方差分析与单因素方差分析也有所不同。

(2) 正交实验方差分析类型

利用正交实验法进行多因素实验，由于实验因素、正交表的选择、实验条件和精度要求等不同，正交实验结果的方差分析也有所不同；常遇到以下几类：① 正交表各列未饱和情况下的差分析；② 正交表各列饱和情况下的方差分析；③ 有重复实验的正交实验方差分析。三种正交实验方差分析的基本思想和计算步骤等均一样，不同之处在于误差平方和S_E的求解，下面分别通过实例论述多因素正交实验的因素显著性判断。

2. 正交表各列未饱和情况下的方差分析

多因素正交实验设计中，当选择正交表的列数大于实验因素数目时，此时正交实验结果的方差分析即属这类问题。

由于进行正交表的方差分析时，误差平方和S_E的处理十分重要，而且又有很大的灵活性，因而在安排实验、进行显著性检验时，正交实验的表头设计，应尽可能不把正交表的列占满，即要留有空白列，此时各空白列的偏差平方和及自由度，就分别代表了误差平方和S_E与误差项自由度f_E。现举例说明正交表各列未饱和情况下方差分析的计算步骤。

例3.9　研究同底坡、同回流比和同水平投影面积下，表面负荷及池形(斜板与矩形沉淀池)对回流污泥浓缩性能的影响。指标以回流污泥浓度x_R与曝气池混合液(进入二次沉淀池)的污泥浓度x之比表示。x_R/x大，则说明污泥在二次沉淀池内浓缩性能好，在维持曝气池内污泥浓度不变的前提下，可以减少污泥回流量，从而减少运行费用。

解　实验是一个二因素二水平的多因素实验，为了进行因素显著性分析，选择了$L_4(2^3)$正交表，留有一空白项，以计算S_E。实验及结果如表3.12所示。

表3.12　斜板、矩形池回流污泥性能实验(污泥回收比为100%)

实验号	因素			指标(x_R/x)
	水力负荷 $[m^3/(m^2\cdot h)]$	池形	空白	
1	0.45	斜	1	2.06
2	0.45	矩	2	2.20

续表

实验号	因素			指标(x_R/x)
	水力负荷 [$m^3/(m^2 \cdot h)$]	池形	空白	
3	0.60	斜	2	1.49
4	0.60	矩	1	2.04
K_1	4.26	3.55	4.10	$\sum y = 7.79$
K_2	3.53	4.24	3.69	

(1) 列表计算各因素不同水平的效应值K及指标y之和,如表3.12所示。

(2) 根据表3.13中的计算公式,求组间、组内偏差平方和。

表3.13 正交实验统计量与偏差平方和计算式

内容		计算公式
统计量	P	$P=\frac{1}{n}\left(\sum_{z=1}^{n} y_z\right)^2$
	Q	$Q_i=\frac{1}{a}\sum_{j=1}^{b} K_{ij}^2$
	W	$W=\sum_{z=1}^{n} y_z^2$
偏差平方和	组间(即某因素的) S_i	$S_i=Q_i-P\ (i=1,2,\cdots,m)$
	组内(即误差) S_E	$S_E=S_0=Q_0-P$ 或 $S_E=S_T-\sum_{i=1}^{m} S_i$
	总偏差S_T	$S_T=W-p$ 或 $S_T=\sum_{i=1}^{m} S_i+S_E$

注 n为实验总次数,即正交表中排列的总实验次数;b为某因素下水平数;a为某因素下同水平的实验次数;m为因素个数;$i(i=1,2,\cdots,m)$为因素代号;S_0为空列项偏差平方和。

由表可见,误差平方和有两种计算方法:一种是由总偏差平方和减去各因素的偏差平方和;另一种是由正交表中空余列的偏差平方和作为误差平方和。两种计算方法实质是一样的,因为根据方差分析理论,$S_T=\sum_{i=1}^{m} S_i+S_E$,自由度$f_T=\sum_{i=1}^{m} f_i+f_E$总是成立的。正交实验中,已排上的因素列的偏差,就是该因素的偏差平方和,而没有排上的因素(或交互作用)列的偏差(即空白列的偏差),就是由误差引起的因素的偏差平方和。

本例中

$$P=\frac{1}{n}\left(\sum_{z=1}^{n} y_z\right)^2=\frac{1}{4}\times 7.79^2=15.17$$

$$Q_A=\frac{1}{a}\sum_{j=1}^{b} K_{Aj}^2=\frac{1}{2}\times(4.26^2+3.53^2)=15.30$$

$$Q_B=\frac{1}{a}\sum_{j=1}^{b} K_{Bj}^2=\frac{1}{2}\times(3.55^2+4.24^2)=15.29$$

$$Q_C=\frac{1}{a}\sum_{j=1}^{b}K_{Cj}^2=\frac{1}{2}\times(4.10^2+3.69^2)=15.21$$

$$W=\sum_{z=1}^{n}y_z^2=2.06^2+2.20^2+1.49^2+2.04^2=15.47$$

则

$$S_A=Q_A-P=15.30-15.17=0.13$$
$$S_B=Q_B-P=15.29-15.17=0.12$$
$$S_E=S_C=Q_C-P=15.21-15.17=0.04$$

(3) 计算自由度

总和自由度为实验总次数减1，$f_T=n-1$；

各因素自由度为水平数减1，$f_i=b-1$；

误差自由度为$f_E=f_T-\sum f_i$。

本例中

$$f_T=4-1=3$$
$$f_A=2-1=1$$
$$f_B=2-1=1$$
$$f_E=f_T-f_A-f_B=3-1-1=1$$

(4) 列方差分析检验表(表3.14)

根据因素与误差的自由度$n_1=1$，$n_2=1$和显著性水平$\alpha=0.05$，查附录B(表B.1)F分布表，得$\lambda_{0.05}=161.4$，由于$F<\lambda_{0.05}$，故该两因素均为非显著性因素。这一结论可能是因本实验中负荷选择偏小，变化范围过窄的原因。

表3.14　方差分析检验表

方差来源	偏差平方和	自由度	均方和	F	$F_{0.05}$
因素A(水力负荷)	0.13	1	0.13	2.6	161.4
因素B(池形)	0.12	1	0.12	2.4	161.4
误差	0.05	1	0.05	—	—
总和	0.30	3	—	—	—

3. 正交表各列饱和情况下的方差分析

当正交各表各列全被实验因素及要考虑的交互作用占满，即没有空白列时，此时方差分析中$S_E=S_T-\sum S_i$，$f_E=f_T-\sum f_i$。由于无空白列，故$S_T=\sum S_i$，$f_T=\sum f_i$，进而得$S_E=0$，$f_E=0$，此时，若一定要对实验数据进行方差分析，则只有用正交表中各因素偏差中几个最小的平方和来代替，同时，这几个因素不再做进一步的分析。或者是进行重复实验后，按有重复实验的方差分析法进行分析。

3.4 实验数据的表示法

在对实验数据进行误差分析整理剔除错误数据和分析各个因素对实验结果的影响后，还要将实验所获得的数据进行归纳整理，用图形、表格或经验公式加以表示，以找出影响研究事物的各因素之间相互影响的规律，为得到正确的结论提供可靠的信息。

常用的实验数据表示方法有列表表示法、图形表示法和方程表示法3种。表示方法的选择主要是依靠经验，可以用其中的1种方法，也可2种或3种方法同时使用。

3.4.1 列表表示法

列表表示法是将一组实验数据中的自变量、因变量的各个数值依一定的形式和顺序一一对应列出来，借以反映各变量之间的关系。

列表法具有简单易作、形式紧凑和数据容易参考比较等优点，但对客观规律的反映不如图形表示法和方程表示法明确，在理论分析方面使用不方便。

完整的表格应包括表的序号、表题、表内项目的名称和单位、说明以及数据来源等。

实验测得的数据，其自变量和因变量的变化有时是不规则的，使用起来很不方便。此时可以通过数据的分度，使表中所列数据有规则地排列，即当自变量做等间距顺序变化时，因变量也随之变化。这样的表格查阅较方便。数据分度的方法有多种，较为简便的方法是先用原始数据(即未分度的数据)画图，作出一光滑曲线，然后在曲线上一一读出所需的数据(自变量做等间距顺序变化)，并列出表格。

3.4.2 图形表示法

图形表示法的优点在于形式简明直观，便于比较，易显出数据中的最高点或最低点、转折点、周期性以及其他奇异性等。当作图足够准确时，可以不必知道变量间的数学关系，对变量求微分或积分后得到需要的结果。

1. 图形表示法使用场合

(1) 已知变量间的依赖关系，通过实验，将获得的数据作图，然后求出相应的一些参数；

(2) 两个变量之间的关系不清，将实验数据点绘于坐标纸上，用以分析、反映变量之间的关系和规律。

2. 图形表示法步骤

(1) 坐标纸的选择

常用的坐标纸有直角坐标纸、半对数坐标纸和双对数坐标纸等。选择坐标纸时，应根据研究变量间的关系,确定选用哪一种坐标纸。坐标不宜太密或太稀。

(2) 坐标分度和分度值标记

坐标分度指沿坐标轴规定各条坐标线所代表的数值的大小。进行坐标分度应注意以下几点:

① 一般以x轴代表自变量,y轴代表因变量。在坐标轴上应注明名称和所用计量单位。分度的选择应使每一点在坐标纸上都能够被迅速、方便地找到。例如,图3.2中(b)图的横坐标分度不合适,读数时(a)图比(b)图方便得多。

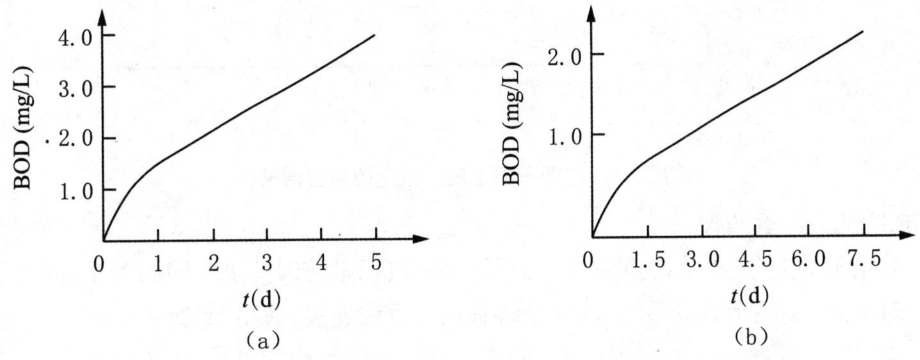

图3.2　某种废水的BOD与时间t的关系曲线

② 坐标原点不一定就是零点,也可用低于实验数据中最低值的某一整数作起点,高于最高值的某一整数作终点。坐标分度应与实验精度一致,不宜过细,也不能过粗。图3.3中的(a)图和(b)图分别代表两种极端情况,(a)图的纵坐标分度过细,超过实验精度,而(b)图的纵坐标分度过粗,低于实验精度,这两种分度都不恰当。

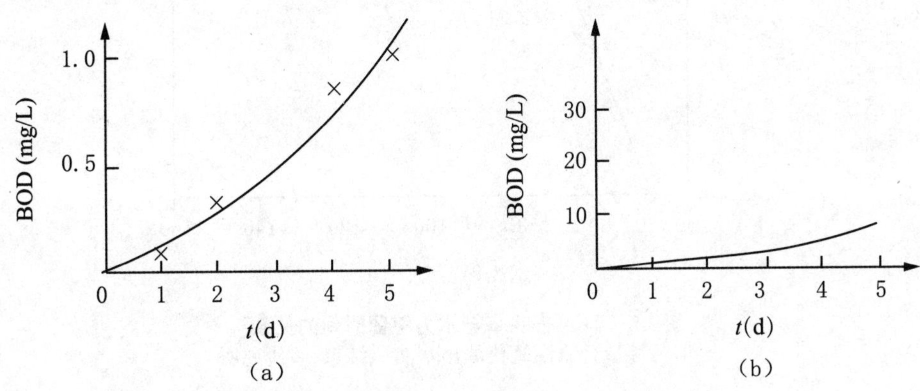

图3.3　某污水的BOD与时间t的关系曲线

③ 为便于阅读,有时除了标记坐标纸上的主坐标线的分度值外,还需在一虚副线上也标以数值(图3.4)。

(3) 根据实验数据描点和作曲线

描点方法比较简单,把实验得到的自变量与因变量一一对应的点在坐标纸上标注即可。

若在同一图上表示不同的实验结果,应采用不同曲线加以区别,并注明曲线的意义,如图3.4所示。

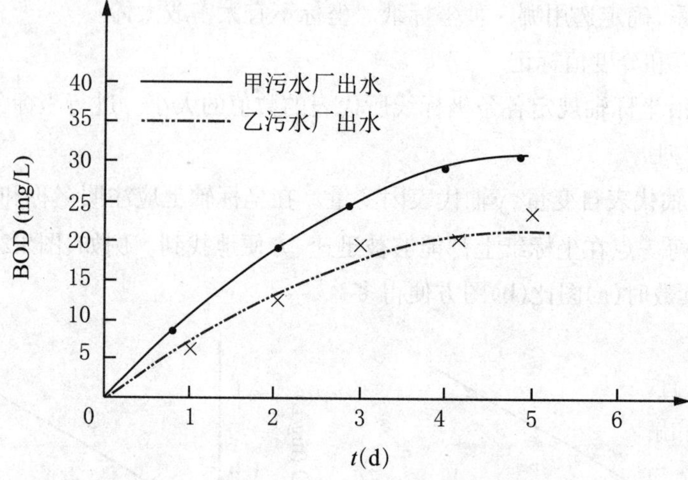

图3.4　在同一图上表示不同的实验结果

作曲线的方法有两种：

① 数据不够充分、图上的点数较少，不易确定自变量与因变量之间的关系，或者自变量与因变量间不一定呈函数关系时，最好是将各点用直线连接，如图3.5所示。

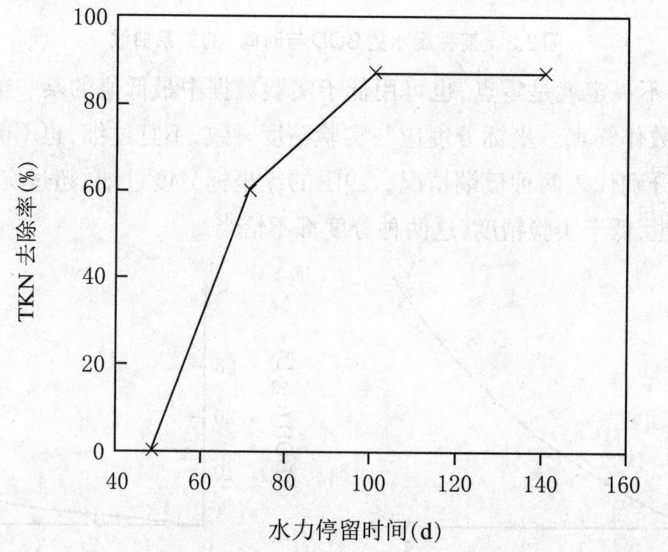

图3.5　TKN去除率与水力停留时间的关系

×年×月×日兼性氧化塘出水测试结果，×研究所

② 实验数据充分，图上点数足够多，自变量与因变量呈函数关系，则可作出光滑连续的曲线，如图3.4所示的BOD曲线。

(4) 注解说明

每一个图形下面应有图名，将图形的意义清楚准确地表述出来，有时在图名下还需加一简要说明。此外，还应注明数据的来源，如作者姓名、实验地点和日期等(图3.5)。

3.4.3　方程表示法

实验数据用列表或图形表示后，使用时虽然较直观简便，但不便于理论分析研究，故常需要用数学表达式来反映自变量与因变量的关系。

方程表示法通常包括下面两个步骤：

步骤1：选择经验公式

表示一组实验数据的经验公式应该是形式简单紧凑，式中系数不宜太多。一般没有一个简单方法可以直接获得一个较理想的经验公式，通常是先将实验数据在直角坐标纸上描点，再根据经验和解析几何知识推测经验公式的形式，若经验表明此形式不够理想，则应另立新式，再进行实验，直至得到满意的结果为止。表达式中容易直接用于实验验证的是直线方程，因此，应尽量使所得函数形式呈直线式。若得到的函数形式不是直线式，可以通过变量变换，使所得图形变为直线。

步骤2：确定经验公式的系数

确定经验公式中系数的方法有多种，在此仅介绍直线图解法和回归分析中的一元线性回归、一元非线性回归以及回归线的相关系数与精度。

1. 直线图解法

凡实验数据可直接绘成一条直线或经过变量变换后能变为直线的，都可以用此法。具体方法如下：将自变量与因变量一一对应的点绘在坐标纸上作直线，使直线两边的点差不多相等，并使每一点尽量靠近直线。所得直线的斜率就是直线方程$y=a+bx$中的系数b，直线在y轴上的截距就是直线方程中的a。直线的斜率可用直角三角形的$\Delta y/\Delta x$比值求得。

直线图解法的优点是简便，但由于各人用直尺凭视觉画出的直线可能不同，因此，精度较差。当问题比较简单，或者精度要求低于0.5%时可以用此法。

2. 一元线性回归

一元线性回归就是工程上和科研中常常遇到的配直线的问题，即2个变量x和y存在一定的线性相关关系，通过实验取得数据后，用最小二乘法求出系数a和b，并建立回归方程$y=a+bx$（称为y对x的回归线）。

用最小二乘法求系数时，应满足两个假定：一是所有自变量的各个给定值均无误差，因变量的各值可带有测定误差；二是最佳直线应使各实验点与直线的偏差的平方和为最小。

由于各偏差的平方均为正数，如果平方和为最小，说明这些偏差很小，所得的回归线即为最佳线。

计算式如下：

$$a=\bar{y}-b\bar{x} \tag{3.42}$$

$$b=\frac{L_{xy}}{L_{xx}} \tag{3.43}$$

式中

$$\bar{x}=\frac{1}{n}\sum_{i=1}^{n}x_i \tag{3.44}$$

$$\bar{y}=\frac{1}{n}\sum_{i=1}^{n}y_i \tag{3.45}$$

$$L_{xx}=\sum_{i=1}^{n}x_i{}^2-\frac{1}{n}\left(\sum_{i=1}^{n}x_i\right)^2 \tag{3.46}$$

$$L_{xy}=\sum_{i=1}^{n}x_i y_i-\frac{1}{n}\left(\sum_{i=1}^{n}x_i\right)\sum_{i=1}^{n}y_i \tag{3.47}$$

一元线性回归的计算步骤如下：

将实验数据列入一元线性回归计算表(表3.15)，并计算。根据式(3.42)和式(3.43)计算a，b的值，得一元线性回归方程$y=a+bx$。

表3.15　一元线性回归计算表

序号	x_i	y_i	$x_i{}^2$	$y_i{}^2$	$x_i y_i$
Σ					

$\sum x=$________，$\sum y=$________，$n=$________；

$\bar{x}=$________，$\bar{y}=$________；

$\sum x^2=$________，$\sum y^2=$________，$\sum xy=$________；

$L_{xx}=\sum x^2-\left(\sum x\right)^2/n=$________，$L_{xy}=\sum xy-\left(\sum x\right)\left(\sum y\right)/n=$________；

$L_{yy}=\sum y^2-\left(\sum y\right)^2/n=$________。

例3.10　已知某污水厂测定结果如表3.16所示，试求a和b。

表3.16　某污水厂测定结果

污染物浓度x(mg/L)	0.05	0.10	0.20	0.30	0.40	0.50
吸光度y	0.020	0.046	0.100	0.120	0.140	0.180

解　将实验数据列入一元线性回归计算表3.17，并计算。

表3.17　一元线性回归计算表

序号	x	y	x^2	y^2	xy
1	0.05	0.020	0.0025	0.00040	0.0010
2	0.10	0.046	0.0100	0.00212	0.0046
3	0.20	0.100	0.0400	0.01000	0.0200
4	0.30	0.120	0.0900	0.01440	0.0360
5	0.40	0.140	0.1600	0.01950	0.0560
6	0.50	0.180	0.2500	0.03240	0.0900
Σ	1.55	0.606	0.5525	0.07890	0.2080

$\sum x=1.55$，　　$\sum y=0.606$，　　$n=6$；

$\bar{x}=0.258$，　　$\bar{y}=0.101$；

$\sum x^2 = 0.5525$，　　$\sum y^2 = 0.0789$，　　$\sum xy = 0.208$；

$L_{xx} = 0.152$，　　$L_{yy} = 0.0177$，　　$L_{xy} = 0.0514$；

$b = \dfrac{L_{xy}}{L_{xx}} = \dfrac{0.0514}{0.152} = 0.338$；

$a = \bar{y} - b\bar{x} = 0.101 - 0.338 \times 0.258 = 0.014$；

$y = 0.014 + 0.338x$。

3. 回归线的相关系数与精度

用上述方法配出的回归线是否有意义？两个变量间是否确实存在线性关系？在数学上引进了相关系数r来检验回归线有无意义，用相关系数的大小判断建立的经验公式是否正确。

相关系数r是判断两个变量之间相关关系的密切程度的指标，它有下述特点：

① 相关系数是介于-1与1之间的某任意值。

② 当$r=0$时，说明变量y的变化可能与x无关，这时x与y没有线性关系，如图3.6所示。

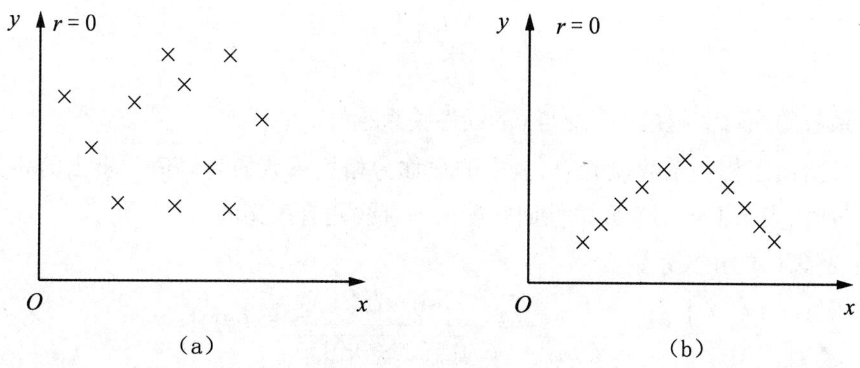

图3.6　x与y无线性关系

③ $0<|r|<1$时，x与y之间存在着一定线性关系。当$r>0$时，直线斜率是正的，y随x增大而增大，此时称x与y为正相关(图3.7)；当$r<0$时，直线斜率是负的，y随着x的增大而减小，此时称x与y为负相关(图3.8)。

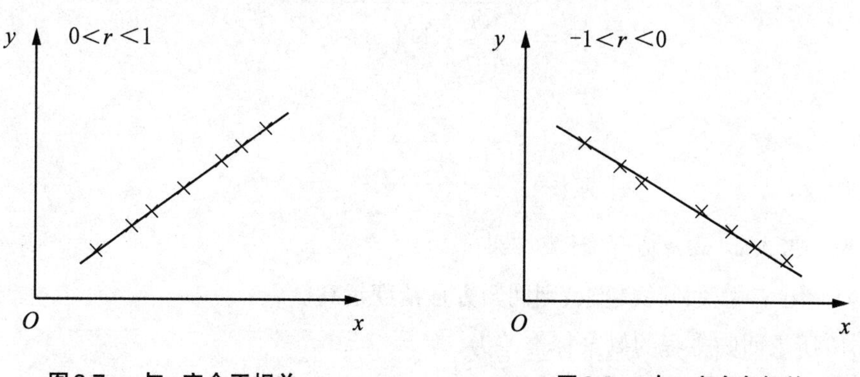

图3.7　x与y完全正相关　　**图3.8　x与y完全负相关**

④ $|r|=1$时，x与y完全线性相关。$r=1$时，称为完全正相关(图3.9)；$r=-1$时，称为

完全负相关(图3.10)。

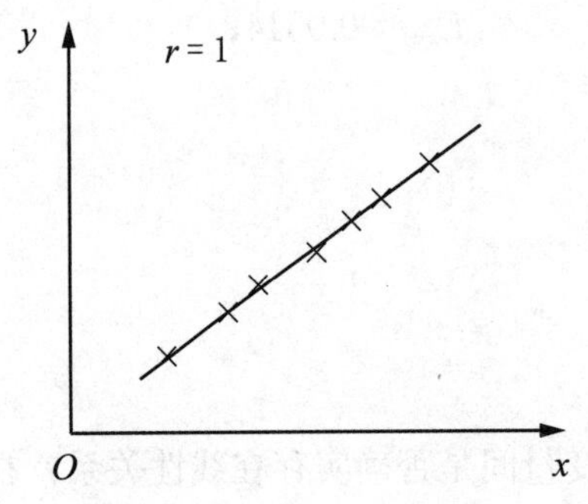

图3.9　x与y为完全正相关

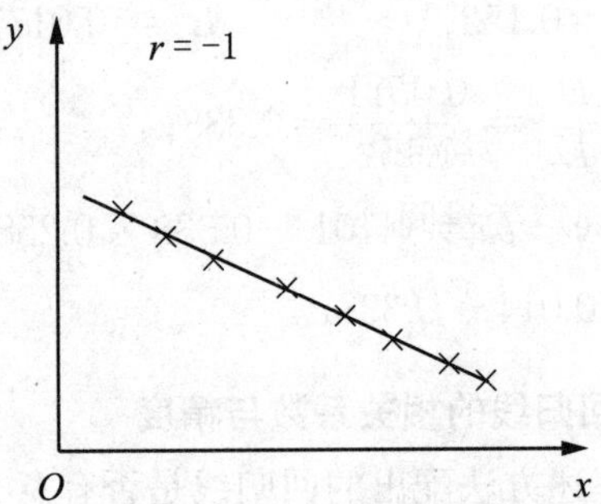

图3.10　x与y为完全负相关

相关系数只表示x与y线性相关的密切程度，当$|r|$很小甚至为零时，只表明x与y之间线性相关不密切，或不存在线性关系，并不表示x与y之间没有关系，可能两者存在着非线性关系(图3.6(b))。

相关系数计算式如下：

$$r=\frac{L_{xy}}{\sqrt{L_{xx}L_{yy}}} \tag{3.48}$$

相关系数的绝对值越接近1，x与y的线性关系越好。

附录C给出了相关系数检验表，表中的数称为相关系数的起码值。求出的相关系数大于表中的数时，表明上述用一元线性回归配出的直线是有意义的。

例如，例3.10的相关系数为

$$r=\frac{L_{xy}}{\sqrt{L_{xx}L_{yy}}}=\frac{0.0514}{\sqrt{0.152\times 0.0177}}=0.991$$

此例$n=6$，查附录C：$n-2=4$的一行，相应的数为0.811(5%)。而$r=0.991>0.811$，所以，配得的直线是有意义的。

回归线的精度用于表示实测的y_i偏离回归线的程度。回归线的精度可以用标准误差来估计(这里的标准误差称为剩余标准差)，其计算式为

$$S=\sqrt{\frac{1}{n-2}\sum_{i=1}^{n}\left(y_i-\hat{y}_i\right)^2} \tag{3.49}$$

或

$$S=\sqrt{\frac{(1-r^2)L_{yy}}{n-2}} \tag{3.50}$$

式中，$\hat{y}_i$为x_i带入$\hat{y}=a+bx$的计算结果。

显然S越小，y_i离回归线越近，则回归方程精度越高。

例3.10所求回归方程的剩余标准差为

$$S=\sqrt{\frac{(1-0.991^2)\times 0.0177}{6-2}}=0.009$$

4. 一元非线性回归

在环境科学与工程中遇到的问题，有时两个变量之间的关系并不是线性关系，而是某种曲线关系（如生化需氧量曲线）。这时，需要解决选配恰当类型的曲线以及确定相关函数中系数等问题。具体步骤如下：

① 确定变量间函数的类型的方法有两种：一是根据已有的专业知识确定，例如，生化需氧量曲线$L_t = L_u\left(1 - e^{-\frac{k_1}{t}}\right)$可用指数函数来表示；二是事先无法确定变量间函数关系的类型时，先根据实验数据作散布图，再从散布图的分布形状选择适当的曲线来配合。

② 确定相关函数中的系数：确定函数类型以后，需要确定函数关系式中的系数。其方法如下：通过坐标变换（即变量变换）把非线性函数关系化成线性关系，即化曲线为直线；在新坐标系中用线性回归方法配出回归线；还原回原坐标系，即得所求回归方程。

③ 如果散布图所反映的变量之间的关系与两种函数类型相似，无法确定选用哪一种曲线形式更好时，可以都作回归线，再计算它们的剩余标准差并进行比较，选择剩余标准差小的函数类型。

下面介绍一些常见的函数图形，它们经过坐标变换后可化成直线。

① 双曲线函数（图3.11）

$$\frac{1}{y} = a + \frac{b}{x}$$

令$y' = 1/y, x' = 1/x$，则有

$$y' = a + bx' \tag{3.51}$$

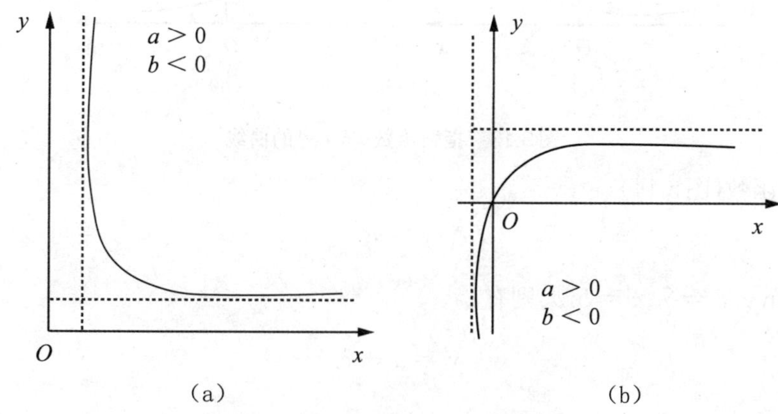

图3.11　双曲线$\frac{1}{y} = a + \frac{b}{x}$的曲线

② 幂函数（图3.12）

$$y = ax^b \tag{3.52}$$

令$y' = \lg y, x' = \lg x, a' = \lg a$，则有

$$y' = a' + bx' \tag{3.53}$$

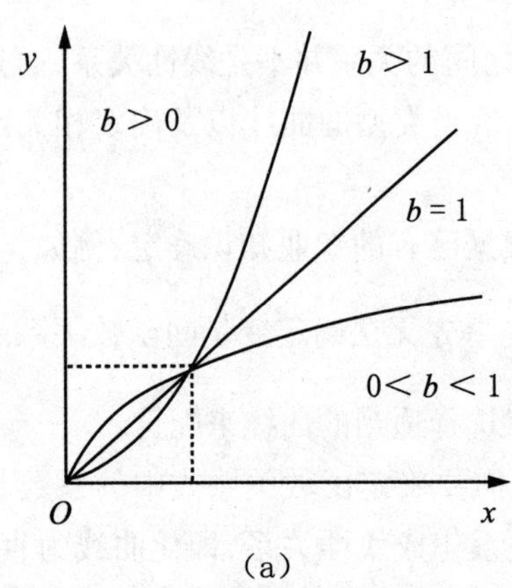

(a)

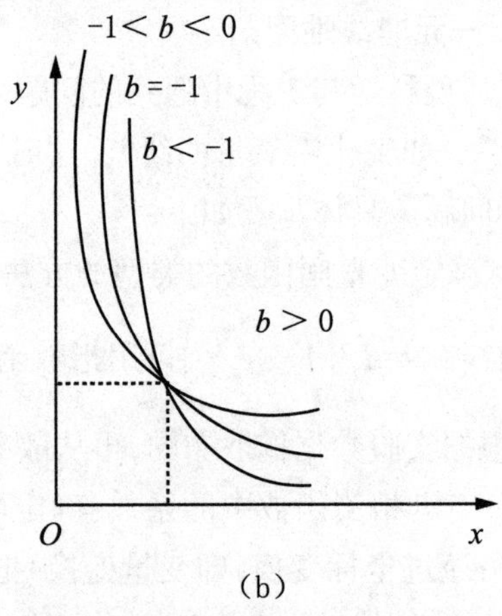

(b)

图3.12　幂函数$y = ax^b$的曲线

③ 指数函数(图3.13)

$$y = a\mathrm{e}^{bx} \tag{3.54}$$

令$y' = \ln y, a' = \ln a$,则有

$$y' = a' + bx \tag{3.55}$$

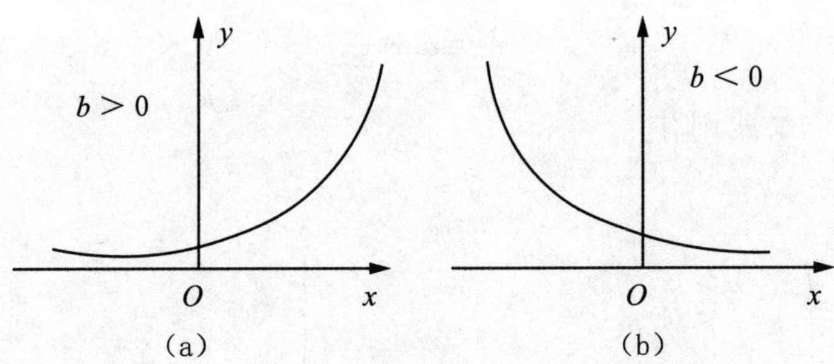

图3.13　指数函数$y = a\mathrm{e}^{bx}$的曲线

④ 指数函数(图3.14)

$$y = a\mathrm{e}^{b/x} \tag{3.56}$$

令$y' = \ln y, x' = \dfrac{1}{x}, a' = \ln a$,则有

$$y' = a' + bx' \tag{3.57}$$

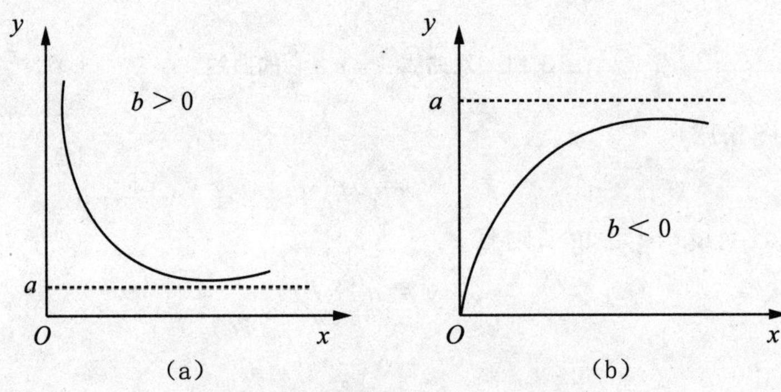

图3.14　指数函数$y = a\mathrm{e}^{b/x}$的曲线

⑤ 对数函数(图3.15)

$$y = a + b\lg x \tag{3.58}$$

令$x' = \lg x$,则有

$$y = a + bx' \tag{3.59}$$

⑥ S形函数(图3.16)

$$y = \frac{1}{a + be^{-x}} \tag{3.60}$$

令$y' = \frac{1}{y}, x' = e^{-x}$,则有

$$y' = a + bx' \tag{3.61}$$

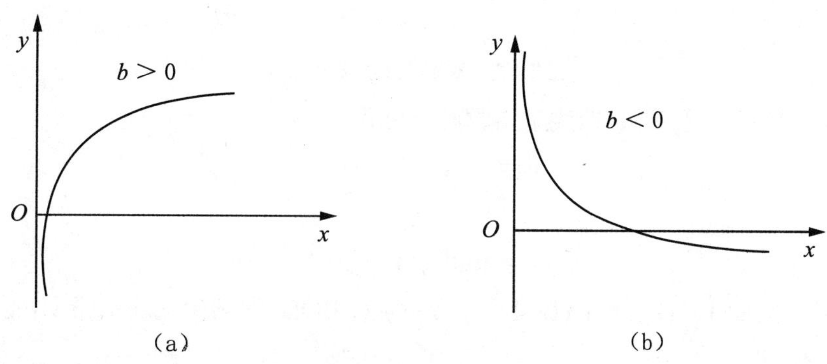

图3.15　对数函数$y = a + b\lg x$的曲线

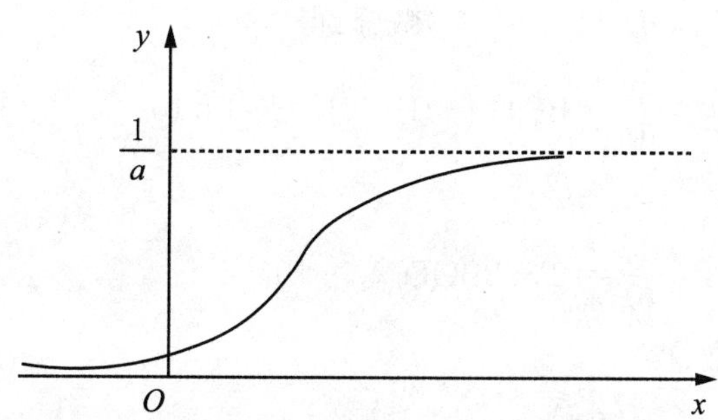

图3.16　S形函数$y = \frac{1}{a + be^{-x}}$的曲线

例3.11　某污水厂处理出水BOD测试结果如表3.18所示,试求经验公式。

表3.18　BOD测试结果表

t(d)	0	1	2	3	4	5	6	7
BOD(mg/L)	0.0	9.2	15.9	20.9	24.4	27.2	29.1	30.6

解　① 作散点图,并连成一光滑曲线(图3.17)。

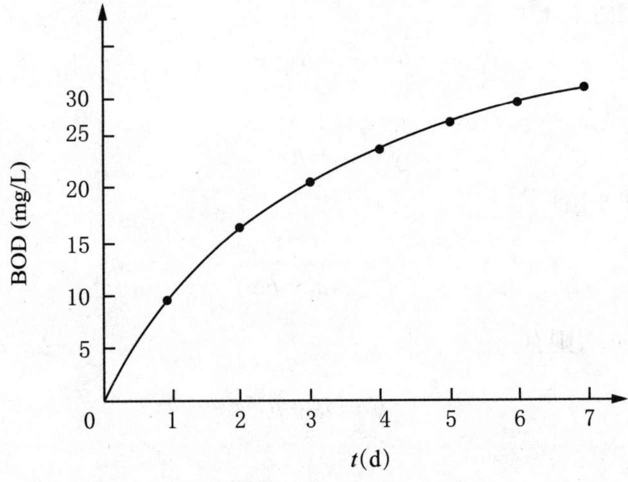

图3.17　BOD与t的关系曲线

根据专业知识知道,BOD曲线呈指数函数形式:

$$y=\mathrm{BOD_u}(1-\mathrm{e}^{-k_1' t}) \tag{3.62}$$

或

$$y=\mathrm{BOD_u}(1-10^{-k_1 t}) \tag{3.63}$$

式中,y为某一天的BOD,mg/L;$\mathrm{BOD_u}$为第一阶段BOD(即碳生化需氧量),mg/L;k_1',k_1为好氧速率常数,d^{-1}。

② 变换坐标,曲线改为直线。

根据专业知识对$y=\mathrm{BOD}_u(1-10^{-k_1 t})$微分,得

$$\frac{\mathrm{d}y}{\mathrm{d}t}=\mathrm{BOD_u}(-10^{-k_1 t})(-k_1)\ln 10 \tag{3.64}$$

即

$$\frac{\mathrm{d}y}{\mathrm{d}t}=2.303\mathrm{BOD_u}k_1\times 10^{-k_1 t} \tag{3.65}$$

上式等号两边取对数,得

$$\lg\left(\frac{\mathrm{d}y}{\mathrm{d}t}\right)=\lg(2.303\mathrm{BOD_u}k_1)-k_1 t \tag{3.66}$$

上式表明,当以$\Delta y/\Delta t$与t在半对数坐标纸上作图时,便可以化BOD曲线为直线,故先变换变量,如表3.19所示。然后将数据在半对数纸上描点,即得图3.18。

表3.19　BOD变换变量

t(d)	0	1	2	3	4	5	6	7
y(mg/L)	0	9.2	15.9	20.9	24.4	27.2	29.1	30.6
$\Delta y/\Delta t(\Delta t=1)$	—	9.2	6.7	5.0	3.5	2.8	1.9	1.5
t_i(两个t的中间值)	—	0.5	1.5	2.5	3.5	4.5	5.5	6.5

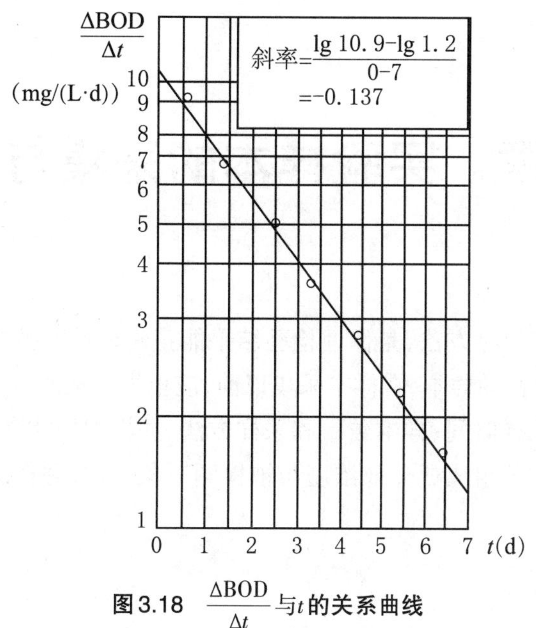

图3.18　$\frac{\Delta BOD}{\Delta t}$与$t$的关系曲线

③ 确定相关函数中的系数。

化BOD曲线为直线后，便可用线性回归方法配出回归线。鉴于例3.10中对于配回归线的方法已做讨论，此例中不再赘述。为了让读者更好地掌握图解法，在此改用图解法求系数。

图3.18中直线的斜率为

$$斜率=\frac{\lg 10.9-\lg 1.2}{0-7}=-0.137$$

即$k_1=0.137\ d^{-1}$，故

$$BOD_u=\frac{10.9}{2.303\times 0.137}=34.5(mg/L)$$

所以BOD曲线为

$$y=34.5\times(1-10^{-0.137t})$$

第4章　实验样本的采集与保存

合理的样本采集和保存方法，是保证检验结果能正确地反映被检测对象特性的重要环节。为了取得具有代表性的样本，在样本采集以前，应根据被检测对象的特征拟定样本采集计划，确定采样地点、采样时间、样本数量和采样方法，并根据检测项目决定样本保存方法。力求做到所采集的样本的组成成分或浓度与被检测对象一样，并在测试工作开展以前各成分不发生显著的改变。

4.1　水样的采集与保存

4.1.1　水样的采集

供分析用的水样，应该能够充分代表该水的全面性，并不受任何意外的污染。首先必须做好现场调查和资料收集，如气象条件、水文地质、水位水深河道流量、用水量、污水废水排放量、废水类型和排污去向等。水样的采集方法、次数、深度和位置时间等均由采样分析目的来决定。

1. 一般要求

采样时要根据采样计划小心采集水样，保证水样在进行分析以前不变质或受到污染。水样灌瓶前要用所需要采集的水样把采样瓶冲洗两三遍，或根据检测项目的具体要求清洗采样瓶。

对采集到的每一个水样做好记录，记录样本编号、采样日期、地点、时间和采样人员姓名，并在每一个水样瓶上贴好标签，标明样本编号。在进行江河、湖泊和海洋等天然水体检测时，应同时记录相关的其他资料，如气候条件和水位流量等，并用地图标明采样位置。进行工业污染源检测时，应同时记述有关的工业生产情况和污水排放规律等，并用工艺流程方框图标明采样点位置。

在采集配水管网中的水样前，要充分冲洗管线，以保证水样能代表供水情况。从井中采集水样时，要充分抽汲后进行，以保证水样能代表地下水源。从江河、湖泊和海洋中采样时，分析数据可能随采样深度、流量与岸边线的距离等变化。因此，要采集从表面到底层不同位置的水样构成的混合水样。

如果水样要供细菌学检验，采样瓶等必须事先灭菌。例如，采集自来水样时，应先用酒精灯将水龙头烧灼消毒,然后把水龙头完全打开,放水数分钟后再取样。采集含有余氯的水样进行细菌学检验时,应在水样瓶未消毒前加入硫代硫酸钠,以消除水样中的余氯。加药量按1 L水样4 mL 1.5%的硫代硫酸钠计。

若采用自动取样装置,应每天把取样装置清洗干净,以避免微生物生长或沉淀物的沉积。

由于被检测对象的具体条件各不相同,且变化很大,不可能制定出一个统一的采样步骤和方法,检测人员必须根据具体情况和考察目的确定具体的采样步骤和方法。

2. 采样容器

采样容器的材质对于水样在贮存期间的稳定性影响很大。一般来说,容器材质与水样的相互作用有3个方面:

(1) 容器材质可溶入水样中,如从塑料容器溶解下来的有机质以及从玻璃容器溶解下来的钠、硅和硼等。

(2) 容器材质可吸附水样中某些组分,如玻璃吸附痕量金属,塑料吸附有机质和痕量金属。

(3) 水样与容器直接发生化学反应如水样中的氟化物与玻璃发生反应等。材质的稳定性顺序为:聚四氟乙烯>聚乙烯>透明石英>铂>硼硅玻璃。通常,塑料容器用作测定金属、放射性元素和其他无机物的水样容器;玻璃容器用作测定有机物和生物等的水样容器。

3. 水样的采集量

水样的采集量与分析方法及水样的性质有关。一般来说,采集量应考虑实际分析用量和复试量(或备用量)。对污染物质浓度较高的水样可适当少取水样,因为超过一定浓度的水样在分析时要经过稀释方可测定。

4. 水样的类型

水样可分为瞬时水样、混合水样和综合水样,与之相应的采样形式也可分为瞬时采样、混合采样和综合采样。

(1) 瞬时水样

瞬时水样是指在某一时间和地点采集的水样。当被检测对象在一个相当长的时间或者在各个方向相当长的距离内水质、水量稳定不变时,瞬时采集的水样具有很好的代表性。当水质、水量随时间变化时,可在预计变化频率的基础上选择采样时间间隔,用瞬时采集水样分别进行分析,以了解其变化程度、频率或周期。当水的组成随空间变化而不随时间变化时,应在各个具有代表性的地点采集水样。

(2) 混合水样

所谓混合水样,是指在同一采集点于不同时间所采集的瞬时样本的混合样本或者在同一时间于不同采样点采得的瞬时样本的混合样本,前者有时称"时间混合水样"。许多情况下,可以用混合水样代替一大批个别水样的分析。"时间混合水样"对观察平均浓度最有用,例如,在计算一个污水厂的负荷和效率时,"时间混合水样"可以减少化验工作量并节约开支。"时间混合水样"可代表一天、一个班或者一个较短时间周期的平均情况。

由于工业废水的排放量和污染组分的浓度往往随时间起伏较大，为使监测结果具有代表性，需要增大采样和测定频率，但这势必增加工作量，此时比较好的办法是采集平均混合水样或平均比例混合水样。前者是指每隔相同时间采集等量废水样混合而成的水样，适用于废水流量比较稳定的情况；后者是指废水流量不稳定的情况下，在不同时间依照流量大小按比例采集的混合水样。当存在多个排放口时，还需要同时采集几个排污口的废水样，并按流量比例混合，其监测结果代表取样时的综合排放浓度。

当水样中的测试成分或性质在水样贮存中会发生变化时，不能采用混合水样，要采用个别水样。采集后立即进行测定，最好是在采样地点进行。所有溶解性气体、可溶性硫化物、剩余氯、温度和pH都不宜采用混合水样。

(3) 综合水样

综合水样是不同采样地点同时采集的瞬时样本的混合水样，是代表整个采样断面上各地点和它们的相对流量成比例的混合水样。在进行河流水质模型研究时，常采用这种采集方式。河水的成分会随着江河的宽度和深度不同发生变化，而在进行研究时需要的是平均的组成成分或者总的负荷，因此，应采用一种能代表整个横断面上各点和与它们相对流量成比例的混合水样。

4.1.2 水样的保存

各种水质的水样，从采集到分析这段时间里由于物理的、化学的和生物的作用会发生不同程度的变化，这些变化使得进行分析时的样本已不再是采样时的样本，为了使这种变化降低到最小的程度，必须在采样时对样本加以保护。水样发生变化的原因包括以下几个方面：

(1) 生物作用

细菌类及其他生物体的新陈代谢会消耗水样中的某些组分，产生一些新的组分，改变一些组分的性质，生物作用会对样本中待测的一些项目，如溶解氧、二氧化碳和含氮化合物等的含量及浓度产生影响。

(2) 化学作用

水样各组分可能发生氧化、还原等化学反应，如，在有氧气的情况下二价铁会被氧化成三价铁，亚硫酸盐会被氧化成硫酸盐；酸性条件下六价铬会被还原成三价铬；聚合物可能发生解聚，单体混合物有可能发生聚合。

(3) 物理作用

光照、温度、静置或震动敞露或密封等保存条件及容器材质都会影响水样的性质。如温度升高或强震动会使得一些物质如氧、氰化物及汞等挥发；长期静置会使$Al(OH)_3$、$CaCO_3$及$Mg_3(PO_4)_2$等沉淀。某些容器的内壁能不可逆地吸附或吸收一些有机物或金属化合物等。水样在贮存期内发生变化的程度主要取决于水的类型及水样的化学性质和生物学性质，也取决于保存条件、容器材质、运输及气候变化等因素。必须强调的是，这些变化往往非常快，常在很短的时间里样本就明显地发生了变化，因此必须在一切情况下采取必要的保护措施，并尽快进行分析。

无论是生活污水、工业废水还是天然水，实际上都不可能完全不变化地保存。使水样的各组成成分完全稳定是做不到的，合理的保存技术只能延缓各组成成分的化学和生物学的变化。各种保存方法旨在延缓生物作用、延缓化合物和络合物的水解以及已知各组成成分的挥发。

一般来说，采集水样和分析之间的时间间隔越短，分析结果越可靠。对于某些成分（如溶解性气体）和物理特性（如温度）应在现场立即测定。水样允许存放的时间，随水样的性质、所要检测的项目和贮存条件而定。采样后立即分析最为理想。水样存放在暗处和低温（4 ℃）环境中可大大延缓生物繁殖所引起的变化。大多数情况下，低温贮存可能是最好的方法。当使用化学保存剂时，应在灌瓶前就将其加到水样瓶中，使刚采集的水样得到保存，所有保存剂都会对某些试剂进行干扰，影响测试结果。没有一种单一的保存方法能完全令人满意，一定要针对所要检测的项目选择保存方法，水样保存方法可以参考国家环境保护标准HJ 493—2009。

4.2　气体样本的采集与保存

环境工程实验所涉及的气体样本按状态可分为气体污染物样本、气溶胶（烟雾）污染物样本和混合污染物样本。根据被测污染物在空气中的存在状态和浓度以及所用的分析方法，可以采用不同的采样方法和仪器。

4.2.1　气体样本的采样

1. 气体样本采样点布设

（1）气体样本的采样点布设原则

① 应设在整个取样区域的高、中、低三种不同污染物浓度的地方。

② 在污染源比较集中、主导风向比较明显的情况下，应将污染源的下风向作为主要的取样范围，布设较多的采样点，上风向布设少量点作为参照。

③ 工业较密集的城区和工矿区，人口密度大及污染物超标地区，要适当增设采样点，城市郊区和农村、人口密度较小及污染物浓度低的地区，可酌情少设采样点。

④ 采样点的周围应开阔，采样口水平线与周围建筑物高度的夹角应不大于30°，测点周围无污染源，并应避开树木及吸附能力较强的建筑物，交通密集区的采样点应设在距人行道边缘至少1.5 m远处。

⑤ 各采样点的设置条件应尽可能一致或标准化。

⑥ 采样高度根据实验目的而定，如研究大气污染对人体的危害，采样口应在离地面1.5～2 m处；研究大气污染对植物或器物的影响，采样口高度应与植物或器物高度相近，连续采样例行监测采样口高度应距地面3～15 m；若置于屋顶采样，采样口应与基础面有1.5 m

以上的相对高度，以减少扬尘的影响。特殊地形可以视情况选择采样高度。

(2) 采样点布设数目的要求

采样点布设数目是与经济投资和精度要求相对应的一个效益函数，应根据监测范围大小、污染物的空间分布特征、人口分布及密度、气象、地形以及经济条件等因素综合考虑确定。具体规定见表4.1和表4.2。

表4.1　WHO和WMO推荐的城市大气自动监测站(点)数目表

市区人口(万人)	飘尘	SO_2	NO_x	氧化剂	CO	风向、风速
≤100	2	2	1	1	1	1
100～400	5	5	2	2	2	2
400～800	8	8	4	3	4	2
＞800	10	10	5	4	5	3

表4.2　我国大气环境污染例行监测采样点设置数目

市区人口(万人)	SO_2，NO_x，TSP	灰尘自然降尘量	硫酸盐化速率
≤50	2	≥3	≥6
50～100	4	4～8	6～12
100～200	5	8～11	12～18
200～400	6	12～20	18～30
＞800	7	20～30	30～40

(3) 布点方法

① 功能区布点法

按功能区划分布点法多用于区域性常规监测。先将监测区域划分为工业区、商业区、居住区、工业居住混合区、交通稠密区和清洁区等，再根据具体污染情况和人力、物力条件，在各功能区设置一定数量的采样点。各功能区的采样点数不要求平均，一般在污染较集中的工业区和人口较密集的居住区多设采样点。

② 网格布点法

此方法是将监测区域地面划分成若干均匀网状方格，采样点设在两条支线的交点处或方格中心(图4.1)。网格大小视污染源强度、人口分布及人力、物力条件等确定。若主导风向明显，下风向设点应多一些，一般占采样点总数的60%。对于有多个污染源且污染源分布较均匀的地区，常采用这种布点方法。它能较好地反映污染物的空间分布，如将网格划分得足够小，则将实验结果绘制成污染物浓度空间分布图，对指导城市环境规划和管理具有重要意义。

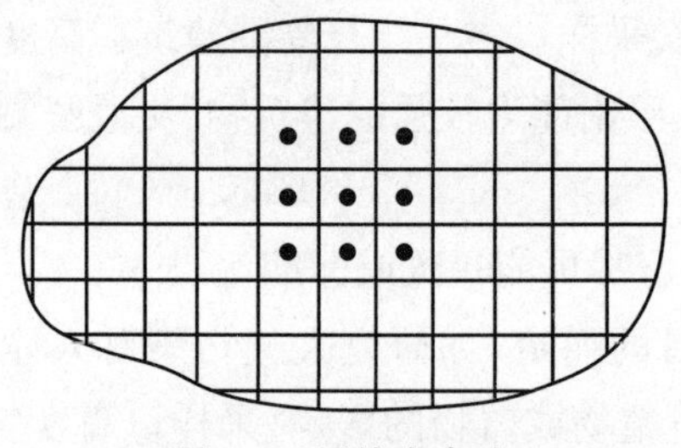

图4.1　网格布点法

③ 同心圆布点法

此方法主要用于多个污染源构成污染群，且大污染源较集中的地区先找出污染群的中心，以此为圆心在地面上画若干同心圆，从圆心作若干放射线，将放射线与圆周的交点作为采样点(图4.2)。不同圆周上的采样点数目不一定相等或均匀分布，将常年主导风向的下风向比上风向多设一些点。

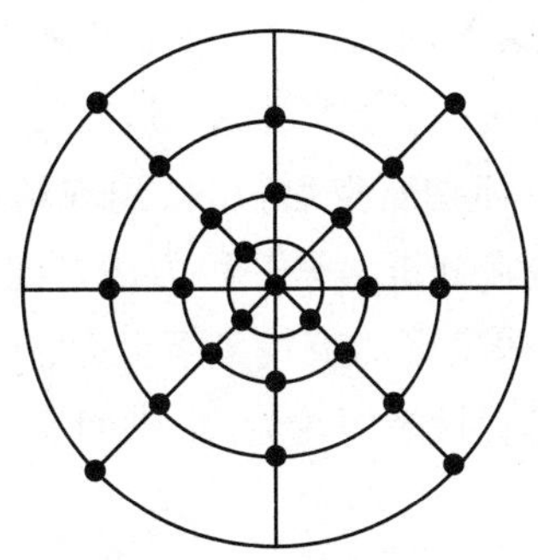

图4.2　同心圆布点法

④ 扇形布点法

此方法适用于孤立的高架点源，且主导风向明显的地区。以点源所在位置为顶点，主导风向为轴线，在下风向地面上划出一个扇形区作为布点范围。扇形的角度一般为45°，也可更大些，但不能超过90°。采样点设在扇形平面内距点源不同距离的若干弧线上(图4.3)。每条弧线上设3～4个采样点，相邻两点与顶点连线的夹角一般取10°～20°。在上风向应设对照点。

在实际工作中，为做到因地制宜，使采样网点布设得完善合理，往往采用以一种布点方法为主、兼用其他方法的综合布点法。

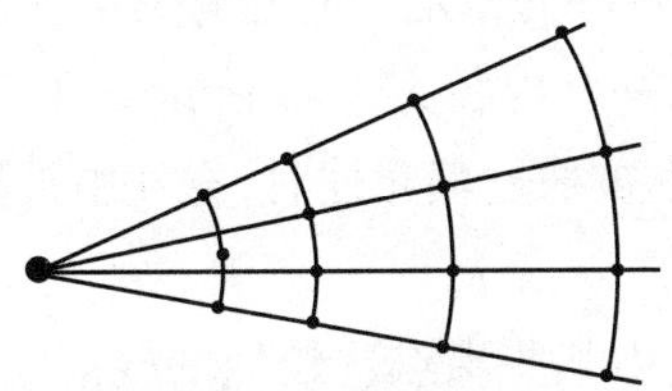

图4.3　扇形布点法

2. 气体样本采样方法

根据气体样本中所测污染物的不同性质，按污染物呈气态、气溶胶态和混合态来介绍气体样本的采样方法。

(1) 气态污染物采样方法

① 直接采样法

此法适用于大气中被测组分浓度高或者所用的分析方法很灵敏的情况，直接采取少量样本就可以满足分析需要。主要有以下方法：

注射器采样：在现场直接用100 mL注射器连接一个三通活塞抽取空气样本，密封进样口，带回实验室分析。采样时，先用现场空气抽洗3～5次，然后抽样，将注射器进气口朝下，垂直放置，使注射器内压力略大于大气压。

塑料袋采样:用一种与所采集的污染物既不起化学反应,也不吸附、不渗漏的塑料袋。使用前做气密性检查:充足气后,密封进气口,将其置于水中,不应冒气泡。使用时用现场空气抽洗3~5次后,再充进现场空气,夹封袋口,带回实验室分析。此法具有经济和轻便的特点,使用前事先对塑料袋进行样本稳定性实验。

固定容器法:此法适用于采集小量空气样本。具体方法有两种:一种是将真空采气瓶抽真空至133 Pa左右,如瓶中事先装好吸收液,可抽至溶液冒泡为止。将真空采气瓶携带至现场,打开瓶塞,被测空气即充进瓶中。关闭瓶塞,带回实验室分析。采气体积即为真空采气瓶的体积。也可以将真空采气瓶抽真空后拉封,到现场后从断痕处折断,空气即充进瓶内,完成后盖上橡皮帽,带回实验室分析。另一种方法是使用采气管,以置换法充进被测空气。在现场用二联球打气使通过采气管的空气量至少为管体积的6~10倍(这样才能使采气管中原有的空气完全被置换),然后封闭两端管口,带回实验室分析。采样体积即为采气管容积。

② 有动力采样法

大气中污染物含量往往很低,故需要采用一定的方法将大量空气样本进行浓缩,使之满足分析方法灵敏度的要求。有动力采样法就是为适应这种需求而设计的。

此方法具体操作如下:采用抽气泵抽取空气,将空气样本通过收集器中的吸收介质,使气体污染物浓缩在吸收介质中,从而达到浓缩采样的目的。根据吸收介质的不同,可以分为溶液吸收法、填充柱采样法和低温冷凝浓缩法等。

溶液吸收法:此方法为用一个气体吸收管,内装吸收液,后接抽气装置,以一定的气体流量通过吸收管抽入空气样本。当空气通过吸收液时,被测组分的分子被吸收在溶液中。取样后倒出吸收液分析其中被测物的含量。吸收液应注意选择对被采集的物质溶解度大、化学反应速率快、污染物在其中有足够的稳定时间并有利于下一步反应的溶剂。

填充柱采样法:此方法采用一个内径为3~5 mm,长为5~10 cm的玻璃管,内装颗粒物或纤维状固体填充剂。空气样本被抽过填充柱时,空气中被测组分因吸附、溶解或化学反应作用,而被阻留在填充剂上。

低温冷凝浓缩法:基于大气中某些沸点比较低的气态物质在常温下用固体吸附剂很难完全被阻留的特点,应用制冷剂使其冷凝下来,浓缩效果较好。常用的冷凝剂有冰-盐水(−10 ℃)、干冰-乙醇(−72 ℃)、液氧(−183 ℃)、液氮(−196 ℃)以及半导体制冷器等。使用此法时应在管口接干燥剂去除空气中的水分和二氧化碳,避免在管路中同时冷凝,解析时与污染物同时气化,增大气化体积,降低浓缩效果。

③ 被动式采样法

被动式气体采样器是基于气体分子扩散或渗透原理采集空气中气态或蒸气态污染物的一种采样方法。由于它不用任何电源和抽气动力,又称无泵采样器。使用被动式个体采样器收集气体污染物的方法称为被动式采样法。

(2) 气溶胶(烟雾)采样方法

气溶胶的采样方法主要有沉降法和滤料法。

① 沉降法

主要有自然沉降法和静电沉降法。

自然沉降法：自然沉降法是利用颗粒物受重力场作用，沉降在一个敞开的容器中。此法适用于较大粒径（>30 μm）的颗粒物的测定。例如，测定大气中降尘就是利用此种方法。测定时将容器置于采样点，采集空气中的降尘，采样后用重量法测定降尘量，并用化学分析法测定降尘中的组分含量。结果用单位面积和单位时间从大气中自然沉降的颗粒物质量表示。此方法较为简便，但受环境气象条件影响，误差较大。

静电沉降法：静电沉降法主要利用电晕放电产生离子附着在颗粒物上，在电场作用下使带电颗粒物沉降在极性相反的收集极上。此法收集效率高，无阻力。采样后取下收集极表面沉降物质，供分析用。不宜用于易爆的场合，以免发生危险。

② 滤料法

滤料法的原理是抽气泵通过滤料抽入空气，空气中的悬浮颗粒物被阻留在滤料上。分析滤料上被浓缩的污染物的含量，再除以采样体积，即可计算出空气中的污染物浓度。常用滤料的适用情况和优缺点如表4.3所示。

表4.3　滤料法常用滤料一览表

滤料	优　点	缺　点	适用情况
定量滤纸	价格便宜，灰分少，纯度高，机械强度大，不易破裂	抽气阻力大，孔隙有时不均	适用于金属尘粒采样，由于吸水性较大，不宜用重量法测定悬浮颗粒
玻璃纤维滤纸	吸水性小，耐高温，阻力小	价格昂贵，机械强度差	适用于采集大气中悬浮颗粒物，但由于有些玻璃纤维滤纸的某些元素本底含量高，使其做某些元素的分析时受到限制
合成纤维滤料	对气流阻力小和吸水少，采样效率高，可以用乙酸丁酯等有机溶剂溶解	机械强度差，需要用采样夹固定	广泛用于悬浮颗粒物采样，测定多环芳烃化合物时，不宜选用有机滤料
微孔滤膜和直孔滤膜	质量轻，含杂质量少，可溶于多种有机溶剂，颗粒绝大部分收集在表层不需要转移步骤即可分析	尘粒沉积在表面后，阻力迅速增加，收集物易脱落	悬浮颗粒物采样
银膜	孔径一致，结构牢固，可耐化学腐蚀	—	特殊情况时用银膜采集空气样本

(3) 混合污染物样本采样方法

环境工程实验所需要的气体样本往往不是以单一的形态存在，经常会出现气态和气溶胶共存的状况。综合采样法就是针对这样的情况得来的。其基本原理是使颗粒物通过滤料截留，在滤料后安置吸收装置吸收通过的气体。由于采样流量受到后续气体吸收的制约，故在具体操作中针对不同的实验要求进行一定的改进。具体方法有以下几种：

① 浸渍试剂滤料法

此方法将某种化学试剂浸渍在滤纸或滤膜上，作为采样滤料，在采样中，空气中污染物与滤料上的试剂迅速起化学反应，将以气态或蒸气态存在的被测物有效地收集下来。用这种方法可以在一定程度上避免滤料采集颗粒物时气态物质逃逸的情况，能同时将气态和颗粒物质一并采集,效率较高。

② 泡沫塑料采样法

聚氨基甲酸酯泡沫塑料比表面积大,通气阻力小,适用于较大流量采样,常用于采集半挥发性的污染物,如杀虫剂和农药。采集过程中,可吸入颗粒物采集在玻璃纤维纸上,蒸气态污染物采集在泡沫塑料上。泡沫塑料在使用前根据需要进行处理,一般方法为先用NaOH溶液煮10 min,再用蒸馏水洗至中性,在空气中干燥。如采样后需要用有机溶剂提取被测物,应将塑料泡沫放在索氏提取器中,用正已烷等有机溶剂提取4~8 h,挤尽溶剂后在空气中挥发残留溶剂,必要时在60 ℃的烘箱内干燥。处理好后需在密闭的瓶中保存,使用后洗净可以重复使用。这一方法已成功用于空气中多环芳烃蒸气和气溶胶的测定。

③ 多层滤料法

此法用两层或3层滤料串联组成一个滤料组合体。第1层用玻璃纤维滤纸或其他有机合成纤维滤料,采集颗粒物;第2层或第3层可用浸渍试剂滤纸,采集通过第1层的气体污染物成分。

④ 环形扩散管和滤料组合采样法

此法主要是针对多层滤料法中气体通过第1层滤料时的气体吸附或反应所造成的损失而提出的。气体通过扩散管时,由于扩散系数增大,很快扩散到管壁上,被管壁上的吸收液吸收。颗粒物由于扩散系数较小,受惯性作用随气流穿过扩散管并采集到后面的滤料上。此法克服了气体污染物被颗粒物吸附或与之反应造成的损失,但是环形扩散管的设计、加工以及内壁涂层要求很高。

3. 气体样本采样频率和时间

气体样本的采样频率和时间视实验目的而定。

如果是事故性污染和初步调查等情况的应急监测可以允许短时间周期采样;对于其他用途试样,为了增加采样的可信度,应增加采样时间。增加采样时间的方法主要有两种:一是增加采样频率;二是采用自动采样仪器进行连续自动采样。

我国监测技术规范对大气污染例行监测规定了采样时间和采样频率。

在《环境空气质标准》(GB 3095—2012)中要求测定日平均浓度和最大一次浓度。若采用人工采样测定,应满足以下要求:

(1) 应在采样点受污染最严重的时期采样测定。

(2) 最高日平均浓度全年至少监测20 d,最大一次浓度样本不得少于25个。

(3) 每日监测次数不少于3次。

4.2.2 气体样本的保存

一般来说,气体样本采集后应尽快送至实验室分析,以保证样本的代表性。在运送过程中,应保证气体样本的密封,防止不必要的干扰。

由于样本采集后往往要放置一段时间才能分析,所以对采样器有稳定性方面的要求。要求在放置过程中样本能够保持稳定性,尤其是对于活泼性较大的污染物以及吸收剂不稳定的采样器。

测定采样器的稳定性实验如下：

将3组采样器按每组10个暴露在被测物浓度为1S或5S（S为被测物卫生标准容许浓度值）、相对湿度为80％的环境中，暴露时间为推荐最大采样时间的一半。第1组在暴露后当天分析；第2组放在冰箱中（5 ℃）至少两周后分析；第3组放在室温（25 ℃）1周或两周后分析。如果样本放置第2组或第3组与当天分析组（第1组）的平均测定值之差在95％概率的置信度小于10％，则认为样本在所放置的时间内是稳定的。若测定观察样本在暴露过程中的稳定性，则可以将标准样本加到吸收层上，在清洁空气中晾干后分成两组，第1组立即分析；另一组在室温下放置至少为推荐的最大采样时间或更长时间（如1周）后再分析，并将其结果与第1组结果相比较，以评价采样器在室温下暴露过程中和放置期间的稳定性。要求采样器所采用的样本在暴露过程中是稳定的，并有足够的放置定时间。

4.3　固体废物的采集与保存

固体废物是指被丢弃的固态和泥状物质，按来源分可以分为矿业固体废物、工业固体废物、城市垃圾（包括下水道污泥）、农业废物和放射性固体废物等。固体样本的采样和保存有共通之处，针对固体样本的性质不同以及实验内容的不同，所选用的采样方法和保存方法也不尽相同。

4.3.1　固体样本的采样

1. 固体样本采样的一般程序

① 根据固体样本所需量确定应采集的份样个数；

② 根据固体样本的最大粒度确定份样量；

③ 根据固体样本的性质确定采样方法，进行采样并认真填写采样记录。

2. 固体样本采集工具

固体样本采集所需的工具主要包括锹（一般为尖头钢锹）、镐（一般为钢尖镐）、耙、锯、锤和剪刀等一般工具。另外，在固体废弃物采样中还会用到采样铲、采样器、具盖采样桶或内衬塑料袋的采样袋等专用工具。

3. 固体废物样本采样点布设

（1）垃圾收集点的采样

各类垃圾收集点的采样在收集点收运垃圾前进行。在大于3 m的设施（箱、坑）中采用立体对角线布点法（图4.4）：在等距点（不少于3个）采等量的固体废弃物共100～200 kg。在小于3 m^3的设施（箱、桶）中每个设施采20 kg以上，最少采5个，共100～200 kg。

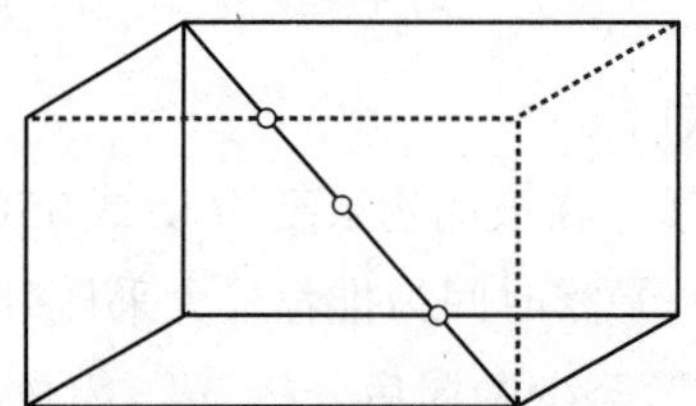

图4.4　立体对角线布点法

(2) 混合垃圾点采样

应采集当日收运到堆放处理厂的垃圾车中的垃圾,在间隔的每辆车内或在其卸下的垃圾堆中采用立体对角线法在3个等距点采集等量垃圾共20 kg以上,最少采5个,总共100～200 kg。在垃圾车中采样,采样点应均匀分布在车厢的对角线上(图4.5),端点距车角应大于0.5 m,距表层30 cm。

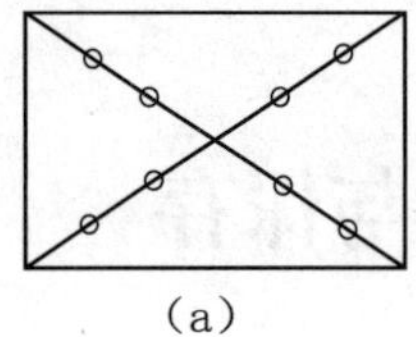

(a)

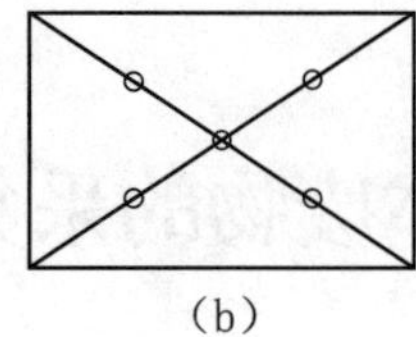

(b)

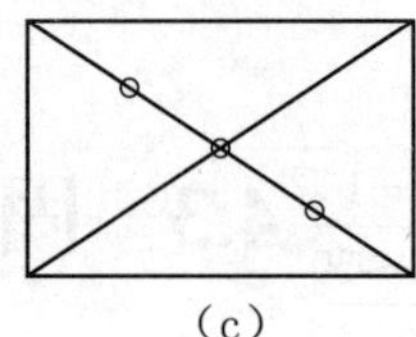

(c)

图4.5　车厢中的采样布点

(3) 废堆采样布点法

在渣堆侧面堆底0.5 m处第1条横线,然后每隔0.5 m画1条横线;再每隔2 m画1条横线的垂线,以其交点作为采样点。按表4.4确定的份样数确定采样点数,在每点上从0.5～10 m深处各随机采样1份,如图4.6所示。

表4.4　批量大小与最小份样量

批量大小(t)	最少份样个数
≤5	5
5～10	10
50～100	15
100～500	20
500～1000	25
1000～5000	30
>5000	35

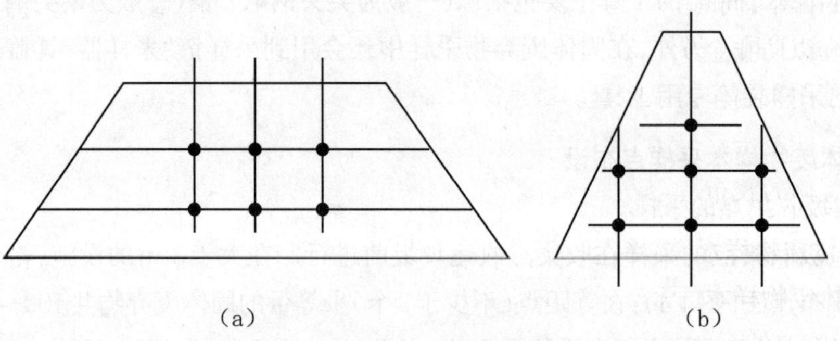

图4.6　废渣堆中采样点的分布

4. 固体废物样本的采样批量大小与最少份样数的确定

固体废物采样批量大小与最小份样数的确定:确定原则见表4.5和表4.6。

表4.5　所需最少的采样车数表

车数(容器)	所需最少采样车数
≤10	5
10～25	10
25～50	20
50～100	30
>100	50

表4.6　份样量和采样铲容量

最大粒度(mm)	最小份样质量(kg)	采样铲容量(mL)
>150	30	—
100～150	15	16000
50－100	5	7000
40～50	3	1700
20～40	2	800
10～20	1	300
≤10	0.5	125

5. 固体废物样本采样方法

在根据取样地特征以及实验目的选择好采样点布设方法后,采用相应的工具进行固体废物样本采集。

对于固体废物中底泥和沉积物样本(如河道底泥、城市垃圾中的下水道污泥等)的采集,其形态和位置较为特殊,主要方法如下:

(1) 直接挖掘法

此法适用于大量样本的采集或一般需求样本的采集。在无法采到很深的河、海、湖底泥的情况下,亦可采用沿岸直接挖掘的方法。但是采集的样本极易相互混淆,当挖掘机打开时,一些不黏的泥土组分容易流失,这时可以采用自制的工具采集。

(2) 装置采集法

采用类似岩心提取器的采集装置,适用于采样量较大而不宜相互混淆的样本。用这种装置采集的样本,同时也可以反映沉积物不同深度层面的情况。使用金属采样装置,需要内衬塑料内套以防止金属沾污。当沉积物不是非常坚硬难以挖掘时,甲基丙烯酸甲酯有机玻璃材料可以用来制作提取装置。对于深水采样,需要能在船上操作的机动提取装置,可以把倒出来的沉积物分层装入聚乙烯瓶中贮存。在某些元素的形态分析中,样本的分装最好在充有惰性气体的胶布套箱里完成,以避免一些组分的氧化或引起形态分布的变化。

6. 固体废物样本采样注意事项

在固体废物样本的采样过程中,应当注意:

① 采样应在无大风、雨雪的条件下进行;

② 在区域每次各点的采样应尽可能同时进行。

4.3.2 固体废物样本的保存

1. 固体废物样本的保存

固体废物采样后应立即分析，否则必须将样本摊铺在室内避风、阴凉和干净的铺有防渗塑胶布的水泥地面，厚度不超过50 mm，并防止样本损失和其他物质的混入，保存期不超过24 h。

固体废物采样后一般不便于直接进行实验测定，为便于长期保存，需要进行样本的制备。制样程序一般有两个步骤：粉碎和缩分。首先用机械或人工的方法把全部样本逐级破碎。粉碎过程中不可随意丢弃难以破碎的颗粒。缩分采用四分法进行(操作见图4.7)。将粉碎后的样本置于清洁、平整不吸水的板面上堆成圆锥形，每铲物料自圆锥顶端落下，使其均匀地沿锥尖散落，不可使圆锥中心错位。反复转堆，至少3周，其充分混合。然后将圆锥顶端轻轻压平，摊开物料后，用"十字"板自上压下，分成4等份，取两个对角的等份，重复操作数次，直至不少于1 kg试样为止。制好的样本密封于容器中保存(容器应对样本不产生吸附、不使样本变质)，贴上标签备用。特殊样本，可采取冷冻或充惰性气体等方法保存。制备好的样本，一般有效保存期为3个月，易变质的试样不受此限制。

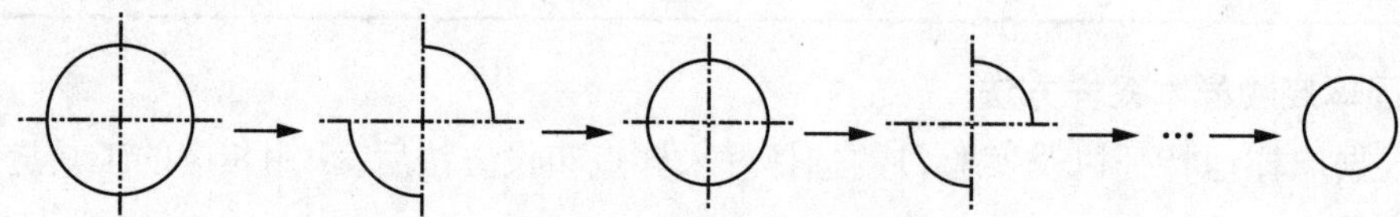

图4.7　四分法操作示意图

对于底泥和沉积物的贮存，要求放置于惰性气体保护的胶皮套箱中以避免氧化。岩心提取器采集的沉积物样本可以利用气体压力倒出，分层放于聚乙烯容器中。干燥的沉积物可以贮存在塑料或玻璃容器里，各种形态的金属元素含量不会发生变化。湿的样本在4 ℃保存或冷冻贮存。最好的方法是密封在塑料容器里并冷冻存放，这样可以避免铁的氧化，但容易引起样本中金属元素分布的变化。

第5章　水污染控制实验

5.1　混凝实验

【实验目的】

分散在水中的胶体颗粒带有电荷，同时在布朗运动及其表面水化作用下，长期处于稳定分散状态，不能用自然沉淀方法去除。向这种水中投加混凝剂后，可使分散颗粒相互结合聚集增大，并从水中分离出来，这种方法叫作混凝沉淀法。

混凝法是给水行业、排水行业经常采用的一种处理方法。可以去除污水中细小分散的固体颗粒、乳状油及胶体物质等，降低污水的浊度和色度；可以去除多种高分子物质、有机物、某些重金属毒物（汞、镉、铅）和放射性物质等；也可以去除能够导致水体富营养化的氮、磷等可溶性无机物。混凝法既可以作为独立的处理法，也可以和其他处理法配合，作为预处理、中间处理或最终处理。

由于各种原水差别很大，混凝效果不尽相同。混凝剂的混凝效果不仅取决于混凝剂投加量，同时还取决于水的pH、水流速度梯度等因素。

通过本实验，希望达到下述目的：

(1) 学会求一般天然水体最佳混凝条件（包括投药量、pH、水流速度梯度）的基本方法；

(2) 加深对混凝机理的理解。

【实验原理】

胶体颗粒（胶粒）带有一定电荷，它们之间的电斥力是影响胶体稳定性的主要因素。胶粒表面的电荷值常用电动电位来表示，又称为Zeta电位。Zeta电位的高低决定了胶体颗粒之间斥力的大小和影响范围。

Zeta电位可通过在一定外加电压下带电颗粒的电泳迁移率来计算：

$$\zeta=\frac{K\pi\eta u}{HD} \tag{5.1}$$

式中，ζ为Zeta电位值，mV；K为微粒形状系数，对于圆球状，$K=6$；π为系数，取3.1416；η为水的黏度，Pa•s，这里取$\eta = 10^{-1}$ Pa•s；u为颗粒电泳迁移率，μm·cm/(V•s)；H为电场强度梯度，V/cm；D为水的介电常数，$D_{水}= 81$。

Zeta电位值尚不能直接测定，一般是利用外加电压下追踪胶体颗粒经过一个测定距离的轨迹，以确定电泳迁移率值，再经过计算得出Zeta电位。电泳迁移率用下式计算：

$$u=\frac{GL}{VT} \tag{5.2}$$

式中，G为分格长度，μm；L为电泳槽长度，cm；V为电压，V；T为时间，s。

一般天然水中胶体颗Zeta电位约在－30 mV以上，投加混凝剂后，只要该电位降到－15 mV左右即可得到较好的混凝效果。相反，当Zeta电位降到0往往不是最佳混凝状态。

投加混凝剂的多少，直接影响混凝效果。投加量不足不可能有很好的混凝效果。同样地，如果投加的混凝剂过多也未必能得到好的混凝效果。水质是千变万化的，最佳的投药量各不相同，必须通过实验方可确定。

在水中投加混凝剂如$Al_2(SO_4)_3$、$FeCl_3$后，生成的Al(Ⅲ)、Fe(Ⅲ)化合物对胶体的脱稳效果不仅受投加的剂量、水中胶体颗粒的浓度影响，还受水的pH影响。如果pH过低(小于4)，则混凝剂水解受到限制，其化合物中很少有高分子物质存在，絮凝作用较差。如果pH过高(大于9～10)，它们就会出现溶解现象，生成带负电荷的络合离子，也不能很好地发挥絮凝作用。

投加了混凝剂的水中，胶体颗粒脱稳后相互聚结，逐渐变成大的絮凝体，这时，水流速度梯度G的大小起着主要的作用。在混凝搅拌实验中、水流速度梯度G可按下式计算：

$$G=\sqrt{\frac{P}{\mu V}} \tag{5.3}$$

式中，P为搅拌功率，J/s；μ为水的黏度，Pa•s；V为被搅动的水流体积，m^3。

搅拌实验常用的搅拌桨板如图5.1所示。

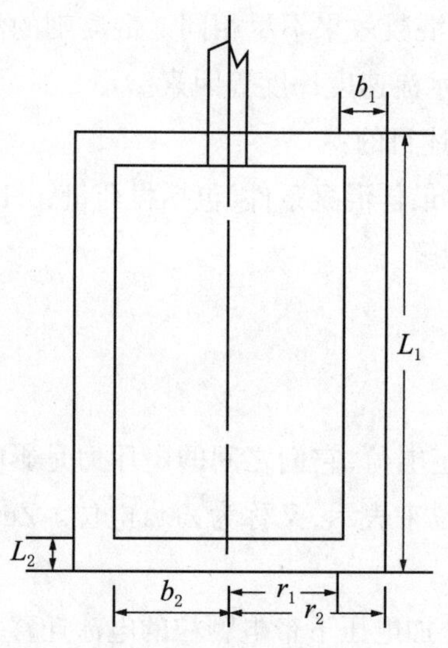

图5.1　搅拌桨板尺图

搅拌功率的计算方法如下：

(1) 竖直桨板搅拌功率P_1

$$P_1=\frac{mC_{D1}\gamma}{8g}L_1\omega^3(r_2^4-r_1^4) \tag{5.4}$$

式中，m为竖直桨板块数，这里$m=2$；C_{D1}为阻力系数，取决于桨板长宽比，见表5.1；γ为水的重度，kN/m^3；ω为桨板旋转角速度，rad/s，$\omega=2\pi n$ rad/min $=\frac{\pi n}{30}$ rad/s；n为转速，r/min；L_1为桨板长度，m；r_1为竖直桨板内边缘半径，m；r_2为竖直桨板外边缘半径，m。

于是得

$$P_1=0.2871C_{D1}L_1n^3(r_2^4-r_1^4) \tag{5.5}$$

表5.1　阻力系数C_D

b/L	小于1	1～2	2.5～4	4.5～10	10.5～18	大于18
C_D	1.10	1.15	1.19	1.29	1.40	2.00

(2) 水平搅拌功率P_2

$$P_2=\frac{mC_{D2}\gamma}{8g}L_2\omega^3r_1^4 \tag{5.6}$$

式中，m为水平桨板块数，这里$m=4$；L_2为水平桨板宽度，m；其余符号意义同前。

于是得

$$P_2=0.5742C_{D1}L_1n^3r_1^4 \tag{5.7}$$

搅拌桨功率为

$$P=P_1+P_2=0.2871C_{D1}L_1n^3(r_2^4-r_1^4)+0.5742C_{D1}L_1n^3r_1^4 \tag{5.8}$$

只要改变搅拌转数n，就可求出不同的功率P，由$\sum P$便可求出平均速度梯度$\bar{G}$：

$$\bar{G}=\sqrt{\frac{\sum P}{\mu V}} \tag{5.9}$$

式中，$\sum P$为不同旋转速度时的搅拌功率之和，J/s。其余符号意义同前。

【实验装置与设备】

(1) 实验装置

混凝实验装置主要是实验搅拌机，如图5.2所示。搅拌机上装有电机的调速设备，电源采用稳压电源。

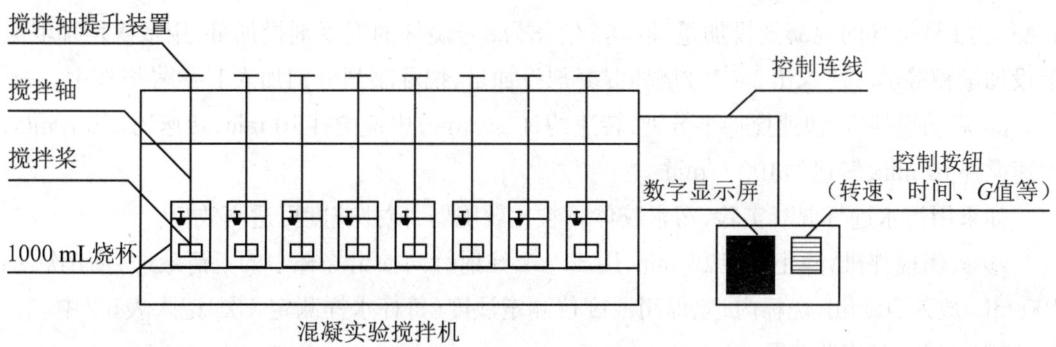

图5.2　实验搅拌机示意图

(2) 实验设备和仪器仪表

① 实验搅拌机:1台;

② 酸度计:1台;

③ 浊度仪:1台;

④ 烧杯:1000 mL,若干个;200 mL,若干个;

⑤ 量筒:1000 mL,1个;

⑥ 移液管:1 mL、5 mL、10 mL,各2支;

⑦ 注射针筒、温度计、秒表等。

【实验步骤】

混凝实验分为最佳投药量、最佳pH、最佳水流速度梯度3部分。在进行最佳投药量实验时,先选定一种搅拌速度变化方式和pH,求出最佳投药量;然后按照最佳投药量求出混凝最佳pH;最后根据最佳投药量和最佳pH求出最佳的水流速度梯度。

在混凝实验中所用的实验药剂可参考下列浓度进行配制:

① 精制硫酸铝:$Al_2(SO_4)_3 \cdot 18H_2O$,10 g/L;

② 三氯化铁:$FeCl_3 \cdot 6H_2O$,10 g/L;

③ 聚合氯化铝:$[Al_2(OH)_mCl_{6-m}]_n$,10 g/L;

④ 化学纯盐酸:HCl,10%;

⑤ 化学纯氢氧化钠:NaOH,10%。

(1) 最佳投药量实验步骤

① 取8个1000 mL的烧杯,分别放入1000 mL原水,置于实验搅拌机平台上。

② 确定原水特征,测定原水水样浑浊度、pH、温度。如有条件,测定胶体颗粒的Zeta电位。

③ 确定形成矾花所用的最小混凝剂量。方法是通过慢速搅拌烧杯中200 mL原水,并每次增加1 mL混凝剂投加量,直至出现矾花为止。这时的混凝剂作为形成矾花的最小投加量。

④ 确定实验时的混凝剂投加量。根据步骤③得出的形成矾花最小混凝剂投加量,取其1/4作为1号烧杯的混凝剂投加量,取其2倍作为8号烧杯的混凝剂投加量,用依次增加混凝剂投加量相等的方法求出2~7号烧杯混凝剂投加量,把混凝剂分别加入1~8号烧杯中。

⑤ 启动搅拌机,快速搅拌半分钟,转速约500 r/min;中速搅拌10 min,转速约250 r/min;慢速搅拌10 min,转速约100 r/min。

如果用污水进行混凝实验,污水胶体颗粒比较脆弱,搅拌速度可适当放慢。

⑥ 关闭搅拌机,静止沉淀10 min,用50 mL注射针筒抽出烧杯中的上清液(共抽3次,约100 mL)放入200 mL烧杯内,立即用浊度仪测定浊度(每杯水样测定3次)记入表5.2中。

(2) 最佳pH实验步骤

① 取8个1000 mL烧杯分别加入1000 mL原水,置于实验搅拌机平台上。

② 确定原水特征，测定原水浑浊度、pH、温度。本实验所用原水和最佳投药量实验时相同。

③ 调整原水pH，用移液管依次向1号、2号、3号、4号装有水样的烧杯中分别加入2.5、1.5、1.2、0.7 mL 10%浓度的盐酸。依次向6号、7号、8号装有水样的烧杯中分别加入0.2、0.7、1.2 mL 10%浓度的氢氧化钠，经搅拌均匀后测定水样的pH，记入表5.3中。该步骤也可采用变化pH的方法，即调整1号烧杯水样使pH等于3，其他水样的pH（从1号烧杯开始）依次增加一个pH单位。

④ 用移液管向各烧杯中加入相同剂量的混凝剂（投加剂量按照最佳投药量实验中得出的最佳投药量而确定）。

⑤ 启动搅拌机，快速搅拌半分钟，转速约500 r/min；中速搅拌10 min，转速约250 r/min；慢速搅拌10 min，转速约100 r/min。

⑥ 关闭搅拌机，静置10 min，用50 mL注射针筒抽出烧杯中的上清液（共抽3次，约100 mL）放入200 mL烧杯中，立即用浊度仪测定浊度（每杯水样测定3次），记入表5.3中。

（3）混凝阶段最佳水流速度梯度实验步骤

① 按照最佳pH实验和最佳投药量实验所得出的最佳混凝pH和投药量分别向8个装有1000 mL水样的烧杯中加入相同剂量的盐酸HCl（或NaOH）和混凝剂，并置于实验搅拌机平台上。

② 启动搅拌机快速搅拌1 min，转速约500 r/min。随即把其中7个烧杯移到别的搅拌机上，1号烧杯继续以50 r/min转速搅拌20 min。其他各烧杯分别用100 r/min、150 r/min、200 r/min、250 r/min、300 r/min、350 r/min、400 r/min 搅拌20 min。

③ 关闭搅拌机，静置10 min，分别用50 mL注射针筒抽出烧杯中的上清液（共抽3次，约100 mL）放入200 mL烧杯中，立即用浊度仪测定浊度（标水测定3次），记入表5.4中。

④ 测量搅拌浆尺寸。

【实验结果整理】

（1）最佳投药量实验结果整理

① 把原水特征、混凝剂投加情况、沉淀后的剩余浊度记入表5.2；

② 以沉淀水浊度为纵坐标、混凝剂加注量为横坐标，绘出浊度与药剂投加量关系曲线，并从图上求出最佳混凝剂投加量。

表5.2　最佳投药量实验记录

第 ___ 小组，姓名_________；

实验目的_________________________；

原水水温 ______ ℃，原水浊度_____度（NTU），pH_____；

原水胶体颗粒Zeta电位____mV，使用混凝剂种类、浓度 ______。

水样编号	1	2	3	4	5	6	7	8
混凝剂加注量(mg/L)								
矾花形成时间(min)								

续表

沉淀水浊度(NTU)	1								
	2								
	3								
	平均								
备注	1	快速搅拌	min			转速 r/min			
	2	中速搅拌	min			转速 r/min			
	3	慢速搅拌	min			转速 r/min			
	4	沉淀时间	min						
	5	人工配水情况							

(2) 最佳pH实验结果整理

① 把原水特征、混凝剂加注量、酸碱加注情况、沉淀水浊度记入表5.3;

表5.3　最佳pH实验记录

第____小组,姓名________,实验日期________;
原水水温___℃,原水浊度____度(NTU);
原水胶体颗粒Zeta电位____mV,使用混凝剂种类、浓度______。

水样编号		1	2	3	4	5	6	7	8
HCl投加量(mg/L)									
NaOH投加量(mg/L)									
水样pH									
混凝剂加注量(mg/L)									
沉淀水浊度(NTU)	1								
	2								
	3								
	平均								
备注	1	快速搅拌	min			转速 r/min			
	2	中速搅拌	min			转速 r/min			
	3	慢速搅拌	min			转速 r/min			
	4	沉淀时间	min			转速 r/min			

② 以沉淀水浊度为纵坐标、水样pH为横坐标绘出浊度与pH的关系曲线,从图上求出所投加混凝剂的混凝最佳pH及其适用范围。

(3) 混凝阶段最佳速度梯度实验结果整理

① 把原水特征、混凝剂加注量、pH、搅拌速度记入表5.4;

表5.4　混凝阶段最佳水流速度梯度实验记录

水样编号		1	2	3	4	5	6	7	8
水样pH									
混凝剂加注量(mg/L)									
快速搅拌	速度(r/min)								
	时间(min)								

续表

水样编号		1	2	3	4	5	6	7	8
中速搅拌	速度(r/min)								
	时间(min)								
慢速搅拌	速度(r/min)								
	时间(min)								
速度梯度G(s)	快速								
	中速								
	慢速								
	平均								
沉淀水浊度(NTU)	1								
	2								
	3								
	平均								

② 以沉淀水浊度为纵坐标、速度梯度G为横坐标,绘出浊度与G关系曲线,从曲线中求出所加混凝剂混凝阶段适宜的G范围。

【实验结果讨论】

① 根据最佳投药量实验曲线,分析沉淀水浊度与混凝剂投加量的关系。

② 本实验与水处理实际情况有哪些差别?如何改进?

【注意事项】

① 在最佳投药量、最佳pH实验中,向各烧杯投加药剂时尽量同时投加,避免因时间间隔较长各水样加药后反应时间长短相差太大,混凝效果悬殊;

② 在测定水的浊度、用注射针筒抽吸上清液时,不要扰动底部沉淀物。同时,尽量缩短各烧杯抽吸的时间间隔。

5.2　电渗析实验

【实验目的】

利用半透膜的选择透过性来分离不同的溶质粒子(如离子)的方法称为渗析。在电场作用下进行渗析时,溶液中的带电的溶质粒子(如离子)通过膜而迁移的现象称为电渗析。利用电渗析进行提纯和分离物质的技术称为电渗析法,它是20世纪50年代发展起来的一种技术,最初用于海水淡化,现在广泛用于化工、轻工、冶金、造纸、医药工业,尤以制备纯水和在环境保护中处理三废最受重视,例如用于酸碱回收、电镀废液处理以及从工业废水中回收有用物质等。

通过本实验,希望达到以下目的:

(1) 了解电渗析装置的构造及工作原理;

(2) 熟悉电渗析配套设备,学习电渗析实验装置的操作方法;

(3) 掌握电渗析法除盐技术。

【实验原理】

电渗析法的工作原理是在外加直流电场作用下,利用离子交换膜的选择透过性,使阴、阳离子做定向迁移,从而达到离子从水中分离的一种物理化学过程。

电渗析装置由许多只允许阳离子通过的阳离子交换膜和只允许阴离子通过的阴离子膜组成。在阴极与阳极之间将阳膜与阴膜排列,并用特制的隔板将两种膜隔开,隔有水流的通道,进入淡室的原水,在两端电接通直流电源后,即开始了电渗析过程,水中阳离子不断透过阳膜向阴极方向迁移,阴离子不断透过阴膜向阳极方向迁移,结果是含盐水逐渐变成淡化水。而进入浓室的原水由于阳离子在向阴极方向迁移中不能透过阴膜,阴离子在向阳极方向迁移中不能透过阳膜,于是,含盐水因不断增加由邻近淡室迁移透过的离子变成浓盐水。这样,在电渗析装置中,组成淡水和浓水两个系统。与此同时,在电极和溶液的界面上,通过氧化、还原反应,发生电子与离子之间的转换,即电极反应。运行时,进水分别流经浓室、淡室和极室。淡室出水即为纯水,浓室出水即为浓盐水,极室出水不断排除电极过程的反应物质,以保证渗析的正常运行,如图5.3所示。

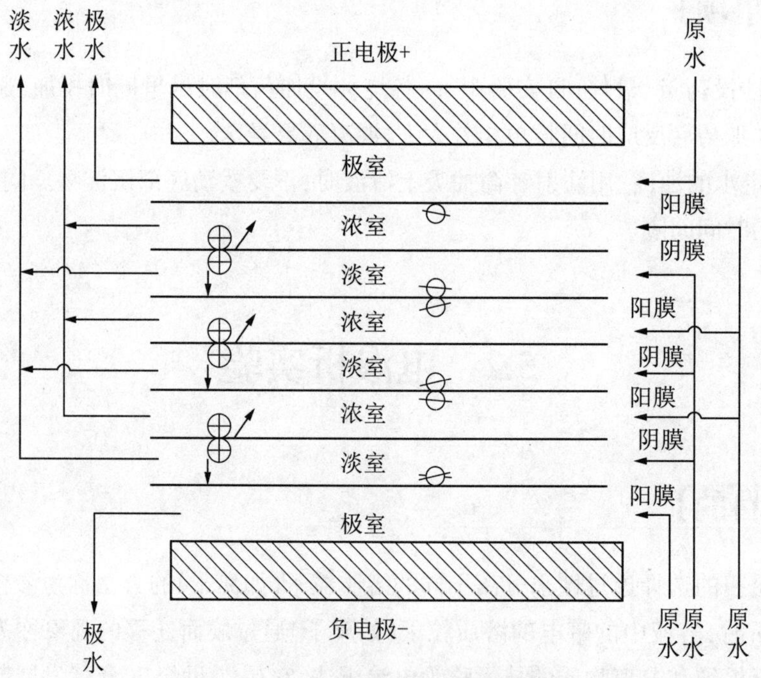

图5.3 电渗析装置工作原理示意图

【实验仪器与材料】

① 电渗析装置；
② 电导仪；
③ 酸度计；
④ 烧杯；
⑤ 实验原水。

【实验步骤】

(1) 运行前准备

① 用原水浸泡阴阳膜，使膜充分泡胀(一般泡48 h以上)，待尺寸稳定后洗净膜面杂质。然后清洗隔板及其他部件，安装好电渗析装置；

② 配制水样，使其含盐量为5 mol/L。

(2) 开启电渗析装置正常运行

① 先测定原水的电导率及酸度；

② 打开电渗析进水流量计前的排放阀，关闭流量计前淡水、浓水和极水阀，打开淡水出口放空阀，注入原水；

③ 同步缓缓地开启流量计前的浓水、淡水和极水阀，关闭流量计前的排放阀，调节流量并保证压力均衡；

④ 待流量稳定后，开启整流器使之在某相运行，调整到相应的控制电压值；

⑤ 使用电导仪和酸度计测定淡水出口水质，待水质合格，打开淡水阀门，然后关闭淡水池出口排水阀。

(3) 电渗析装置停止运行

停机前应开启淡水出口放空阀，并关闭淡水进水室的阀门，将电压调至零，切断整流器电源。停电后继续通水数分钟，一般为5 min左右，然后停止供水。

【实验数据整理】

将实验数据填入表5.5。

表5.5　电渗析实验数据记录表

实验序号	原水		电渗析出水	
	电导率	酸度	电导率	酸度

【思考题】

水的纯化有哪些方法?电渗析法的特点是什么?

【注意事项】

(1) 电渗析装置开始进行时,必须先通水后供电,停止运行时,必须先断电后停水;

(2) 开始和停止运行时,尽量做到同时开闭淡水、浓水、极水的阀门,以使膜两侧的压力基本相等,避免膜的破损;

(3) 电渗析运行时,膜及水流都带电,注意防止触电。

5.3 臭氧消毒实验

【实验目的】

臭氧是一个由3个氧原子组成的等腰三角形平面分子,这种特殊结构决定它是一种不稳定的强氧化剂,能够与多种无机和有机化合物反应,而且会分解成氧气,不会形成二次污染。臭氧之所以表现出强氧化性,是因为分子中的氧原子具有强烈的亲电子或亲质子性,臭氧分解产生的新生态氧原子也具有很高氧化活性。另外,臭氧自身不稳定,在常温下也会发生分解反应,不会长期残留在环境中,是一种环境友好的物质。臭氧已广泛用于水处理、空气净化、食品加工、医疗、医药、水产养殖等领域,对这些行业的发展起到了极大的推动作用。

通过本实验,希望达到以下目的:

(1) 了解臭氧制备装置,熟悉臭氧消毒的工艺流程;

(2) 掌握臭氧消毒的实验方法;

(3) 验证臭氧杀菌效果。

【实验原理】

臭氧对细菌灭活的机理:臭氧能与细菌胞壁脂类双键反应,穿入菌体内部,作用于蛋白和脂多糖,改变细胞的通透性,从而导致细胞死亡。臭氧还作用于细胞内的核物质,如核酸中的嘌呤和嘧啶,破坏DNA。臭氧对病毒的灭活机理:臭氧对病毒的作用首先是对病毒的衣体壳蛋白的4条多肽链,并使RNA受到损伤,特别是形成它的蛋白质。噬菌体被臭氧氧化后,电镜观察可见其表皮被破碎成许多碎片,从中释放出许多核糖核酸,干扰其吸附到寄存体上。对臭氧性质产生影响的因素有:露点(−50 ℃)、电压、气量、气压、湿度和电频率等。

【实验设备与试剂】

① 臭氧发生器;

② 高压氧气瓶；

③ 氧气减压阀；

④ 水箱等配套设备。

【实验方法】

(1) 将自来水放入水箱至一定体积。

(2) 开启氧气阀，调节压力为0.1 MPa。

(3) 开启臭氧发生器，将氧气流量调节到使转子流量计示数为2.0，使臭氧通过塑料管和砂芯头进入水箱内，与水广泛接触(气泡越细越好)。

(4) 开启水箱底部阀门放水(已消毒的水)，并通过调节阀门，到Q至所需值($Q=\overline{V}/T$，$\overline{V}$，T固定即可求得)。

(5) 调节臭氧投量、至少3次，以便画曲线。并读各转子流量计的读数。

(6) 每次读流量值的同时测定臭氧进气及出气浓度。

(7) 取进水及出水水样备检，备检水样置于培养皿内培养基上，在37 ℃恒温培养箱内培养24 h，测细菌总数。参考国家环境保护标准HJ 1000—2018，采用平皿计数法测定细菌总数。

(8) 臭氧测定方法见附录D。

以上各项读数及测得数值均记入表5.6。

表5.6　臭氧消毒实验记录表

<table>
<tr><th rowspan="2">水样编号</th><th rowspan="2">停留时间(min)</th><th rowspan="2">进水流量(L/h)</th><th rowspan="2">进水细菌总数(个/mL)</th><th rowspan="2">进气流量(L/h)</th><th rowspan="2">进气压力(Mpa)</th><th rowspan="2">标准状态进气流量(L/h)</th><th colspan="2">臭氧浓度(mg/L)</th><th rowspan="2">臭氧投量(mg/h)</th><th rowspan="2">出水细菌总数(个/mL)</th><th rowspan="2">出水臭氧浓度(mg/L)</th><th rowspan="2">反应塔内水深(m)</th><th rowspan="2">臭氧利用系数(%)</th><th rowspan="2">细菌去除率(%)</th><th rowspan="2">备注</th></tr>
<tr><th>进气C_1</th><th>出气C_2</th></tr>
<tr><td>1</td><td></td><td></td><td></td><td></td><td></td><td></td><td></td><td></td><td></td><td></td><td></td><td></td><td></td><td></td><td></td></tr>
<tr><td>2</td><td></td><td></td><td></td><td></td><td></td><td></td><td></td><td></td><td></td><td></td><td></td><td></td><td></td><td></td><td></td></tr>
<tr><td>3</td><td></td><td></td><td></td><td></td><td></td><td></td><td></td><td></td><td></td><td></td><td></td><td></td><td></td><td></td><td></td></tr>
<tr><td>4</td><td></td><td></td><td></td><td></td><td></td><td></td><td></td><td></td><td></td><td></td><td></td><td></td><td></td><td></td><td></td></tr>
</table>

【实验结果整理】

(1) 按下式计算标准状态下的进气流量：

$$Q_N = Q_m\sqrt{1+p_m} \tag{5.10}$$

式中，Q_N为标准状态下的进气流量，L/h；Q_m为压力状态下的进气流量，即流量计所示流量，L/h；p_m为压力表读数，MPa。

(2) 按下式计算臭氧投量。臭氧投量或者臭氧发生器的产量以G表示,如下式所示:

$$G=CQ_N \tag{5.11}$$

式中,C为臭氧浓度,mg/L。

(3) 求臭氧利用系数及细菌去除率。

【思考题】

(1) 如果用正交法求饮水消毒的最佳剂量,应选用哪些因素与水平?

(2) 臭氧消毒后管网内有无剩余臭氧?二次污染有没有可能出现?

(3) 用氧气瓶中氧气或用空气中氧气作为臭氧发生器的气源,各有何利弊?

【注意事项】

(1) 实验时要摸索出最佳 T,H,G,C 值。其中T为停留时间(min),H为塔内水深(m),G为臭氧投量(mg/h),C为臭氧浓度(mg/L)。

方法有:① 固定T,H,变G;② 固定G,H,变T;③ 固定G,T,变H。一般不变C值,而是固定G,H,变T者较多,本实验按①进行。也可用正交实验法进行。

(2) 臭氧利用系数也称吸收率,其值以进气浓度C_1与尾气浓度 C_2 间的关系表示:吸收率$=(C_1-C_2)/C_1\times 100\%$。

细菌去除率是以进水中细菌数量与出水中细菌数量之间的关系表示,形式同上。

(3) 实验前熟悉设备情况,了解各阀门及仪表用途,臭氧有毒性、高压电有危险,要切实注意安全。

(4) 实验完毕先切断发生器电源,然后停水,最后停气源和空气压缩机,并关闭各有关阀门。

5.4 加压溶气气浮实验

【实验目的】

气浮法常用于对那些颗粒密度接近或小于水的细小颗粒的分离,在石油、石化含油污水的油水分离中得到了广泛的应用。该法必需的工艺条件为:向水中提供足够量的微气泡;污水中的污染物质呈悬浮状态;微气泡能与悬浮物质相黏附。因此,污水中悬浮颗粒的性质和浓度、微气泡的数量和直径等多种因素都对气浮效率有影响,气浮处理系统的设计运行参数常要通过实验确定。通过本实验,希望达到以下目的:

(1) 了解压力溶气气浮法处理废水的系统组成及操作;

(2) 了解加压溶气气浮工艺处理效果的影响因素。

【实验原理】

气浮法是常用的一种固液分离方法，它是向水中通入空气，产生微细泡(有时还需要同时加入混凝剂)，使水中细小的悬浮物黏附在气泡上，随气泡一起上浮到水面形成浮渣，再用刮渣机收集，从而达到净化水质的目的。它常被用来分离密度小于或接近于水、难以用重力自然沉降法去除的悬浮颗粒。

本实验采用加压溶气气浮法。加压溶气气浮是使空气在加压的条件下溶解在水中，在常压下，将水中过饱和的空气以微小气泡的形式释放出来。加压溶气气浮装置由以下部分组成：

(1) 加压水泵：提供压力水；

(2) 溶气罐：使水与空气充分接触，加速空气溶解，并在其中形成溶气水；

(3) 空压机：提供制造溶气水所需要的空气；

(4) 溶气水减压释放设备：将压力溶气水减压后迅速将溶于水中的空气以微小气泡的形式释放出来；

(5) 气浮池：使释放的微气泡与废水充分接触，并形成气浮体，完成水与杂质的分离过程。

【实验仪器与材料】

① 气浮实验装置：工艺流程如图5.4所示；

② 硫酸铝溶液：10 g/L；

③ pH试纸；

④ 自配水样。

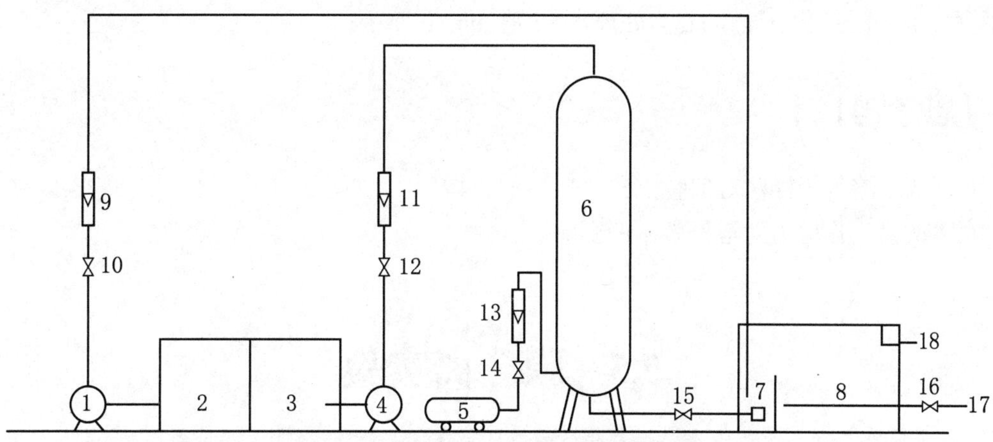

图5.4　加压溶气气浮实验装置示意图

1. 废水泵；2. 废水水箱；3. 加压水箱；4. 加压水泵；5. 空压机；6. 溶气罐；7. 释放器；8. 气浮池；9. 废水流量计；10. 废水阀；11. 加压水流量计；12. 加压水阀；13. 空气流量计；14. 空气阀；15. 溶气水阀；16. 出水阀；17. 出水管；18. 排渣管

【实验步骤】

(1) 熟悉实验工艺流程,并保证检查气浮设备处于完好状态。向加压水箱中注入清水。

(2) 将待处理废水样加入到废水水箱中,并测定原水中SS值。

(3) 根据水箱中的水量向废水箱中加入硫酸铝溶液破乳,投量可按50~60 mg/L。

(4) 开启空压机向溶气罐内压缩空气至0.3 MPa左右。

(5) 开启水泵,向溶气罐内泵入水,在0.3~0.4 MPa压力下,将气体溶入水中,形成溶气水,此时,进水流量可控制在2~4 L/min左右,进气流量可以为0.1~0.2 L/min。

(6) 待溶气罐中液位升至溶气罐中上部时,缓慢打开溶气罐底部出水阀,出水量与溶气罐压力水进水量相对应。

(7) 溶气水在气浮池中释放压力并形成大量微小气泡时,再打开废水进水阀门,废水进水量可按4~6 L/min 控制。

(8) 浮渣由排渣管排至下水道,处理水可排至下水道也可部分回流至回流水箱。处理出水口取水测SS值。

【实验结果整理】

(1) 实验数据填入表5.7。

表5.7　气浮实验结果记录表

进气流量(L/min)	废水进水流量(L/min)	进水SS(mg/L)	出水SS (mg/L)

(2) 计算SS值去除率E。

$$E=\frac{C_0-C}{C_0}\times 100\% \tag{5.12}$$

式中,C_0为原水SS值,mg/L;C为处理水SS值,mg/L。

【思考题】

(1) 加压溶气气浮法有何特点?

(2) 试述工作压力对溶气效率的影响。

5.5　膜分离实验

【实验目的】

膜分离技术是一种利用半透膜对溶液中的物质进行选择性分离的技术,它在水处理行业、食品工业、医药化工行业等有着广泛的应用。

通过本实验,希望达到以下目的:

(1) 熟悉反渗透、纳滤的基本原理,掌握反渗透和纳滤系统的结构及基本操作;

(2) 了解反渗透、纳滤操作的影响因素,如温度、压力、流量等对脱盐效果的影响;

(3) 学会测定纯水渗透通量和纯水渗透系数,纯水渗透通量与操作压力变化关系,以及盐(溶质)的脱除率与操作压力变化关系的方法。

【实验原理】

反渗透、纳滤同微滤、超滤一样均属于压力驱动型膜分离技术。反渗透是最精细的过程,因此又称"高滤(hyperfiltration)",它是利用反渗透膜选择性地透过溶剂而截留离子物质的性质,以膜两侧静压差为推动力,克服溶剂的渗透压,使溶剂通过反渗透膜实现对液体混合物分离的膜过程。反渗透过程的操作压差一般为1.0~10.0 MPa,截留组分为(1~10)×10^{-10} m的小分子溶质。反渗透在水处理中运用最多,包括水的脱盐、软化、除菌、除杂等,此外其应用也扩展到化工、食品、制药、造纸工业中的某些有机物和无机物的分离等。纳滤是反渗透的特殊形式,又称疏松反渗透,过滤精度低于反渗透。

理解反渗透的操作原理必须从理解Van't Hoff的渗透压定律开始。如图5.5(a)所示,当用半透膜(能够让溶液中一种或几种组分通过而其他组分不能通过的选择性膜)隔开纯溶剂和溶液时,由于溶剂的渗透压高于溶液的渗透压,纯溶剂通过膜向溶液相自发流动,这一现象称为渗透。渗透的结果使溶液侧的液柱上升,直到溶液侧的液柱升到一定高度并保持不变,两侧的静压差就等于纯溶剂与溶液之间的渗透压,系统达到平衡,溶剂不再流入溶液中,称为渗透平衡(图5.5(b))。若在溶液侧施加压力,就会减少溶剂向溶液的渗透,当增加的压力高于渗透压时,便可使溶液中的溶剂向纯溶剂侧流动(图5.5(c)),即溶剂将从溶质浓度高的一侧向浓度低的一侧流动,这就是反渗透的原理。

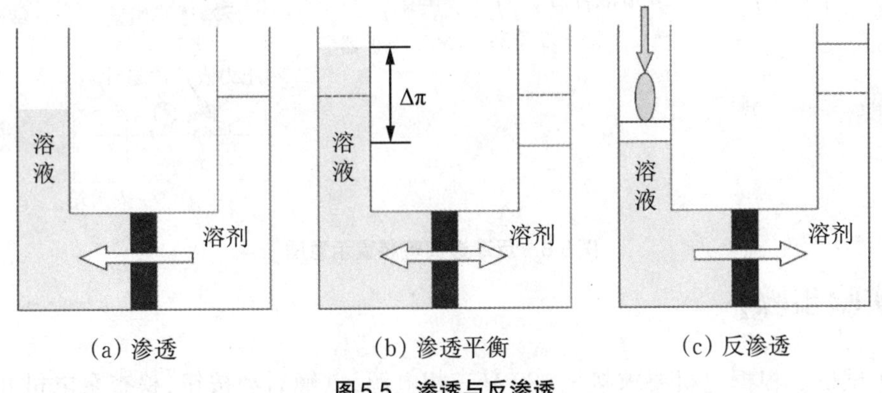

图5.5　渗透与反渗透

反渗透膜的主要性能参数有纯水渗透系数和脱盐率(溶质截留率)。

(1) 纯水渗透系数L_p为单位时间、单位面积和单位压力下纯水的渗透量。

$$L_p=\frac{J_w\tau}{(\Delta p-\Delta\pi)A} \tag{5.13}$$

式中，J_w为单位膜面积纯水的渗透速率，m/(m²·s)；τ为膜厚度，m；Δp为膜两侧的压力差，Pa；$\Delta\pi$为膜两侧的溶液渗透压差，Pa；A为膜表面积，m²。

(2) 脱盐率(截留率)R表示膜脱除(截留)盐的性能，其定义式为

$$R=1-\frac{c_s}{c_w} \tag{5.14}$$

式中，c_s，c_w分别为膜的透过液浓度和被分离的主体溶液浓度，实验中可分别用被分离的主体溶液的电导率和膜的透过液的电导率来替代。

R的大小与工艺过程的条件(如操作压力、溶液浓度、温度、pH等)有关。

【实验设备与材料】

反渗透实验装置如图5.6所示。

在反渗透、纳滤膜处理前增加了两级预处理：第1级为活性炭吸附过程，用于脱除水中的有机物、氧化性物质；第2级为微滤装置，用于截留对反渗透膜有损害的固体颗粒状物质，使反渗透过程安全、可靠地运行。反渗透可用于水中小分子盐类的脱除；纳滤可用于钙、镁离子的滤除和部分脱盐，还可用于水溶液中不同分子量杂质的分离。通过反渗透可以使水的电导率降低至2~3 μS/cm，达到纯水的要求。本实验装置水处理能力为1 m³/d。

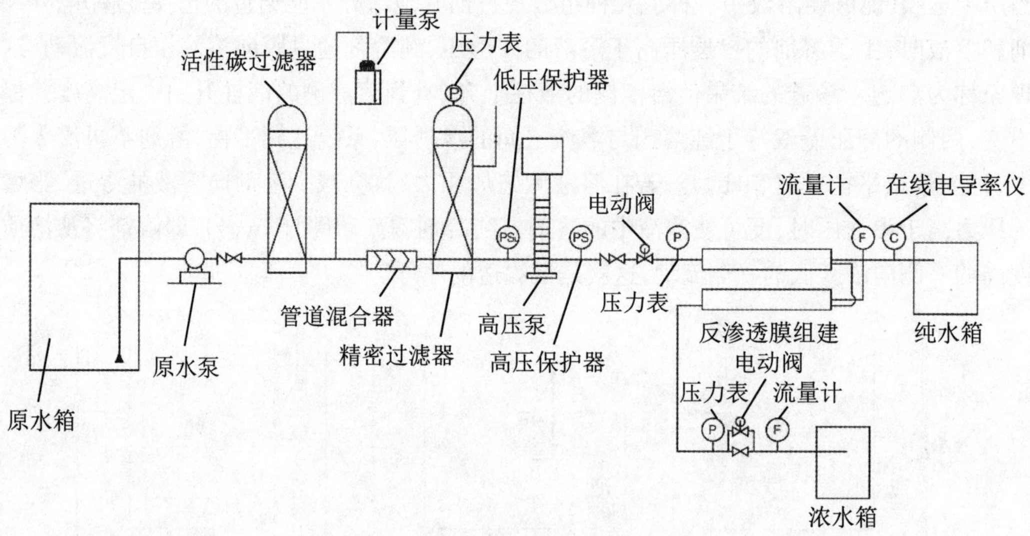

图5.6　反渗透实验装置示意图

【实验步骤】

(1) 试机。根据电机要求接上380 V三相电源，点触启动按钮，检查泵电机叶片的转向，判断泵的正反转，如果反转则调换任意两根进线。

(2) 开机准备。检查所有阀门是否处于正常待机状态，泵进口阀、浓缩水循环阀必须处于完全开启状态同时关闭渗透侧出口阀和各个排放口。

(3) 向原水箱中加入足量的自来水。

(4) 启动水泵,通过调节泵出口阀开度慢慢将操作压力升至指定值,以保护膜并延长膜的使用寿命,然后调节膜出口阀实现实验所需的操作压差及适当的循环流量。

(5) 通过调节水回收率,实现在不同操作压力条件下的工作,记录各个操作压力下出水电导率和流量。

(6) 实验完毕,按停机按钮,由PLC自动执行停机程序,最后关闭电源。切记不能实验结束后,直接关闭电源。

相关实验数据记入表5.8中。

表5.8　反渗透或纳滤实验数据记录

实验日期：____年___月___日；

原水温度：____ ℃;pH：____;电导率：____ μS/cm。

工艺参数 / 实验号	进水侧压力(MPa)	浓水侧压力(MPa)	纯水电导率(μS/cm)	纯水渗透量(L)	浓水通量(L)
1					
2					
3					

【实验结果整理】

(1) 计算膜渗透系数和脱盐率；

(2) 绘制膜渗透通量与工作压力、脱盐率与工作压力的关系曲线。

【思考题】

(1) 反渗透之前为什么要进行预处理?各部分预处理的作用是什么?

(2) 本实验装置有两个泵,请指出它们的用途。

(3) 反渗透有两种主要操作模式:一种是料液不循环(浓缩侧排放),另一种是浓缩侧循环。试定性说明在操作压力不变的情况下,两种操作模式渗透侧流量、电导率的变化规律。

(4) 在一定范围内,水溶液的盐浓度与电导率成正比,试根据实验结果画出压力-流量-盐截留率关系曲线。

5.6　活性炭吸附实验

【实验目的】

活性炭处理工艺是运用吸附的方法来去除异味、色度、某些离子以及难生物降解的有机污染物。在吸附过程中,活性炭比表面积起着主要作用,同时被吸附物质在溶剂中的溶解度也直接影响吸附速率,被吸附物质浓度对吸附也有影响。此外,pH的高低、温度的变化和被吸附物质的分散程度也对吸附速率有一定的影响。

本实验采用活性炭间隙和连续吸附的方法确定活性炭对水中某些杂质的吸附能力。通过本实验,希望达到下述目的:

(1) 加深理解吸附的基本原理;

(2) 掌握活性炭吸附公式中常数的确定方法。

【实验原理】

活性炭对水中所含杂质的吸附既有物理吸附作用,又有化学吸附作用。有一些物质先在活性炭表面上积聚浓缩,继而进入固体晶格原子或分子之间被吸附,还有一些特殊物质则与活性炭分子结合而被吸着。活性炭吸附水中所含杂质时,水中的溶解性杂质在活性炭表面凝聚而被吸附,也有一些被吸附物质由于分子的运动而离开活性炭表面,重新进入水中,即同时发生解吸现象。当吸附和解吸处于动态平衡时,称为吸附平衡。这时活性炭和水(即固相和液相)之间的溶质具有一定的浓度分布。如果在一定压力和温度条件下,用质量为m(g)的活性炭吸附溶液中的溶质,被吸附的溶质质量为x(mg),则单位质量的活性炭吸附溶质的量q_e(即吸附容量)可按下式计算:

$$q_e=\frac{x}{m} \tag{5.15}$$

q_e的大小除了取决于活性炭的品种之外,还与被吸附物质的性质、浓度、水的温度及pH有关。一般来说,当被吸附的物质能够与活性炭发生结合反应、被吸附物质不易溶于水而受到水的排斥作用、活性炭对被吸附物质的亲和力强、被吸附物质的浓度又较大时,q_e值就比较大。

描述吸附容量q_e与吸附平衡时溶液浓度ρ的关系有Langmuir(朗格缪尔)吸附等温式和 Fruendlich(费兰德利希)吸附等温式。在水和污水处理中,通常用 Fruendlich吸附等温式来比较不同温度和不同溶液浓度时活性炭的吸附容量,即

$$q_e=K\rho^{1/n} \tag{5.16}$$

式中,q_e为吸附容量,mg/g;K为与吸附比表面积、温度有关的系数;n为与温度有关的常数,$n>1$;ρ为吸附平衡时的溶液浓度,mg/L。

这是一个经验公式,通常用图解方法求出K,n的值。为了方便易解,将式(5.16)变换成线性对数关系式:

$$\lg q_e=\lg\frac{\rho_0-\rho}{m}=\lg K+\frac{1}{n}\lg\rho \tag{5.17}$$

式中,ρ_0为水中被吸附物质原始浓度,mg/L;ρ为被吸附物质的平衡浓度,mg/L;m为活性炭投加量,g/L。

连续流活性炭的吸附过程与间歇性吸附有所不同,这主要是因为前者被吸附的杂质来不及达到平衡浓度ρ,因此不能直接应用上述公式,这时应对吸附柱进行被吸附杂质泄漏和活性炭耗竭过程实验,也可简单地采用Bohart-Adams关系式:

$$t=\frac{N_0}{\rho_0 v}\left[D-\frac{v}{KN_0}\ln\left(\frac{\rho_0}{\rho_B}-1\right)\right] \tag{5.18}$$

式中，t为工作时间，h；v为吸附柱中流速，m/h；D为活性炭层厚度，m；K为流速常数，$m^3/(g\cdot h)$；N_0为吸附容量，g/m^3；ρ_0为入流溶质浓度，mg/L；ρ_B为容许出流溶质浓度，mg/L。

根据入流、出流溶质浓度，可用式(5.19)估算活性炭柱吸附层的临界厚度，即保持出流溶质浓度不超过ρ_B的炭层理论厚度。

$$D_0=\frac{v}{KN_0}\ln\left(\frac{\rho_0}{\rho_B}-1\right) \tag{5.19}$$

式中，D_0为临界厚度，m；其余符号意义同前。

实验时，如果原水样溶质浓度为ρ_{01}，将3个活性炭柱串联，则第1个活性炭柱的出流浓度ρ_{B1}即为第2个活性炭柱的入流浓度ρ_{02}，第2个活性炭柱的出流浓度ρ_{B2}即为第3个活性炭柱的入流浓度ρ_{03}。由各炭柱不同的入流、出流浓度ρ_0、ρ_B，便可求出流速常数K。

【实验装置与设备】

(1) 实验装置

本实验间歇式吸附采用三角烧瓶内装入活性炭和水样进行振荡的方法、连续流式吸附采用有机玻璃柱内装活性炭、水流自上面下连续进出的方法。图5.7和图5.8分别是连续流吸附实验装置示意图和间歇式活性炭吸附实验装置示意图。

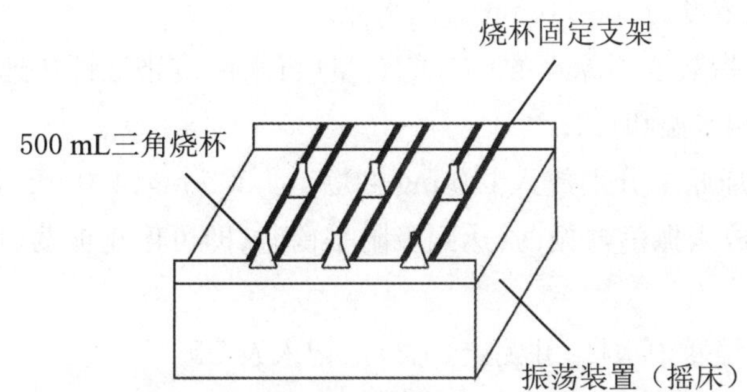

图5.7　活性炭连续流吸附实验装置示意图

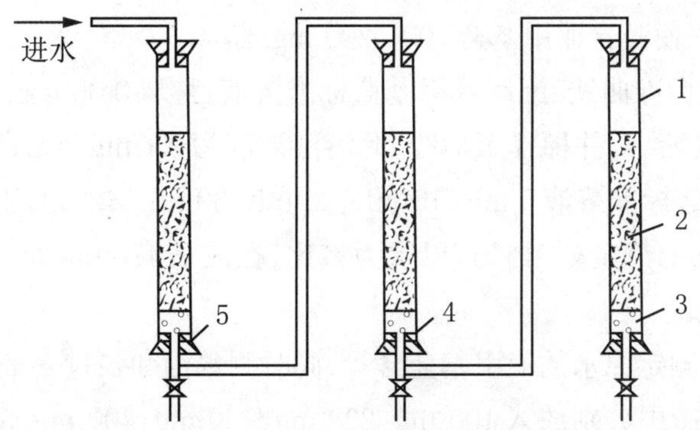

图5.8　间歇式活性炭吸附实验装置

1. 有机玻璃管；2. 活性炭层；3. 承托层；4. 隔板隔网；5. 单孔橡胶塞

(2) 实验设备和仪器仪表

① 振荡器或摇瓶柜:1台;

② pH计、分光光度计、烘箱:各1台;

③ 活性炭:2 kg;

④ 活性炭柱:有机玻璃管,∅25 mm×1000 mm,3根;

⑤ 水样调配箱:硬塑料焊制,长×宽×高 = 0.5 m×0.5 m×0.6 m,1个;

⑥ 恒位箱:硬塑料焊制,长×宽×高=0.3 m×0.3 m×0.4 m,1个;

⑦ 水泵:1台;

⑧ COD测定装置:1套;

⑨ 温度计:刻度0~100 ℃,1支;

⑩ 三角烧瓶:500 mL,若干个;

⑪ 量筒:250 mL,2个;

⑫ 三角漏斗:5个。

【实验步骤】

(1) 间歇式吸附实验步骤

① 取一定量的活性炭放在蒸馏水中浸24 h,然后置于105 ℃烘箱中24 h,再将烘干的活性炭研碎,使其成为能通过200目以下筛孔的粉状炭;

② 配制COD_{Mn}浓度为20~50 mg/L的水样;

③ 用高锰酸盐指数法测原水的COD_{Mn}含量(可采用重铬酸钾快速法或其他方法,视实验条件而定),同时测水温和pH;

④ 在5个三角烧瓶中分别放入100 mg、200 mg、300 mg、400 mg、500 mg粉状活性炭,加入150 mL水样,放入振荡器振荡,达到吸附平衡时,即可停止振荡(加粉状炭的振荡时间一般为30 min);

⑤ 过滤各三角烧瓶中水样,并测定COD_{Mn},记入表5.9。

为使实验能在较短时间内结束,根据实验室仪器设备条件,还可以测定有机染料色度来做间歇式吸附实验,步骤如下:

① 配制有色水样,使其含亚甲基蓝100~200 mg/L。

② 绘制亚甲基蓝标准曲线:配制亚甲基蓝标准溶液:称取0.05 g亚甲基蓝,用蒸馏水溶解后移入500 mL容量瓶中,并稀释至标线,此溶液浓度为0.1 mg/mL;绘制标准曲线:用移液管分别吸取亚甲基蓝标准溶液5 mL、10 mL、20 mL、30 mL、40 mL于100 mL容量瓶中,用蒸馏水稀释至100 mL刻度处,摇匀,以水为参比,在波长470 nm处,用1 cm比色皿测定吸光度,绘出标准曲线。

③ 用分光光度法测定原水的亚甲基蓝含量,同时测水温和pH。

④ 在5个三角烧瓶中分别放入100 mg、200 mg、300 mg、400 mg、500 mg上述(1)中的①粉状活性炭,加入200 mL水样,放入摇瓶柜,以100 r/min摇动30 min。

⑤ 分别吸取已静置5 min的各三角瓶内的上清液，在分光光度计上测得相应的吸光度，并在标准曲线上查出相应的浓度。

(2) 连续流吸附实验步骤

① 配制水样，使其含COD_{Mn}为50～100 mg/L；

② 用高锰酸盐指数法测定原水的COD_{Mn}含量，同时测水温和pH；

③ 在活性炭吸附柱中各装入炭层厚500 mm的活性炭；

④ 启动水泵，将配制好的水样连续不断地送入高位恒位水箱；

⑤ 打开活性炭吸附柱进水阀门，使原水进入活性炭柱，并控制流量为100 mL/min左右；

⑥ 运行稳定5 min后测定并记录各活性炭柱出水COD_{Mn}；

⑦ 连续运行2～3 h，并每隔60 min取样测定和记录各活性炭柱出水COD_{Mn}一次；

⑧ 停泵，关闭活性炭柱进、出水阀门。

【实验结果整理】

(1) 间歇式吸附实验结果整理

① 记录实验操作基本参数。

实验日期____年____月____日；

水样COD_{Mn}____mg/L，pH_____，温度____ ℃；

振荡时间____min，水样体积___mL。

② 各三角烧瓶中水样过滤后COD_{Mn}测定结果，建议按表5.9填写。

表5.9　间歇式吸附实验记录表

杯号	水样体积(mL)	原水样COD_{Mn}浓度ρ_0(mg/L)	吸附平衡后COD_{Mn}浓度ρ(mg/L)	$\lg\rho$	活性炭投加量m(g/L)	$\frac{\rho_0-\rho}{m}$	$\lg\frac{\rho_0-\rho}{m}$

③ 以$\lg\frac{\rho_0-\rho}{m}$为纵坐标、$\lg\rho$为横坐标，绘出Fruendlich吸附等温线。

④ 从吸附等温线上求出K和n，代入式(5.16)，求出Fruendlich吸附等温线。

(2) 连续流吸附实验结果整理

① 实验测定结果建议按表5.10填写。

② 将实验所测得的数据代入式(5.18)，求出流速常数K(其中N_0采用q_e进行换算，活性炭容量r为0.7 g/cm^{3}左右)。

③ 如果流出COD_{Mn}浓度为10 mg/L，求出活性炭柱层的临界厚度D_0。

表5.10　连续流吸附实验记录

实验日期___年___月___日；
原水COD_{Mn}___mg/L，水温___℃。
pH=_____，活性碳吸附容量q_e=_____mg/g。

工作时间 t(h)	1号柱			2号柱			3号柱			出水浓度 ρ_B (mg/L)
	ρ_{01} (mg/L)	D_1 (m)	v_1 (m/h)	ρ_{02} (mg/L)	D_2 (m)	v_2 (m/h)	ρ_{03} (mg/L)	D_3 (m)	v_3 (m/h)	

【实验结果讨论】

① 间歇吸附与连续流吸附相比，吸附容量q_e和N_0是否相等？怎样通过实验求出N_0？

② 通过本实验，你对活性炭吸附有什么结论性意见？

【注意事项】

① 间歇式吸附实验所求得的q_e如果出现负值，则说明活性炭明显地吸附了溶剂，此时应调换活性炭或调换水样；

② 连续流吸附实验时，如果第1个活性炭柱出水中COD_{Mn}很低（低于20 mg/L），则可增大进水流量或停止第2、3个活性炭柱进水，只用1个活性炭柱。反之，如果第1个活性炭柱进、出水COD_{Mn}相差无几，则可减少进水量；

③ 进入吸附柱的水浑浊度较高时，应进行过滤去除杂质。

5.7　曝气设备充氧性能测定实验

【实验目的】

氧是污水好氧生物处理的3大要素之一。在活性污泥法处理中所需要的氧，是通过曝气来获得的。曝气是指人为地通过一些机械设备，如鼓风机、表面曝气叶轮等，使空气中的氧从气相向液相转移的传质过程。曝气的目的：一是保证微生物有足够的氧进行物质代谢；二是使气（空气）、水（污水中的污染物）、泥（微生物）三者充分混合，并使污泥悬浮在池水中。由此可见，氧的供给是保证好氧生物处理正常进行的必要条件之一。此外，研究和购买高效节能的曝气设备对于减少活性污泥法处理厂的日常运转费用也有很大的作用。因此，了解和掌握曝气设备的充氧性能和测定方法，对工程设计人员和操作管理人员以及给排水和环境工程专业的学生来说，都是十分重要的。

通过本实验,希望达到下述目的:

(1) 掌握表面曝气叶轮的氧总传质系数和充氧性能及修正系数的测定方法;

(2) 加深对曝气充氧机理及影响因素的理解;

(3) 了解各种测试方法和数据整理方法的特点。

【实验原理】

常用的曝气设备可分为机械曝气和鼓风曝气两大类。鼓风曝气是将由鼓风机送出的压缩空气通过管道系统送到安装在曝气池池底的空气扩散装置(曝气器),然后以微小气泡的形式逸出,在上升的过程中与混合液接触、扩散,使气泡中的氧转移到混合液中去。气泡在混合液中的强烈搅动,使混合液处于剧烈混合、搅拌状态;机械(表面曝气机)曝气则是利用安装在水面叶轮的高速转动,剧烈搅动水面,产生水跃,使液面与空气接触的表面不断更新,进而使空气中的氧转移到混合液中去。曝气的机理,有若干传质理论来加以解释,但最简单和最普遍使用的是路易斯(Lewis)和惠特曼(Whitman)1923年创立的双膜理论(图5.9)。

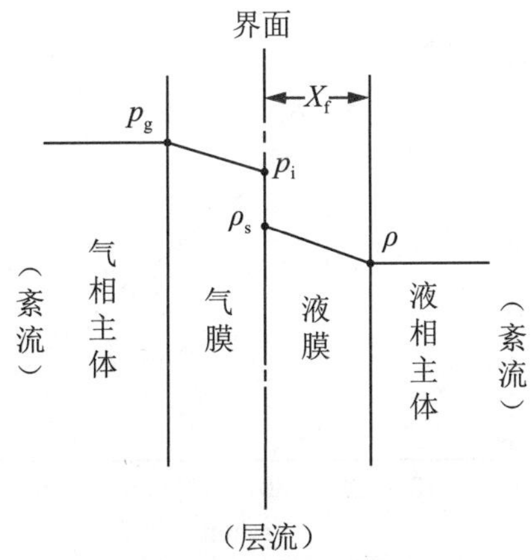

图5.9　双膜理论模型

双膜理论认为:当气、液两相做相对运动时,在接触界面上存在着气-液边界层(气膜和液膜)。膜内呈层流状态,膜外呈紊流状态。氧转移在膜内进行分子扩散,在膜外进行对流扩散。由于分子扩散的阻力比对流扩散的阻力大得多,传质的阻力集中在双膜上。在气膜中存在着氧的分压梯度,在液膜中存在着氧的浓度梯度,这是氧转移的推动力。对于难溶解于水的氧来说,转移的决定性阻力又集中在液膜上。因此,氧在液膜中的转移速率是氧扩散转移全过程的控制速率。

氧转移的基本方程式为

$$\frac{\mathrm{d}\rho}{\mathrm{d}t}=K_{\mathrm{La}}(\rho_s-\rho) \tag{5.20}$$

式中,$\frac{\mathrm{d}\rho}{\mathrm{d}t}$为氧转移速率,mg/(L•h);$K_{\mathrm{La}}$为氧的总传质系数,$h^{-1}$;$\rho_s$为实验条件下自来水(或污水)的溶解氧饱和浓度,mg/L;ρ为相应于某一时刻t的溶解氧浓度,mg/L。

上式中可以认为K_{La}是一混合系数,它的倒数表示使水中的溶解氧由0变到ρ_s所需要的时间,是气液界面阻力和界面面积的函数。

(1) 非稳定状态下进行实验

所谓非稳定状态,是指水中的溶解氧浓度是随时间而变化的。

用自来水或初沉池出水进行实验时,先用亚硫酸钠(或氮气)进行脱氧,使水中溶解氧降到零,然后曝气充氧,直至溶解氧升高到接近饱和。假定这个过程中液体是完全混合的,符合一级动力学反应,水中溶解氧的变化可以用式(5.20)表示,将式(5.20)积分,可得

$$\lg(\rho_s-\rho)=-K_{La}t+常数 \tag{5.21}$$

式(5.21)表明,通过实验测得ρ_s和相应于每一时刻t的溶解氧浓度ρ后,绘制$\lg(\rho_s-\rho)$与t的关系曲线,其斜率即$-K_{La}$(图5.10)。另一种方法是先作ρ-t曲线,再作对应于不同ρ值的切线,得到相应的$\frac{d\rho}{dt}$,最后作$\frac{d\rho}{dt}$与ρ的关系曲线,也可以求得K_{La},如图5.11和图5.12所示。

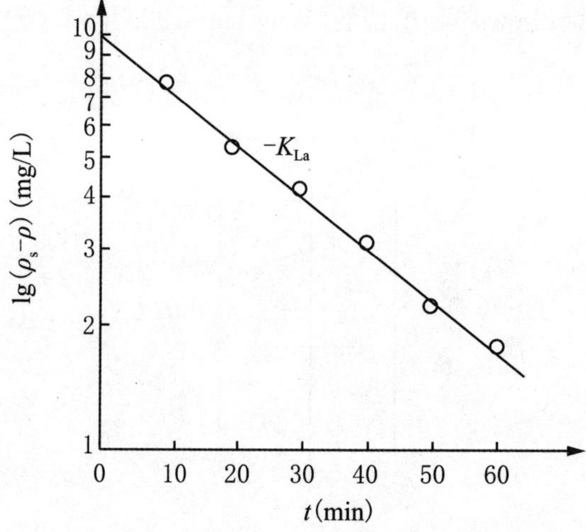

图5.10 $\lg(\rho_s-\rho)$与t的关系曲线(半对数坐标)

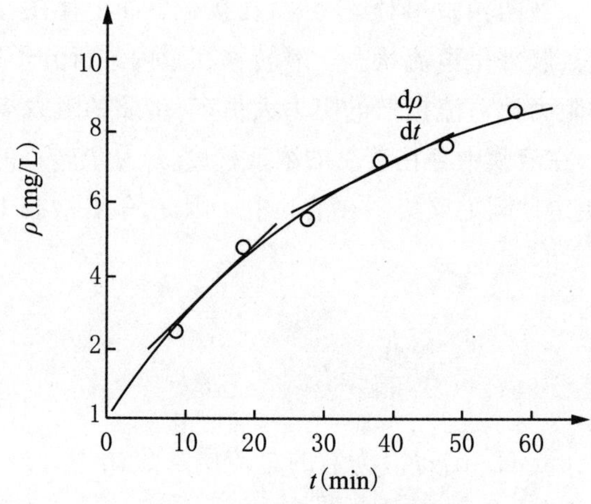

图5.11 ρ与t的关系曲线

由于混合液中存在大量微生物,微生物始终在进行呼吸(耗氧)影响着氧的转移,因而氧

的传递方程式(5.21)应变为

$$\frac{\mathrm{d}\rho}{\mathrm{d}t}=K_{\mathrm{La}}(\rho_{\mathrm{sw}}-\rho)-\gamma \tag{5.22}$$

式中,γ为微生物的呼吸速率,mg/(L•h);ρ_{sw}为实验条件下污水中的溶解氧饱和浓度,mg/L。

式(5.22)整理后得

$$\frac{\mathrm{d}\rho}{\mathrm{d}t}=(K_{\mathrm{La}}\rho_{\mathrm{sw}}-\gamma)-K_{\mathrm{La}}\rho \tag{5.23}$$

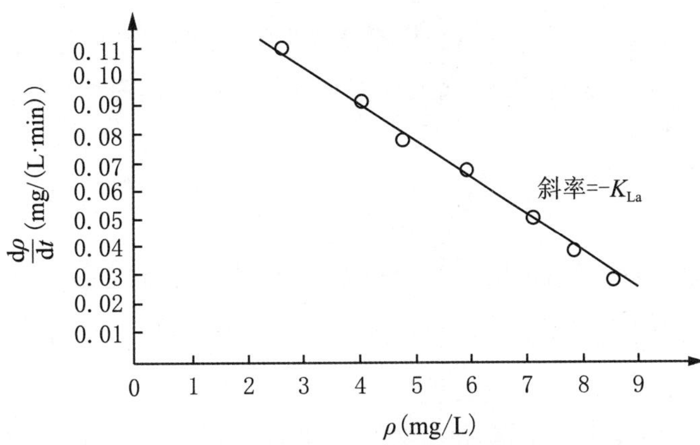

图5.12　$\frac{\mathrm{d}\rho}{\mathrm{d}t}$与$\rho$的关系曲线

式(5.23)表明,若实验时微生物的呼吸速率相对稳定,则可以将式中的第1项$K_{\mathrm{La}}\rho_{\mathrm{sw}}-\gamma$看作为常数。因此,只要测定曝气池的溶解氧浓度$\rho$随时间$t$的变化,便可以求得值$K_{\mathrm{La}}$。求$K_{\mathrm{La}}$的方法如前所述(图5.11和图5.12)。

(2) 稳定状态下进行实验

所谓稳定状态,是指混合液中的溶解氧不随时间而变化。要做到这一点,必须先停止进水和污泥回流,使溶解氧稳定不变,并取出混合液,测定活性污泥的呼吸速率。由于溶解氧浓度稳定不变,即$\frac{\mathrm{d}\rho}{\mathrm{d}t}=0$,此时式(5.23)为

$$\frac{\mathrm{d}\rho}{\mathrm{d}t}=K_{\mathrm{La}}(\rho_{\mathrm{sw}}-\rho)-\gamma=0 \tag{5.24}$$

$$K_{\mathrm{La}}=\frac{\gamma}{\rho_{\mathrm{sw}}-\rho} \tag{5.25}$$

式(5.25)表明,测得γ、ρ_{sw}和ρ后,就可以计算K_{La}。微生物呼吸速率γ可以用瓦勃呼吸仪或本实验中所采用的简便方法进行测定(详见实验步骤)。

由于溶解氧饱和浓度、温度、污水性质和搅动程度等因素都影响氧的转移速率,在实际应用中为了便于比较,必须进行压力和温度校正,把非标准状态下的K_{La}转换成标准状态下的K_{La},通常采用以下公式计算:

$$K_{\mathrm{La}(20℃)}=K_{\mathrm{La}(T)}\times 1.024^{20-T} \tag{5.26}$$

式中,T为实验时的水温,℃;$K_{\mathrm{La}(T)}$为水温为T时的总传质系数,h^{-1};$K_{\mathrm{La}(20℃)}$为水温20 ℃时的总传质系数,h^{-1};1.024为温度系数。

气压对溶解氧饱和浓度的影响为

$$\rho_{s(标)}=\rho_{s(实验)}\frac{1.013\times 10^5}{p_{实验}} \tag{5.27}$$

式中，$\rho_{s(标)}$为气压1.013×10^5 pa、气温20 ℃时，清水中溶解氧的饱和浓度；$p_{实验}$为实验时的大气压，Pa。

当采用表面曝气机曝气时，可以直接用式(5.27)计算，不需考虑水深的影响。当采用鼓风曝气时，空气扩散器常放置于近池底处。由于氧的溶解度受到进入曝气池的空气中氧分压的增大和气泡上升过程氧被吸收后分压降低的影响，计算溶解氧饱和浓度时应考虑水深的影响，一般以扩散器至水面1/2距离处的溶解氧饱和浓度作为计算依据，可按下列公式计算：

$$\rho_{s(平均)}=\rho_{s(标)}\left(\frac{p_b}{2.026\times 10^5}+\frac{O_t}{42}\right) \tag{5.28}$$

式中，$\rho_{s(平均)}$为鼓风曝气时混合液溶解氧饱和浓度的平均值，mg/L；$\rho_{s(标)}$为标准条件下氧的饱和浓度，mg/L；p_b为空气扩散装置出口处的绝对压力，Pa，按下式求得

$$p_b=p+9.8\times 10^3 H \tag{5.29}$$

式中，H为空气扩散器以上的水深，m；p为大气压力，1.013×10^5 Pa；O_t为气泡上升到水面时，气泡内氧的比例，按下式求定：

$$O_t=\frac{21(1-E_A)}{79+21(1-E_A)}\times 100\% \tag{5.30}$$

式中，E_A为空气扩散装置的氧的转移效率，与曝气设备形式有关，%。

如果实验时没有测定溶解氧的饱和浓度，可以查附录D，以代替实验时的溶解氧饱和浓度。

(3) 充氧性能的指标

① 充氧能力(OC)：单位时间内转移到液体中的氧量。

鼓风曝气时 OC(kg/h) $=K_{La(20℃)}\rho_{s(平均)}V$；

表面曝气时 OC(kg/h) $=K_{La(20℃)}\rho_{s(标)}V$。

② 充氧动力效率(E_p)：每消耗1 kW・h电能转移到液体中去的氧量，单位为kg/(kW・h)。

计算式为

$$E_p=\frac{OC}{N} \tag{5.31}$$

式中，N为理论功率，即不计管路损失，不计风机和电机的效率，只计算曝气充氧所耗有用功，采用叶轮曝气时叶轮的输出功率(轴功率)。

③ 氧转移效率(利用率，E_A)：单位时间内转移到液体中去的氧量与供给的氧量之比。

计算式为

$$E_A=\frac{OC}{S}\times 100\% \tag{5.32}$$

$$OC=G_s\times 21\%\times 1.33=0.28G_s \tag{5.33}$$

式中，G_s为供气量，m^3/h；21%为氧在空气中所占的比例（体积分数）；1.33为氧在标准状态下的密度，kg/m^3；S为供氧量，kg/h。

（4）修正系数α和β

由于氧的转移受到水中溶解性有机物、无机物等的影响，同一曝气设备在相同的曝气条件下在清水中与在污水中的氧转移速率和水中氧的饱和浓度不同。而曝气设备充氧性能的指标均为清水中测定的值，为此引入两个小于1的修正系数α和β：

$$\alpha=\frac{K_{La(污水)}}{K_{La(清水)}} \tag{5.34}$$

$$\beta=\frac{\rho_{s(污水)}}{\rho_{s(清水)}} \tag{5.35}$$

测定α和β时，应用同一曝气设备在相同的条件下测定清水和污水中充氧的氧总传质系数和饱和溶解氧值。生活污水的α约为0.4～0.5，城市污水厂出水的α约为0.9～1.0；生活污水的β为0.9～0.95，混合液的β为0.9～0.97。比较曝气设备充氧性能时，一般用清水进行实验较好。

对于鼓风曝气的扩散设备，α值在0.4～0.8范围内；对于机械曝气设备，α值在0.6～1.0范围内。β值在0.70～0.98范围内变化，通常取0.95。

上述方法适用于完全混合型曝气设备充氧性能的测定，推流式曝气池中的K_{La}、ρ_{sw}、ρ是沿池长方向变化的，不能采用上述方法。

【实验装置与设备】

（1）实验装置

实验装置的主要部分为泵型叶轮和模型曝气池，如图5.13所示。为保持曝气叶轮转速在实验期间恒定不变，电动机要接在稳压电源上。

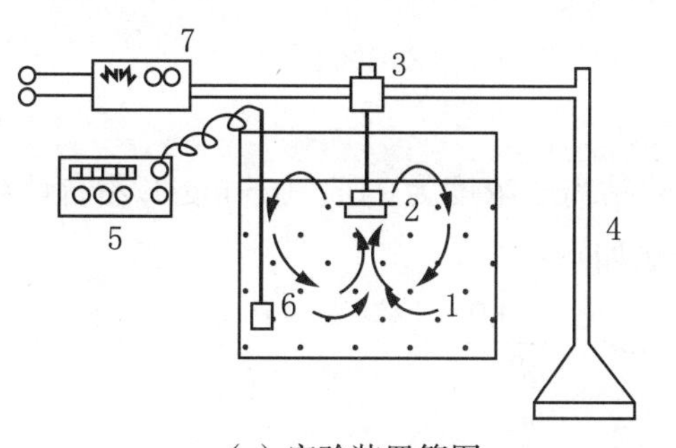

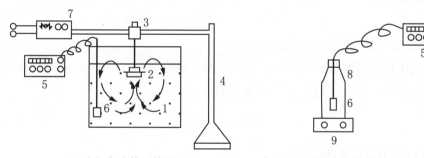

（a）实验装置简图　　（b）测呼吸速率实验设备示意图

图5.13　曝气设备充氧能力实验装置

1. 模型曝气池；2. 泵型叶轮；3. 电动机；4. 电动机支架；5. 溶解氧仪；6. 溶解氧探头；7. 稳压电源；8. 广口瓶；9. 电磁搅拌器

（1）实验设备和仪器仪表

① 模型曝气池：硬塑料制，高度$H=42$ cm，直径$D=30$ cm，1个；

② 泵型叶轮：铜制，直径$d=12$ cm，1个；

③ 电动机:单向串激电机,220 V, 2.5 A,1台;

④ 直流稳压电源:0~30 V/0~2 A,1台;

⑤ 溶解氧测定仪(探头上装有橡皮塞):1台;

⑥ 电磁搅拌器:1台;

⑦ 广口瓶:250 mL(或依溶解氧探头大小确定),1个;

⑧ 秒表:1块;

⑨ 玻璃烧杯:200 mL,1个;

⑩ 玻璃搅拌棒:1根。

【实验步骤】

在非稳定状态下进行实验。

(1) 在实验室用自来水或初沉池出水进行实验

① 向模型曝气池注入自来水至曝气叶轮表面稍高处,测出模型曝气池内水容积(V,m^3或L),并记录。

② 校正溶解氧测定仪,并将探头固定在水下1/2处。

③ 启动曝气叶轮,使其缓慢转动(仅使水流流动),用溶氧仪测定自来水水温和水中溶解氧值(ρ'),并记录。

④ 根据ρ'计算实验所需要的消氧剂Na_2SO_3和催化剂$CoCl_2$的量。

$$2Na_2SO_3 + O_2 \xrightarrow{CoCl_2} 2Na_2SO_4$$

从上面反应式可以知道,每去除1 mg溶解氧,需要投加7.9 mg Na_2SO_3。根据池子的容积和自来水(或污水)的溶解氧浓度,可以算出Na_2SO_3的理论需要量。实际投加量应为理论值的150%~200%。

计算方法如下:

$$W_1 = V \times \rho' \times 7.9 \times (150\% \sim 200\%) \tag{5.36}$$

式中,W_1为Na_2SO_3的实际投加量,kg或g。

催化剂氯化钴的投加量按维持池子中的钴离子浓度为0.05~0.5 mg/L左右计算(用温克尔法测定溶解氧时建议用下限)。计算方法如下:

$$W_2 = V \times 0.5 \times \frac{129.9}{58.9} \tag{5.37}$$

式中,W_2为$CoCl_2$的投加量,kg或g。

⑤ 将Na_2SO_3和$CoCl_2$用水样溶解后投放在曝气叶轮处。

⑥ 待溶解氧读数为零时,加快叶轮转速(此时曝气充氧),定期(0.5~1 min)读出溶解氧值(ρ)并记录,直至溶解氧值不变时(此即实验条件下的ρ_s),停止实验。记录实验的电压和电流值。

⑦ 用污水厂初沉池出水重复以上实验。

(2) 在现场运行条件下的混合液中进行实验

① 确定曝气池内测定点位置,在平面上测定点可以布置在三等分池子半径的中点和终

点;在水深方向,布置在距池面和池底0.3 m处以及池子1/2深度处,共取12个测定点(或9个测定点),如图5.14所示。

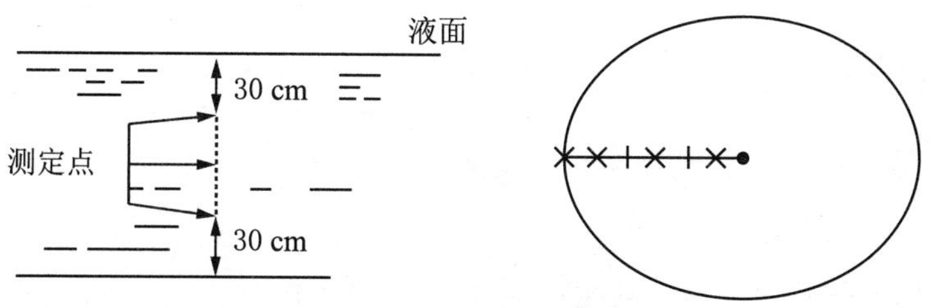

图5.14　测定点位量示意图

② 检查各测定点的溶解氧浓度(了解各测定点处是否都有溶解氧)。

③ 测定水温。

④ 停止进水和回流污泥,继续曝气1～2 h,使微生物呼吸相对稳定。

⑤ 停止曝气(或降低曝气强度,仅使污泥能悬浮于水中即可),当溶解氧浓度下降到零时启动曝气设备,定期测定溶解氧的上升值,并做记录。溶解氧浓度达到一常数值时停止实验,此值为溶解氧饱和浓度ρ_{sw}。

(3) 在生产现场稳定状态下进行实验

① 确定测定点位置(与前面(2)中的①相同)。

② 检查各测定点溶解氧浓度。

③ 测定水温。

④ 若测定时水质、水量有变化,可暂时停止进水和回流污泥,使混合液溶解氧浓度稳定在某一浓度。

⑤ 取混合液测定此时活性污泥的呼吸速率,用250 mL的广口瓶取曝气池混合液一瓶,迅速而剧烈地摇晃20次左右,或用压缩空气迅速充氧,使溶解氧提高到5～6 mg/L以上,投入搅拌珠,迅速用装有溶氧仪探头的橡皮塞塞紧瓶口(不能有气泡或漏气),置于电磁搅拌器上,启动搅拌器,使瓶中污泥(混合液)呈悬浮状态,定期(0.5～1.0 min)读出溶解氧值ρ,并做记录。然后作含ρ与t的关系曲线(图5.15),其直线部分的斜率的绝对值就是微生物呼吸速率r。r与微生物的代谢能力有关,一般在30～100 mg/(L·h)之间。

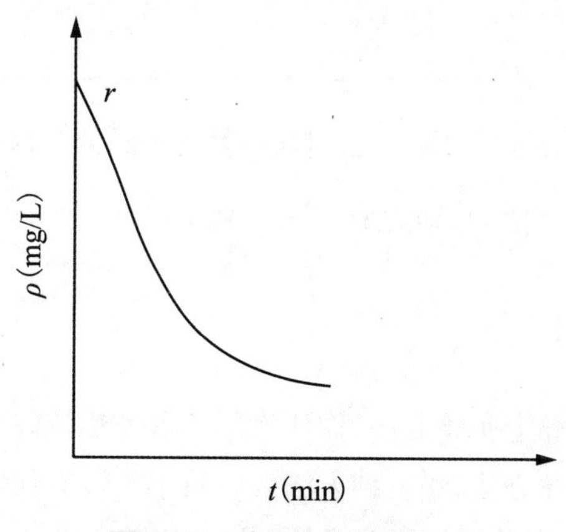

图5.15　ρ与t的关系曲线

⑥ 取曝气池部分混合液出来进行曝气，至溶解氧读数不再上升(约1～2 h)，此时的浓度值为混合液的ρ_{sw}。

【实验结果整理】

(1) 记录实验设备及操作条件的基本参数。

实验日期___年___月___日；

模型曝气池内径$D=$___m，高度$H=$___m，水体积$V=$___m^3；

水温___℃，室温：___℃，气压___kPa；

实验条件下自来水的$\rho_s=$___mg/L；

实验条件下污水的$\rho_{sw}=$___mg/L；

电动机输入功率___；

测定点位置___；

Na_2SO_3投加量(kg或g)：自来水___，污水_____；

$CoCl_2$投加量(kg或g)：自来水___，污水_____。

(2) 参考表5.11记录不稳定状态下充氧实验测得的溶解氧值，并进行数据整理。

表5.11　不稳定状态下充氧实验记录

t(min)						
ρ(mg/L)						
$(\rho_s-\rho)$(mg/L)						

(3) 以溶解氧浓度ρ为纵坐标、时间t为横坐标，用表5.11的数据描点作ρ与t的关系曲线。

(4) 根据ρ与t的实验曲线计算相应于不同ρ值的$\frac{d\rho}{dt}$，记录于表5.12。

表5.12　不同ρ值的$\frac{d\rho}{dt}$

ρ(mg/L)						
$\frac{d\rho}{dt}$(mg/(L·min))						

(5) 分别以$\ln(\rho_s-\rho)$和$\frac{d\rho}{dt}$为纵坐标、时间t和ρ为横坐标，绘制出两条实验曲线。

(6) 计算K_{La}、α、β，充氧能力，动力效率和氧利用率。

【实验结果讨论】

(1) 试比较稳定和非稳定实验方法，你认为哪一种方法较好？为什么？

(2) 比较两种数据整理方法，哪一种方法误差较小？各有何特点？

(3) ρ_s偏大或偏小，对实验结果会造成什么样的影响？

(4) 试考虑如何测定推流式曝气池内曝气设备的K_{La}。

【注意事项】

① 在实验室进行充氧实验时,由于实验模型较小,只需一个测定点,无需布置12个测定点;

② 当用压缩空气曝气时,应注意实验供气量恒定,当用叶轮曝气时,实验记录开始后,叶轮转速不能改变;

③ 在清水和污水中做充氧实验时,除了水质不同外,其余实验条件应完全一致。

5.8 SBR法处理工艺实验

【实验目的】

间歇式活性污泥法,又称序批式活性泥法(sequencing bath reactor activated sludge process,简称SBR),是一种不同于传统的连续流活性污泥法的活性污泥处理工艺,主要用于城市污水和工业废水的生化处理部分。SBR法实际上并不是一种新工艺,1914年英国的Alden和Lockett首创活性污泥法时,采用的就是间歇式,当时由于曝气器和自控设备的限制,该法未能广泛应用。随着计算机的发展和自动控制仪表、阀门的广泛应用,近年来该法又得到了重视和应用。

SBR工艺作为活性污泥法的一种,其去除有机物的机理与传统的活性污泥法相同,即都通过活性污泥的絮凝、吸附、沉淀等过程实现有机污染物的去除,所不同的只是运行方式。SBR法具有工艺简单、运行方式灵活、脱氮除磷效果好、SVI值低、污泥易于沉淀、可防止污泥膨胀、耐冲击负荷、所需费用较低、不需要二沉池和污泥回流设备等优点。

通过本实验,希望达到下述目的:

(1) 掌握SBR法工艺的运行方法;

(2) 通过实验认识SBR法计算机自动控制系统的组成;

(3) 加深对SBR法工艺特征的认识。

【实验原理】

与传统污水处理工艺不同,SBR技术采用时间分割的操作方式替代空间分割的操作方式,采用非稳定生化反应替代稳态生化反应,采用静置理想沉淀替代传统的动态沉淀。它的主要特征是运行上的有序和间歇操作。SBR技术的核心是SBR反应池,该池集均化、初沉、生物降解、二沉等功能于一身,无污泥回流系统。SBR工艺在运行上的主要特征就是顺序、间歇式的周期运行,其一个周期的运行通常可以分为以下5个阶段:

（1）进水阶段：将待处理污水注入反应池注满后再进行反应。此时的反应池起调节池调节均化的作用。另外，在注水的过程中也可以配合其他操作，如曝气、搅拌等，以达到实验效果。

（2）反应降解阶段：污水达到反应器设计水位后，便进行反应。根据不同的处理目的，可以采用不同的操作，如欲降解水中有机物就要进行硝化，欲吸收磷就以曝气为主要操作方式，欲进行反硝化反应则应慢速搅拌。

（3）沉淀澄清阶段：以理想静态的沉淀方式使泥水分离。因为是在静止的条件下进行沉淀，所以能够达到良好的沉淀澄清及污泥浓缩效果。

（4）排放处理水阶段：经沉淀澄清后，将上清液作为处理水排放，直至设计最低水位，有时在排水后可排放部分剩余污泥。

（5）待进水阶段：此时反应器内残存高浓度活性污泥混合液。SBR工艺运行过程如图5.16所示。

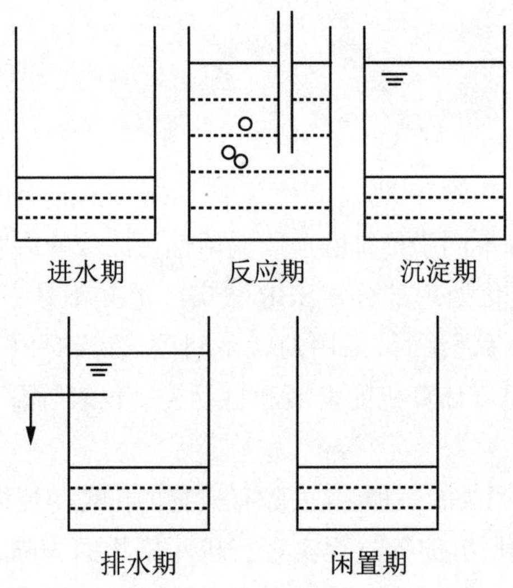

图5.16　SBR法工艺的基本运行流程

【实验设备与材料】

① SBR法实验装置（计算机控制系统），如图5.17所示；

② 水泵；

③ 水箱；

④ 空压机；

⑤ DO仪；

⑥ COD测定仪或测定装置及相关药剂。

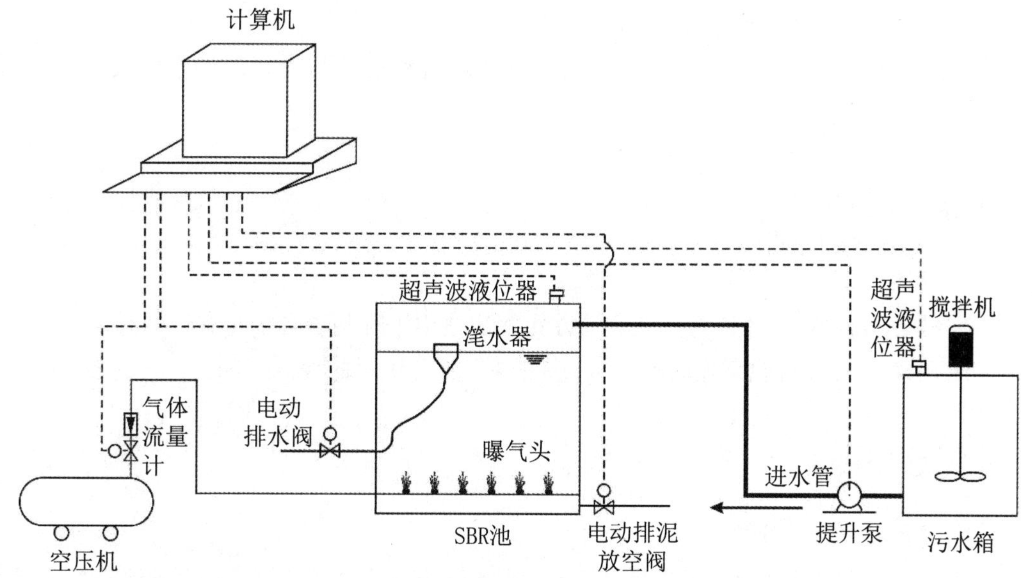

图5.17　SBR法实验装置

【实验步骤】

(1) 取实验用生活污水或人工配制实验用水适量。

(2) 取性能良好的活性污泥,过滤去除悬浮杂质,并测其MLSS值。按反应器体积投放活性污泥,使各反应器内MLSS为15～20 g/L。

(3) 打开计算机并设置各阶段控制时间,启动控制程序。

(4) 水泵将原水送入反应器,达到设计水位后停泵(由计算机控制,下同)。

(5) 打开气阀开始曝气,达到设定时间后停止曝气,关闭气阀。

(6) 反应器内的混合液开始静沉,达到设定静沉时间后,电动排水阀打开滗水器开始工作,排出反应器内的上清液。

(7) 反应器内的水位达到设定水位后,电动排水阀关闭,滗水器停止工作,反应器处于闲置阶段。

(8) 静置,准备开始进行下一个工作周期。

相关实验数据记入表5.13中。

表5.13　SBR法实验记录

进水时间(h)	曝气时间(h)	静沉时间(h)	滗水时间(h)	闲置时间(h)	进水COD(mg/L)	出水COD(mg/L)

【实验结果整理】

(1) 测定数据S_0、S_e、MLSS和MLVSS,并记录。其中S_0、S_e为进水、出水水质;

(2) 作图求出动力学常数 ν_{max}、K、Y和K_d;

(3) 作有机负荷(S_0/X_t)与去除率的关系曲线、有机负荷与表观产泥率的关系曲线,其中,X_t为SBR池中的污泥浓度。

【思考题】

(1) 简述SBR法与传统活性污泥法的区别。

(2) 结合实验结果,你认为间歇式活性污泥法适用于哪些场合? 它有什么局限?

(3) 如果对SBR法脱氮除磷有要求,应怎样调整各阶段的控制时间?

【注意事项】

(1) 严格按操作程序操作;

(2) 实验分组进行,每个小组完成1个泥龄和1个进水浓度实验,之后各组交换实验数据,整理实验报告;

(3) 水样配置时应保持同组实验水质指标一致;

(4) S_0、S_e可以用BOD或COD测定,S_e应用经过过滤的水样测定。

5.9 高负荷生物滤池实验

【实验目的】

生物滤池是由碎石或塑料制品填料构成的生物处理构筑物,污水与填料表面上生长的微生物膜间隙接触,使污水得到净化。

普通生物滤池的BOD去除率虽然较高,一般为85%~95%,但是它的有机负荷很小,滤池的有效高度又受到限制,因此滤池的容积很大,占地面积大,在夏季还容易滋生滤池蝇,卫生条件较差,因而出现了高负荷生物滤池,称为生物滤池的第二代工艺,它是在解决和改善普通生物滤池在净化功能和运行中存在的实际弊端的基础上开发出来的。高负荷生物滤池通过限制进水BOD含量并采取处理出水回流等技术获得较高的滤速,将BOD容积负荷提高6~8倍,同时确保BOD去除率不发生显著下降的一种生物滤池。高负荷生物滤池在处理污水方面具有高效率、低耗能的特点,对解决水污染与污水生物处理有明显的效果,是处理生活污水以及工业产生的低浓度污水的理想技术。

通过本实验,希望达到下述目的:

(1) 了解掌握高负荷生物滤池的实验方法;

(2) 加深理解生物滤池的生物处理机理;

(3) 通过实验求解污水生物滤池处理基本数学模式中常数n及K_0值。

【实验原理】

生物滤池由布水系统、滤床、排水系统组成。当污水均匀地洒布到滤池表面后，在污水自上而下流经滤料表面时，空气由下而上与污水相向流经滤池，在滤料表面会逐渐形成一层薄透明的、对有机污染物具有降解作用的黏膜——生物膜。高负荷生物滤池法就是利用生物膜降解水中溶解物及胶体有机污染物的一种处理方法。影响处理效果的因素主要有滤料、池深、水力负荷、通风等。1963年，埃肯费尔德假定高负荷生物滤池是一种推流反应器，BOD的降解遵循一级反应动力学关系式，提出BOD去除率和滤池深度、水力负荷之间存在如下的关系式：

$$\frac{S_e}{S_0}=e^{\frac{-K_0H}{q^n}}\times 100\% \tag{5.38}$$

该式即为生物滤池的基本数学模式，它反映了剩余BOD百分数$\frac{S_e}{S_0}$(%)和滤池深度H、水力负荷q之间的关系。式中，S_e、S_0分别为进水、出水的BOD值，mg/L；H为滤池深度，m；q为水力负荷，$m^3/(m^2\cdot d)$；n为与滤料特性有关的系数；K_0为底物降解速率常数，d^{-1}，反映有机物的降解难易、快慢程度，受温度的影响，有如下关系式：

$$K_{0(T)}=K_{0(20℃)}\times 1.035^{T-20} \tag{5.39}$$

当有回流时，式(5.38)可改写为

$$\frac{S_e}{S_0}=\frac{e^{\frac{-K_0H}{q^n}}}{(1+R)-Re^{\frac{-K_0H}{q^n}}}\times 100\% \tag{5.40}$$

式中，R为回流比；其他符号意义同前。

由式(5.40)可见，当公式两侧取对数后，可得

$$\ln\frac{S_e}{S_0}=\frac{-K_0}{q^n}H \tag{5.41}$$

在半对数坐标纸上，以滤池深度H为横坐标、剩余BOD百分数$\frac{S_e}{S_0}$为纵坐标绘图，如图5.18所示。

每一水力负荷q下可得一条直线，直线斜率r即为$-\frac{K_0}{q^n}$。即

$$r=-\frac{K_0}{q^n}=-K_0q^{-n} \tag{5.42}$$

两边取对数，得

$$\ln r=\ln(-K_0q^{-n}) \tag{5.43}$$

$$\ln r=-\ln K_0+n\ln q \tag{5.44}$$

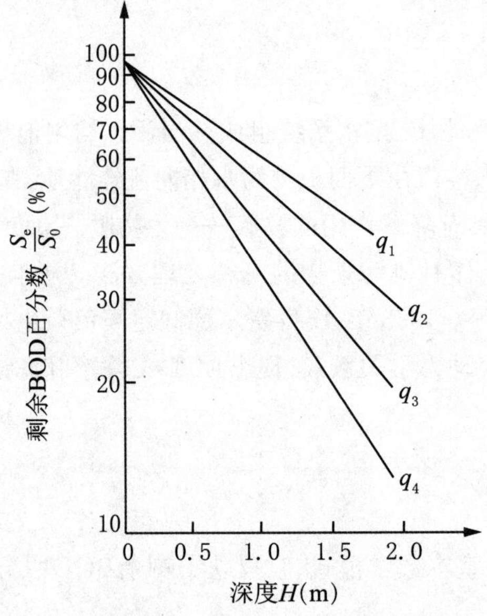

图5.18　$\ln\frac{S_e}{S_0}$ 与 H 的关系曲线

以 $\ln q$ 为横坐标、$\ln r$ 值为纵坐标绘图(图5.19),所得直线斜率即为 n 的值。最后,按式(5.44),根据求得的 n 值,计算出各水力负荷下的不同滤料深度处的 H/q^n 值,并与实验所得相应的剩余BOD百分数在半对数坐标纸上作图,如图5.20所示,所得直线斜率即为 K_0 的值。

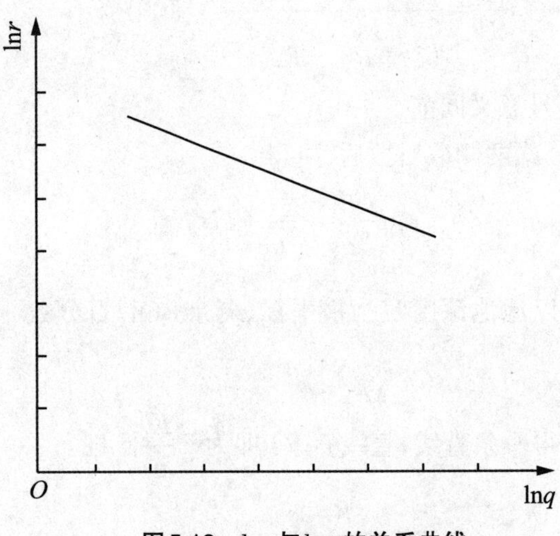

图5.19　$\ln r$ 与 $\ln q$ 的关系曲线

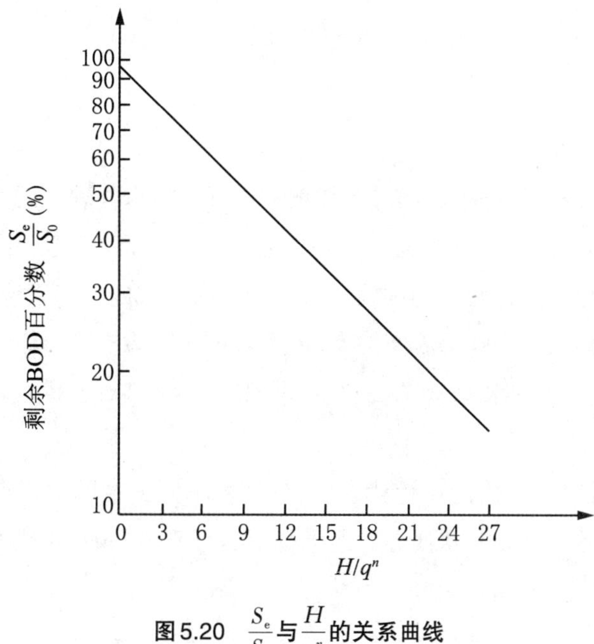

图5.20 $\frac{S_e}{S_0}$与$\frac{H}{q^n}$的关系曲线

【实验装置与设备】

(1) 实验装置

高负荷生物滤池,如图5.21所示。

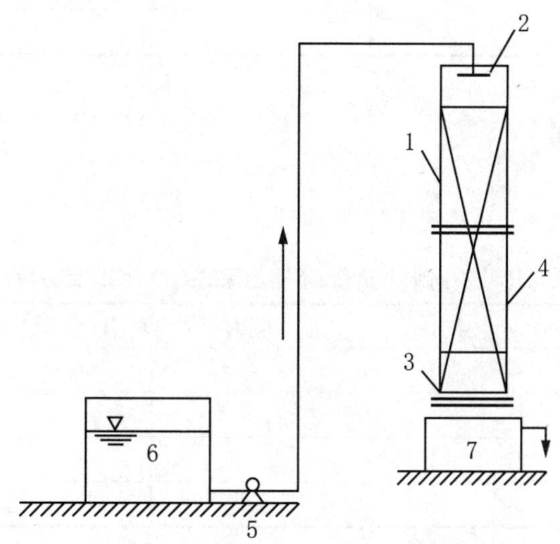

图5.21 高负荷生物滤池实验装置

1. 生物滤池模型;2. 旋转布水器;3. 格栅;4. 取样口;5. 计量泵;6. 贮水池;7. 沉淀池

(2) 主要仪器及设备

有机微生物滤池模型,直径D=230 mm,高H=2.2 m,内装瓷环或峰窝式滤料(2.0 m高);贮水池、沉淀池(钢板或塑料板焊接制成);计量泵;显微镜;测定BOD的玻璃器皿及相关药剂等。

【实验步骤】

(1) 生物膜培养:采用接种培养法,将某正常运行的污水处理厂的活性污泥与水样混合后,连续由滤池上部喷洒,经过半个月左右,滤料上即可出现薄而透明的生物膜。当沿滤池深度生物膜的垂直分布、生物膜上的细菌及微型动物所组成的生态系统达到了平衡,并对有机物有一定降解能力后,生物膜培养便结束,可进入正式实验阶段。

(2) 选择4个不同的水力负荷,当进水 BOD_5=200 mg/L 左右时,可选 q=10~40 $m^3/(m^2\cdot d)$。

(3) 各水力负荷在进入稳定运行状态后,分别由不同深度的取样口取样,测定进水、出水的 BOD_5 值,进水流量 Q、pH、水温等。连续稳定运行10 d左右,再改变另一水力负荷。

(4) 将实验数据记入表5.14中。

表5.14 高负荷生物滤池实验记录表

日期	进水				出水				
	流量Q(m^3/h)	pH	BOD_5(mg/L)	水温(℃)	BOD_5(mg/L)				
					1	2	3	4	5

【实验结果整理】

(1) 根据原始记录数据,并按表5.15整理计算。

表5.15 不同水力负荷、不同池深的剩余BOD百分数

滤池深度(m)	水力负荷q ($m^3/(m^2\cdot d)$)			
H_1	q_1	q_2	q_3	q_4
H_2				
H_3				
H_4				

(2) 根据式(5.41)绘制不同水力负荷的 $\ln\frac{S_e}{S_0}-H$ 的关系曲线,并求出各直线斜率 $-\frac{K_0}{q^n}$ 值。

(3) 根据求得的各斜率值 $r=-\frac{K_0}{q^n}$,绘制 $\ln r-\ln q$ 关系曲线,所得直线斜率即为 n 的值。

(4) 将按式(5.44)求得的n值代入式(5.38)并计算各水力负荷时，所需不同池深处的$\frac{H}{q^n}$的值和相应$\frac{S_e}{S_0}$的值，见表5.16。

表5.16　不同水力负荷、不同池深的$\frac{H}{q^n}$及相应$\frac{S_e}{S_0}$值

滤池深度(m)	水力负荷q ($m^3/(m^2 \cdot d)$)	q^n	$\frac{H}{q^n}$	$\frac{S_e}{S_0}$

(5) 绘制$\ln\frac{S_e}{S_0}$-$\frac{H}{q^n}$关系线，则直线的斜率即为K_0的值。

【实验结果讨论】

(1) 利用有机物生化降解一级反应动力学关系式和污水在滤池内与滤料接触时间的经验式推求式(5.38)。

$$\frac{dS}{dt}=-K'X_VS \tag{5.45}$$

$$t=C\frac{H}{q^n} \tag{5.46}$$

(2) 本实验结果与工程设计有何关系?

(3) 影响生物滤池负荷率的因素有哪些?为什么?

(4) 说明生物滤池基本数学模式中常数n,K_0的意义及其影响因素。

【注意事项】

(1) 生物膜的培养最好采用接种法，当无菌种时，也可由生活污水自行培养，但时间要长些。

(2) 污水可用生活污水或城市污水，也可用某种工业污水。当采用工业污水时，生物膜要经过驯化阶段。

(3) 污水的投加设备可选用计量泵、输液泵和磁性泵等小型污水提升计量设备。

(4) 污水水质尽可能保持稳定。

5.10　厌氧消化实验

【实验目的】

厌氧消化,在传统上是指对城市污水处理厂产生的污泥进行厌氧稳定的过程。因污泥的厌氧稳定针对的是固态有机物,所以称为消化,厌氧消化也常作为厌氧处理的简称。厌氧消化用于处理有机污泥和有机废水(如酒精厂和食品加工厂等污水),是污水和污泥处理的主要方法之一,是环境工程和能源工程中的一项重要技术。传统的厌氧消化法存在着水力停留时间长、有机物负荷低等缺点,过去仅限于处理污水处理厂的污泥和粪便等。20世纪70年代以来,世界能源短缺的问题日益突出,能产生能源的厌氧技术也逐渐受到重视。随着生物学、生物化学等学科的发展和工程实践经验的积累,新的厌氧处理工艺和构筑物不断开发,使处理时间大大缩短,效率大大提高。目前,厌氧消化法不仅可用于有机污泥和高浓度有机废水的处理,还可用于中、低浓度有机废水包括城市污水的生物处理。

厌氧消化法与好氧生物法相比具有以下优点:

(1) 应用范围广,可用于高、中、低浓度有机废水的处理;

(2) 能耗低,不需要充氧,产生的沼气可作为能源,动力消耗约为活性污泥法的1/10;

(3) 负荷高,一般为2~10 kg(COD)/(m^3·d),高的可达50 kg(COD)/(m^3·d);

(4) 剩余污泥少(为好氧法的5%~20%),污泥浓缩性与脱水性好;

(5) 可杀死病原体等,消化污泥卫生,且化学性质稳定;

(6) 对氮、磷营养需要量少,一般BOD:N:P =(200~300):5:1,处理营养源缺乏的工业废水有利;

(7) 污泥可长期贮存,设备可间歇运转,功能恢复快。

厌氧消化的缺点有以下几点:

(1) 微生物世代时间长,处理设备启动时间长;

(2) 出水不能达标,还需进行好氧处理;

(3) 处理系统操作控制因素较为复杂。

由于厌氧消化过程受pH、碱度、温度和负荷率等诸多因素影响,产气量又与操作条件、污染物种类等有关,因此,厌氧消化工艺设计前,一般都要经过实验,以求得设计参数。为此,掌握厌氧消化的实验方法是很重要的。

通过本实验,希望达到以下目的:

(1) 加深对厌氧消化机理的理解;

(2) 掌握厌氧消化实验方法;

(3) 了解厌氧消化过程中pH、碱度、产气量、COD去除率、MLVSS的变化情况及测定方法。

【实验原理】

厌氧消化是指在无分子氧条件下,通过兼性细菌和专性厌氧细菌的作用,使污水或污泥中各种复杂有机物分解转化成甲烷和二氧化碳等物质的过程。其最终产物与好氧处理不同:碳素大部分转化为甲烷,氮素转化为氨,硫素转化为硫化物,中间产物除了同化合成细胞物质外,还合成复杂而稳定的腐殖质。

厌氧消化过程是一个极其复杂的生物化学过程。1997年,伯力特(Bryant)等人根据微生物的生理种群提出的厌氧消化三阶段理论,是当前较为公认的理论模式,即水解酸化阶段、产氢产乙酸阶段和产甲烷阶段,如图5.21所示。

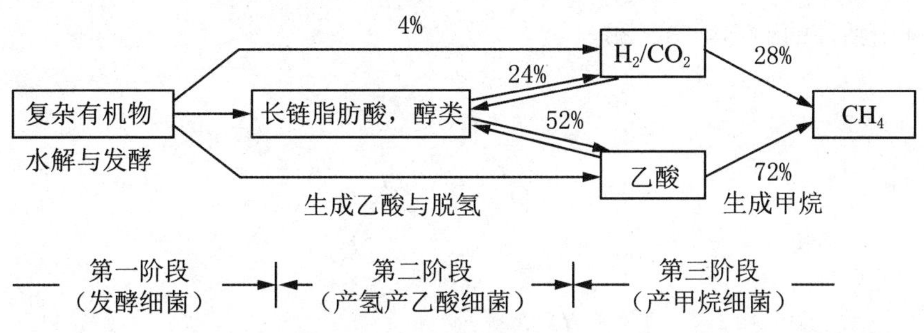

图5.21　有机物厌氧消化模式图

第一阶段为发酵阶段。在此阶段,复杂的大分子、不溶性有机物先在细菌胞外酶的作用下水解为小分子、溶解性有机物,然后渗入细胞体内,分解产生挥发性有机酸、醇类、醛类等。这个阶段主要产生较高级的脂肪酸。碳水化合物、蛋白质和脂肪被分解为单糖、氨基酸、脂肪酸、甘油、CO_2及H_2等。这一过程在厌氧消化中不起控制作用。

如果污水或污泥中含有硫酸盐,另一组细菌——脱硫弧菌就利用有机物和SO_4^{2-}合成新细胞,产生H_2S和CO_2,在进行甲烷发酵前就代谢掉许多有机物,使甲烷产量降低。

第二阶段为产氢产乙酸阶段。在产氢产乙酸细菌的作用下,第一阶段产生的各种有机酸被分解转化成乙酸、CO_2和H_2,例如:

$$CH_3CH_2CH_2CH_2COOH+2H_2O \longrightarrow CH_3CH_2COOH+CH_3COOH+2H_2$$

$$CH_3CH_2COOH+2H_2O \longrightarrow CH_3COOH+3H_2+CO_2$$

第三阶段为产甲烷阶段。产甲烷细菌将乙酸、乙酸盐、CO_2和H_2等转化为甲烷。此过程由两组生理上不同的产甲烷细菌组成,一组把H_2和CO_2转化成甲烷,另一组从乙酸或乙酸盐脱羟产生甲烷。前者约占总量的1/3,后者约占2/3,反应为

$$4H_2+CO_2 \xrightarrow{\text{产甲烷细菌}} CH_4+2H_2O \quad \left(\text{约占}\frac{1}{3}\right)$$

$$CH_3COOH+H_2O \xrightarrow{\text{产甲烷细菌}} 2CH_4+2CO_2$$

$$CH_3COONH_4+H_2O \xrightarrow{\text{产甲烷细菌}} CH_4+NH_4HCO_3$$

产甲烷细菌由甲烷杆菌、甲烷球菌等绝对厌氧细菌组成。因为产甲烷细菌世代时间长、繁殖速度慢,所以这一阶段控制了整个厌氧消化过程。

虽然厌氧消化过程可分为上述3个阶段,但在厌氧反应器中,3个阶段是同时进行的,并保持某种程度的动态平衡。这种动态平衡一旦被某种外加因素打破,首先将使产甲烷阶段受到抑制,并导致低级脂肪酸的积存和厌氧进程的异常变化,甚至会导致整个厌氧消化过程的停滞。因此为保证消化过程正常进行,必须建立这一动态平衡。实验时应注意下述实验条件。

(1) 绝对厌氧环境

由于产甲烷细菌是专性厌氧细菌,实验装置(或生产性设备)应保证绝对厌氧条件。

(2) pH

实验系统的pH宜控制在6.5~7.5,碱度维持在2000~5000 mg/L($CaCO_3$)。当pH低于6.5时,实验系统内可以投加碳酸氢钠调节碱度,生产性设备中则可投加石灰调节碱度。pH对产甲烷细菌活性的影响见图5.22。

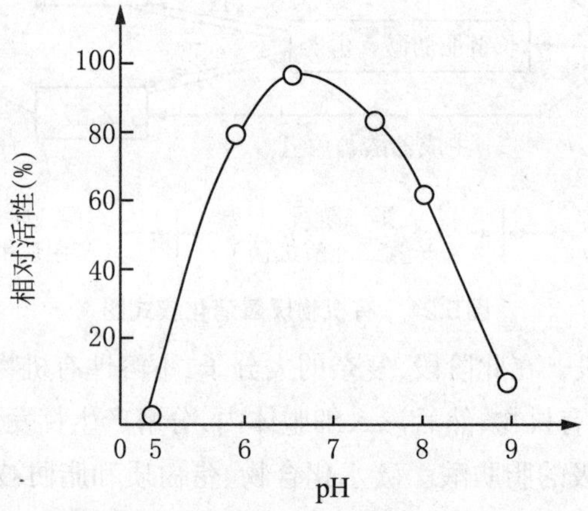

图5.22 pH对甲烷细菌活性的影响

兼性细菌、厌氧细菌与好氧细菌一样,需要氮、磷等营养元素以及各种微量元素,厌氧消化过程中氮、磷可按BOD_5、N、P的含量比为(200~300):5:1进行投加。如果实验污水或污泥含氮量不够,可以投加氯化铵作为氮源,但不能投加硫酸铵,因为脱硫弧菌会利用硫酸铵与产甲烷细菌争夺有机物,产生H_2S、CO_2并合成细胞,降低甲烷的产量。

(3) 温度

产甲烷菌根据对于温度的适应性,可分为两类,即中温产甲烷菌(适应温度区为30~35 ℃)和高温产甲烷菌(适应温度区为50~55 ℃)。两区之间,反应速率反而减慢。可见消化反应与温度之间的关系不是连续的。温度与有机物负荷、产气量的关系如图5.23所示。厌氧消化允许的温度变化范围为±(1.5~2.0)℃,当有±3 ℃的变化时,就会抑制消化速率。

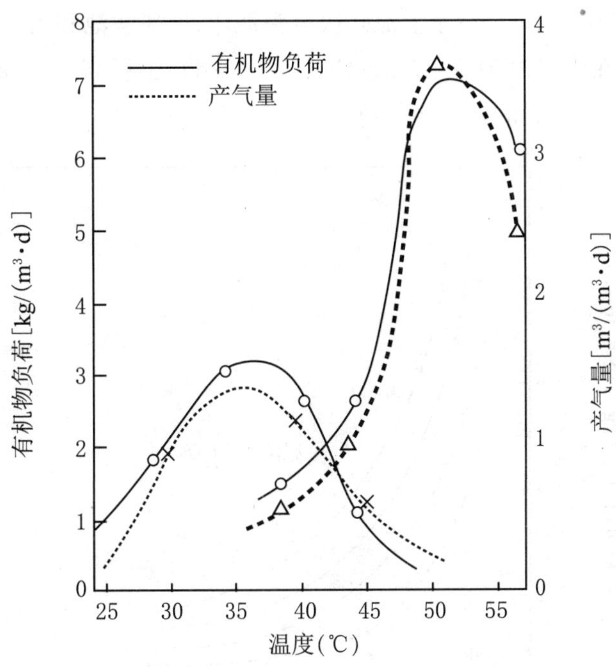

图5.23　温度与有机物负荷、产气量的关系

图5.24为温度与消化时间的关系，消化时间是指产气量达到总量的90%所需的时间。从图5.24中可见，中温消化时间为20～30 d，高温消化为10～15 d。

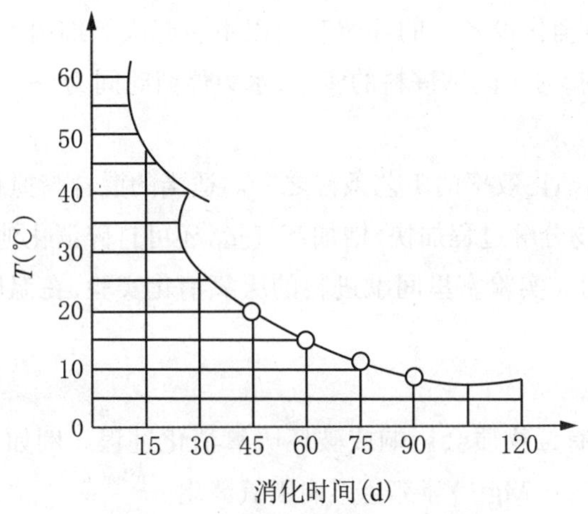

图5.24　温度与消化时间的关系

(4) 污泥龄与负荷

厌氧消化效果的好坏与污泥龄有直接关系。在污泥厌氧消化工艺中，污泥龄(θ_c)，即生物固体停留时间(solid retention time，SRT)等于水力停留时间(hydraulic retention time，HRT)。消化池的容积负荷与水力停留时间的关系如图5.25所示。

从图5.25可以看出，当θ_c =10～20 d时，对于生污泥浓度为4%，有机物负荷为3.1～1.5 kg(VSS)/(m^3·d)；对于生污泥浓度为6%，有机物负荷为 4.6～2.3 kg(VSS)/(m^3·d)。处理高浓度工业废水时，常规定有机物负荷为2～3 kg(COD)/(m^3·d)(中温)和4～

6 kg(COD)/(m^3·d)(高温)。对于上流式厌氧污泥床,厌氧滤池和厌氧流化床等新型厌氧工艺的有机物负荷在中温时为5~15 kg(COD)/(m^3·d),也可高达30 kg(COD)/(m^3·d)。最好通过实验来确定最合适的有机物负荷。

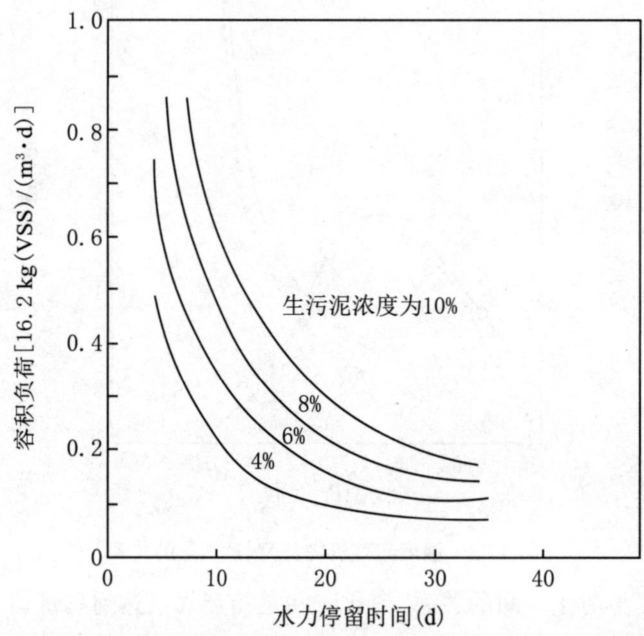

图5.25　容积负荷和水力停留时间关系

污水或污泥在厌氧消化设备中的停留时间以不引起厌氧细菌流失为准,它与操作方式有关。当温度为35 ℃时,对于间歇进料的实验,水力停留时间为5~7 d。

(5) 混合与搅拌

混合与搅拌是提高消化效率的工艺条件之一。适当的混合与搅拌可以使厌氧细菌与有机物充分接触,使有机物分解过程加快,增加产气量,还可打碎消化池面上的浮渣,使反应器内的环境因素保持均匀。实验室里间歇进料的厌氧消化实验,在温度为35 ℃时,每日混合2~3次即可。

(6) 有毒物质

与好氧处理相同,有毒物质会影响或破坏厌氧消化过程。例如,重金属、HS^-、NH_3、碱与碱土金属(Na^+、K^+、Ca^{2+}、Mg^{2+})等都会影响厌氧消化。

厌氧消化实验可以用污水、污泥、马粪等进行,也可以用已知成分的化学药品(如乙酸、乙酸钠、谷氨酸等)进行。本实验是在35 ℃条件下,采用谷氨酸钠和磷酸氢二钾配制成的合成污水进行实验。

本实验采用间歇进料方式,进行厌氧消化研究时,一般采用连续进料的形式。

【实验装置与设备】

(1) 实验装置

实验装置由消化反应器、湿式气体流量计和恒温箱组成，如图5.26所示。

消化器放在恒温箱内，用普通白炽灯加热，并用温度控制仪控制恒温箱的温度。

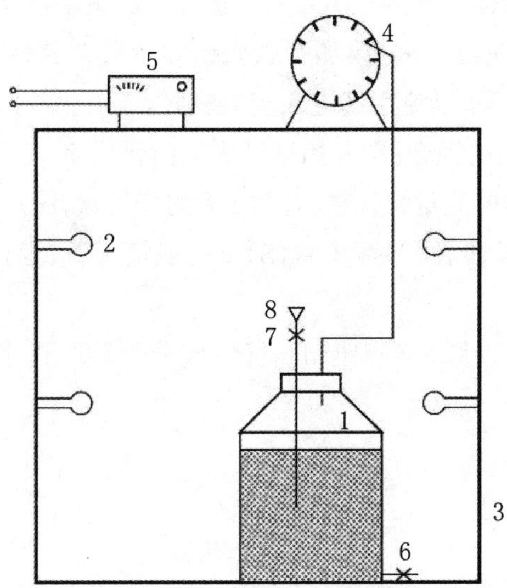

图5.26　厌氧消化实验装置示意图

1. 消化反应器；2. 白炽灯；3. 恒温箱；4. 湿式气体流量计；5. 温度指示控制仪；6、7. 螺丝夹；8. 进料漏斗

(2) 实验设备和仪器仪表

① 消化反应器：2500 mL的两口小口瓶，1只；

② 湿式气体流量计：BSD－0.5型，1台；

③ 白炽灯泡：100 W，6个；

④ 温度指示控制仪：WMZK－01，2台；

⑤ COD测定仪器，1套；

⑥ 碱度测定仪器，1套；

⑦ 烘箱，1台；

⑧ 马弗炉，1台；

⑨ 分析天平，1台；

⑩ 气相色谱仪，1台；

⑪ pH计，1台；

⑫ 漏斗，螺丝夹等。

【实验步骤】

(1) 从城市污水处理厂取回成熟的消化污泥，并测定MLSS、MLVSS。

(2) 取消化污泥2 L，装入消化反应器内(控制污泥浓度为20 g/L左右)。

(3) 密闭消化反应系统，放置1 d，以便兼性细菌消耗消化反应器内的氧气。

(4) 配制10 g/L谷氨酸钠溶液。

(5) 第二天，将消化反应器内的混合液摇匀，按确定的水力停留时间由螺丝夹6处排去消化反应器内的混合液。例如,水力停留时间为5 d,应排去混合液400 mL。

(6) 按确定的停留时间投加谷氨酸钠溶液和相应的磷酸二氢钾溶液,使消化反应器内混合液体积仍然是2 L。具体操作为:① 先倒少量谷氨酸钠溶液于进料漏斗,微微打开螺丝夹使溶液缓缓流入消化反应器,并继续加谷氨酸钠和磷酸二氢钾溶液;② 当漏斗中溶液只剩很少量时,迅速关紧螺丝夹,以免空气进入实验装置。

(7) 摇匀消化反应器内的混合液,开始进行厌氧消化反应。

(8) 第2天记录湿式气体流量计读数,计算1天的产气量,测定排出混合液的pH。

(9) 以后每天重复实验步骤(5)至步骤(8)。一般情况下,运行1~2个月可以得到稳定的消化系统。

(10) 实验系统稳定后连续3 d测定pH、气体成分、碱度、进水COD、出水COD、MLSS和MLVSS。

【实验结果整理】

(1) 记录实验设备和操作基本参数。

实验开始日期____年____月____日;

实验结束日期____年____月____日;

消化器容积____ L,实验温度____℃;

泥龄θ_1=____d,θ_2=____d;

谷氨酸钠投加量____g/d;

磷酸二氢钾投加量____g/d。

(2) 参考表5.17记录产气量和pH。

表5.17 产气量和pH

水力停留时间θ_1=____。

日期	湿式气体流量计读数	产气量(mL/d)	pH

(3) 气相色谱仪测得的气体成分可参考表5.18记录。

表5.18 厌氧消化气体成分

日期	h_{CH_4}(cm)	CH_4(%)	h_{CO_2}(cm)	CO_2(%)	h_{H_2}(cm)	H_2(%)

(4) 碱度测定数据可按表5.19记录,并计算碱度(以$CaCO_3$计)。

表5.19 碱度测定数据记录表

<table>
<tr><td rowspan="2">日期</td><td rowspan="2">θ_1(d)</td><td colspan="3">H_2SO_4的用量</td><td rowspan="2">H_2SO_4浓度(mol/L)</td></tr>
<tr><td>后读数</td><td>初读数</td><td>差值</td></tr>
<tr><td></td><td></td><td></td><td></td><td></td><td></td></tr>
<tr><td></td><td></td><td></td><td></td><td></td><td></td></tr>
<tr><td></td><td></td><td></td><td></td><td></td><td></td></tr>
</table>

(5) COD测定数据可参考表5.20记录,并计算COD。

表5.20 COD测定数据记录表

<table>
<tr><td>日期</td><td>θ_1(d)</td><td colspan="4">对照组</td><td colspan="4">进水COD</td><td colspan="4">出水COD</td><td>硫酸亚铁铵浓度(mol/L)</td></tr>
<tr><td></td><td></td><td>后读数</td><td>初读数</td><td>差值</td><td>水样体积(mL)</td><td>后读数</td><td>初读数</td><td>差值</td><td>水样体积(mL)</td><td>后读数</td><td>初读数</td><td>差值</td><td>水样体积(mL)</td><td></td></tr>
<tr><td></td><td></td><td></td><td></td><td></td><td></td><td></td><td></td><td></td><td></td><td></td><td></td><td></td><td></td><td></td></tr>
<tr><td></td><td></td><td></td><td></td><td></td><td></td><td></td><td></td><td></td><td></td><td></td><td></td><td></td><td></td><td></td></tr>
<tr><td></td><td></td><td></td><td></td><td></td><td></td><td></td><td></td><td></td><td></td><td></td><td></td><td></td><td></td><td></td></tr>
</table>

(6) MLSS和MLVSS 的测定数据可参考表5.21记录,并计算 MLSS、MLVSS。

表5.21 MLSS和MLVSS测定数记录表

<table>
<tr><td colspan="6">滤纸灰分______。</td></tr>
<tr><td>日期</td><td>θ_1(d)</td><td>坩埚编号</td><td>坩埚加滤纸质量(g)</td><td>坩埚、滤纸加污泥质量(g)</td><td>灼烧后质量(g)</td></tr>
<tr><td></td><td></td><td></td><td></td><td></td><td></td></tr>
<tr><td></td><td></td><td></td><td></td><td></td><td></td></tr>
<tr><td></td><td></td><td></td><td></td><td></td><td></td></tr>
</table>

【实验结果讨论】

(1) 试讨论泥龄对厌氧消化处理的影响。

(2) 根据实验结果讨论环境因素对厌氧消化的影响。

(3) 你认为厌氧消化池设计的主要参数是什么?为什么?

【注意事项】

(1) 为使实验装置不漏气,可用橡皮泥或聚四氟乙烯带等其他方法密封各接口。

(2) 每组宜做两个对比实验,一个为水力停留时间长于7 d,另一个为短于7 d,以观察pH、碱度、产气量、COD去除率的变化情况。停留时间短于7 d的装置可在实验开始后的10~20 d测定上述项目。

5.11 微塑料对农药的吸附实验

【实验目的】

塑料及其制品在工业、农业和日常生活中被广泛应用,大量塑料碎片被释放到环境中,造成严重的塑料污染问题。微塑料在全球范围内普遍存在,在海洋、湖泊、沉积物和土壤等环境介质中均有不同程度的检出,同时环境中微塑料的含量呈现不断增加的趋势。农药在农业生产过程广泛使用,长期大量的使用农药其污染及其危害极为严重大。聚乳酸(PLA)是可降解微塑料,氟虫腈是一种N-苯基吡唑类杀虫剂,具有杀虫广谱性。

通过本实验,希望达到以下目的:

(1) 掌握水溶液中微塑料与典型杀虫剂氟虫腈的吸附过程;

(2) 探讨微塑料理化性质对吸附作用的影响。

【实验原理】

微塑料由于其尺寸小、疏水性强,成为环境中众多有机污染物和重金属的理想载体,对污染物的迁移转化过程作用显著。单分子层吸附或疏水性作用是有机污染物在微塑料上的主要机理。

【实验设备与试剂】

(1) 实验设备

① 电子天平,1台;

② pH计,1台;

③ 恒温振荡器,1台;

④ 氮吹仪,1台;

⑤ 涡漩混合器,1台;

⑥ 台式离心机,1台;

⑦ 液质联用仪,1台。

(2) 试剂

氟虫腈、无水硫酸、氯化钠、氢氧化钠、氯化钙、盐酸、乙腈、甲醇、硫酸镁。

【实验步骤】

(1) 实验准备

为了保证实验的一致性，聚乳酸(PLA)在使用之前需过100～200目筛，使粒径处在75～150 μm。

(2) 氟虫腈标准曲线绘制

称取0.01 g氟虫腈标准品，用乙腈溶解，配制1 g/L的氟虫腈储备液。取一定量的储备液，分别用乙腈稀释成5 μg/L、10 μg/L、20 μg/L、50 μg/L、80 μg/L、100 μg/L、120 μg/L不同系列浓度的标准溶液，摇匀，上机测定。根据峰面积和浓度的关系进行线性回归拟合，得到氟虫腈的标准曲线。

(3) 吸附实验

称取0.01 g微塑料样品至20 mL棕色玻璃瓶中，加入10 mL含0.01 mol/L $CaCl_2$(pH=7.0)的背景溶液，然后加入一定体积氟虫腈溶液，使溶液中氟虫腈浓度为200 μg/L。之后将样品瓶置于恒温振荡器中(25 ℃、180 r/min)避光振荡。分别于1 h、2 h、5 h、10 h、15 h、20 h、30 h、40 h、50 h、60 h取样，将反应的样品过滤，取过滤液。

(4) 氟虫腈提取方法

取2 mL上清液于棕色瓶中，加入2 mL乙腈，涡旋30 s；然后加入1 g NaCl和1.5 g $MgSO_4$涡漩2 min后，放入高速离心机中离心5 min(1000 r/min，25 ℃)，取上层有机相储存在棕色进样瓶中，液相色谱仪测定溶液中氟虫腈的浓度。

(5) UPLC-MS/MS检测氟虫腈

用超高效液相色谱串联质谱仪(UPLC-MS)测定溶液中的氟虫腈。色谱柱为C18色谱柱(100 mm×2.1 mm，1.7 μm)；柱温：30 ℃；进样体积量：5 μm；流速：0.3 mL/min；运行时间：5 min，流动相为纯水和乙腈。外标法定量。质谱条件：毛细管电压为3.5 kV；离子源温度为150 ℃，去溶剂温度为400 ℃；去溶剂气和孔锥气均为高纯液氮，去溶剂气流速为800 L/h，锥孔气流速43 L/h；碰撞气为高纯氩气；多反应离子监测模式。氟虫腈的保留时间2.78 min，母离子m/z为435.2，子离子m/z分别为330.2和250.2，其中，m/z为250.2的子离子作为定量离子，锥孔电压为22 V，碰撞电压为18/28 V。

【实验结果整理】

$$\text{吸附效率}(\%)=\frac{C_0-C_e}{C_0}\times 100\% \tag{5.47}$$

式中，C_0为指溶液中氟虫腈的初始浓度，μg/L；C_e为指平衡时溶液中氟虫腈的浓度，μg/L。

【实验结果讨论】

(1) 讨论氟虫腈在微塑料上的吸附过程；

(2) 计算吸附平衡容量；

(3) 讨论微塑料对氟虫腈的吸附动力学机理；

(4) 微塑料对氟虫腈的吸附现象对生态环境有何影响?

5.12 酸性废水过滤中和实验

【实验目的】

在废水的国家排放标准中，规定pH为6～9，但工业废水的pH常超出此范围。例如，钢铁厂、机械制造厂、化工厂和化纤厂都排出酸性废水，印刷厂、金属加工厂和造纸厂等排出碱性废水，使废水的pH过高或过低。酸性废水具有腐蚀性，能腐蚀钢管、混凝土、纺织品等，能灼烧皮肤，还会改变环境介质的pH。如将酸性废水或碱性废水任意排放，将会污染水体、腐蚀管道、毁坏农作物或破坏污水生物处理系统的正常运行。无论是从数量还是从危害程度来看，酸性废水的处理比碱性废水更为重要。

通常把含酸量在3%～5%以上的高浓度含酸废水称为废酸液，对于废酸液，应考虑回收利用的可能性，如用扩散渗透法回收钢铁酸性废液中的硫酸。当酸浓度不高(低于3%)时，回收利用意义不大，可采用中和法处理。目前常用的中和方法有酸碱废水中和、药剂中和及过滤中和3种。过滤中和法具有设备简单、造价便宜、不需投加药剂、耐冲击负荷等优点，故在生产中应用很多。由于过滤中和时，废水在滤池中的停留时间、滤率与废水中酸的种类、浓度等有关，常常需要通过实验来确定滤率、滤料消耗量等参数，以便为工艺设计和运行管理提供依据。

通过本实验，希望达到以下目的：

(1) 了解滤率与酸性废水浓度、出水pH之间的关系；

(2) 掌握酸性废水过滤中和处理的原理与工艺；

(3) 了解鼓风曝气吹脱对去除水中游离CO_2的效果。

【实验原理】

酸性废水流过碱性滤料时与滤料进行中和反应的方法称为过滤中和法。过滤中和法与投药中和法相比，具有操作方便、运行费用低、劳动条件好及产生沉渣少(是废水量的0.5%)等优点，但不适于中和高浓度酸性废水。

工厂排放的酸性废水可分为3类：① 含有强酸(如HCl、HNO_3)，其钙盐易溶解于水；② 含有强酸(如H_2SO_4)，其钙盐难溶解于水；③ 含有弱酸(如CO_2、CH_3COOH)。

碱性滤料主要有石灰石、白云石和大理石等。其中石灰石和大理石的主要成分是$CaCO_3$，而白云石的主要成分是$CaCO_3 \cdot MgCO_3$。石灰石的来源较广，价格便宜，因而是最常用的碱性滤料。

中和第①类酸性废水，各种滤料均可采用，反应后生成易溶于水的盐类而不沉淀。但废水中酸的浓度不能过高，否则滤料消耗快，给处理造成一定的困难，其极限浓度为20 g/L。

中和第②类酸性废水时，如采用石灰石滤料，因反应后生成的钙盐难溶于水，会附着在滤料表面，阻碍滤料和酸的接触，减慢中和反应速率，因此极限浓度应根据实验确定，若无实验资料，可采用3 g/L。如用白云石滤料，由于生成的$MgSO_4$溶解度很大，产生的沉淀仅为石灰石的一半，因而废水中H_2SO_4浓度可采用5 g/L，但白云石反应速率较石灰石慢，这影响了它的应用。中和第③类酸性废水时，弱酸与碳酸盐反应速率很慢，滤速应适当减小。

当采用石灰石为滤料时，其中和反应方程式如下：

$$2HCl + CaCO_3 \longrightarrow CaCl_2 + H_2O + CO_2\uparrow$$

$$2HNO_3 + CaCO_3 \longrightarrow Ca(NO_3)_2 + H_2O + CO_2\uparrow$$

$$H_2SO_4 + CaCO_3 \longrightarrow CaSO_4\downarrow + H_2O + CO_2\uparrow$$

当H_2SO_4浓度在2～5 g/L范围内，用白云石作滤料时，反应式如下：

$$2H_2SO_4 + CaCO_3\cdot MgCO_3 \longrightarrow CaSO_4\downarrow + MgSO_4 + 2H_2O + 2CO_2\uparrow$$

过滤中和设备主要有重力式中和滤池、等速升流式膨胀中和滤池和变速升流式膨胀中和滤池3种。重力式普通中和滤池滤料粒径大（30～80 mm），滤速慢（小于5 m/h），故体积庞大，处理效果较差。等速升流式膨胀中和滤池滤料颗粒小（0.5～3 mm），滤速快（50～70 m/h），水流由下向上流动，使滤料互相碰撞摩擦，表面不断更新，故处理效果好，沉渣量也少，变速升流式膨胀中和滤池是一种倒锥形变速中和塔，滤料粒径为0.5～6 mm，下部的大滤料在大滤速条件下工作，上部滤料在小滤速条件下工作，从而使滤料层不同粒径的颗粒都能均匀地膨胀，因而大颗粒不结垢或少结垢，小颗粒不至于流失。变速升流式膨胀滤池的中和效果优于前两种滤池，但建造费用也较高。本实验采用等速升流式膨胀中和柱。当酸性废水浓度较高或滤率较大时，过滤中和后出流中含有大量的CO_2，使出水pH偏低（pH为5左右），此时，可用吹脱法去除CO_2，以提高pH。

【实验装置与设备】

(1) 实验装置

实验装置由吸水池、水泵、恒压高位水箱和石灰石过滤中和柱等组成，如图5.27所示。

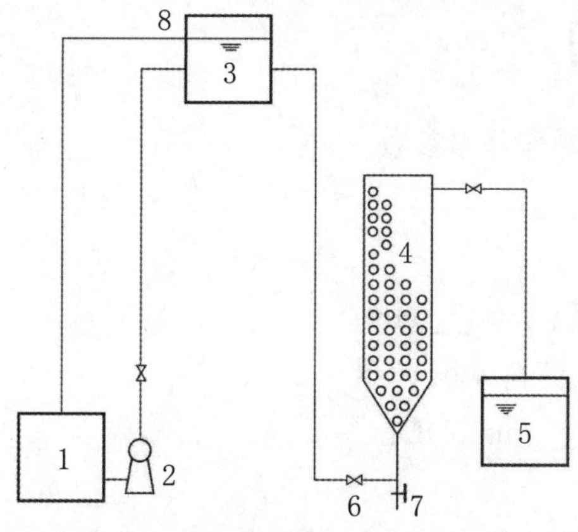

图5.27　过滤中和实验装置示意图

1. 吸水池；2. 水泵；3. 高位水箱；4. 过滤中和柱；5. 出水池；6. 控制阀；7. 放空阀；8. 溢流管

(2) 实验设备和仪器仪表

① 过滤中和柱:有机玻璃制,$H\times D$(内径)= 2 m×0.09 m,1根;

② 吸水池:硬塑料制,1 m(长)×1 m(宽)×1 m(高),1只;

③ 恒压高位水箱:硬塑料制,0.5 m(长)×0.25 m(宽)×0.25 m(高),1只;

④ 出水池:硬塑料制,0.3 m(长)×0.3 m(宽)×0.3 m(高),1只;

⑤ 空气压缩机:1台;

⑥ pH计:1台;

⑦ 量筒:1000 mL,1只;

⑧ 秒表:1块;

⑨ 塑料耐酸泵:1台;

⑩ 测定酸度和CO_2的仪器装置:各1套。

【实验步骤】

(1) 过滤中和

① 将颗粒直径为0.5～3 mm的石灰石装入中和柱,装料高度为0.8 m左右;

② 用工业硫酸或盐酸配制成一定浓度的酸性废水(各组配制的浓度应不同,范围在0.1%～0.3%),并取200 mL水样测定pH和酸度;

③ 启动水泵,将酸性废水提升到高位水箱;

④ 用旋塞调节流量,同时在出流管出口处用体积法测定流量,每组完成4个滤率的实验,建议滤率采用40 m/h、60 m/h、80 m/h、100 m/h,观察中和过程出现的现象;

⑤ 稳定5 min后,用250 mL具塞玻璃取样瓶取出水水样,测定每种滤率出水的pH和酸度,测定滤率为100 m/h时出水的游离CO_2。

(2) 吹脱实验

① 取滤速为100 m/h(pH为5左右)的出水1 L,用压缩空气鼓风曝气2～5 min;

② 用250 mL具塞玻璃取样瓶取吹脱CO_2后水样,测定pH、酸度和游离CO_2。

【实验结果整理】

(1) 记录实验设备及操作基本参数。

实验日期___年___月___日;

过滤中和柱:

直径d =___cm, 面积A =___cm^2;

滤料高度h =___m, 滤料体积V =___cm^3;

酸性废水浓度C_0 =____mmol/L;

pH =____ 。

(2) 过滤中和实验数据可参考表5.22记录。

表5.22　过滤中和实验数据记录表

流量测定	时间t(s或min)				
	体积V(L)				
	流量Q(L/min)				
滤率(Q/A)(m/h)					
pH					
酸度C_i(mmol/L)					
中和效率$\left(\frac{C_0-C_i}{C_0}\times 100\%\right)$(%)					
膨胀高度					

(3) 吹脱实验数据可参考表5.23记录。

表5.23　吹脱实验数据记录

项目名称	酸度(mmol/L)	pH	[CO_2](mg/L)
中和后出水			
吹脱后出水			
吹脱效率(%)			

【实验结果讨论】

(1) 根据实验说明过滤中和法的处理效果与哪些因素有关；

(2) 分析实验结果及实验中出现的现象；

(3) 拟定一个确定处理单位流量某浓度酸性废水所需要的滤料数量的实验方案。

【注意事项】

(1) 取中和和吹脱后出水水样时，应用瓶子取满水样，不留空隙，以免CO_2释出，影响测定结果；

(2) 学生人数较多时，可以安排部分学生做不同装料深度的同类实验，以观察石灰石滤床深度与滤率的关系。

5.13　Fenton法降解增塑剂实验

【实验目的】

邻苯二甲酸酯(phthalates，PAEs)是一类由邻苯二甲酸酐和特定的醇在催化剂作用下酯化而成的衍生物，由于其熔点低、沸点高，被广泛用作增塑剂、有机热载体，在玩具、食品包装材料、医用血袋和胶管、乙烯地板和壁纸、清洁剂、润滑油和个人护理用品的添加量很高。邻苯二甲酸二乙酯(diethyl phthalate,DEP)是其中常用组分物质,在塑料中添加量高达10%~60%。由于PAEs常年巨大的消费量,其残余物质持续地释放到环境中,加之PAEs难以被微生物降解,目前研究学者已在大气、水、底泥、土壤等环境介质以及生物组织、体液中广泛检测到PAEs的存在。长期接触PAEs可导致内分泌紊乱和生殖发育机能失常,甚至损害人和动物肝脏与肾脏,PAEs已经被列入各国和各类组织公布的环境激素名单中。如何有效地去除难生物降解环境浓度水平的PAEs已成为环境科学与技术领域的研究热点。Fenton氧化法在处理难降解有机污染物时具有独特的优势,通过H_2O_2产生羟基自由基(·OH)处理有机物的技术,是重要的高级氧化技术之一。

通过本实验,希望达到以下目的:

(1) 加深对Fenton技术理论的理解;

(2) 掌握DEP的测定;

(3) 分析Fenton各因素条件下DEP的降解规律。

【实验原理】

Fenton技术是H_2O_2在Fe^{2+}的催化作用下,生成具有高反应活性的羟基自由基(·OH),整个反应过程速度快、对污染物的选择性小,可将难降解有机物氧化成二氧化碳和水。涉及的主要反应方程如下:

$$Fe^{2+} + H_2O_2 \xrightarrow{k_{\cdot OH}} Fe^{3+} + \cdot OH + OH^-$$

【实验装置与设备】

(1) 实验装置

① pH计,1台;

② 电热恒温鼓风干燥箱,1台;

③ 高效液相色谱仪(HPLC),1台;

④ 紫外可见分光光度计,1台;

⑤ 真空抽滤装置,1套;

⑥ 回旋振荡器,1台;

⑦ 超纯水机,1台;

⑧ 超声波清洗机,1台;

⑨ 天平,1台;

⑩ 其他:三角烧瓶:250 mL;移液管:10 mL、25 mL、50 mL,各两支;滴定管:50 mL,1支;量筒:100 mL、1000 mL,各1个;容量瓶:500 mL,1个;试剂瓶:250 mL,1个;烧杯:500 mL,3个;150 mL,两个。

(2) 主要实验药剂

30%过氧化氢、氢氧化钠、邻苯二甲酸二乙酯、乙腈、甲醇(色谱纯)、七水合硫酸亚铁、硫酸。

(3) HPLC操作条件

采用等梯度洗脱方式，流动相为乙腈和超纯水(70/30，v/v)，色谱柱为C_{18}柱，流速为1.0 mL/min，进样体积为20 μL，测试波长为276 nm。

操作过程：流动相的配制(按照乙腈和超纯水(70/30，v/v)用抽滤装置过滤，超声机脱气)—样品处理(一次性注射器与滤头过滤装放在2 mL样品管中)—放置流动相—开机(仪器开关、计算机开关、联机进入LC solution界面)—系统排气(排气前手动开泵，自动排气，排气完关闭泵)—冲洗流路(用甲醇冲洗流路30 min)—设定分析方法(设定流动通道、流速、波长、方法文件)—进样分析(先测两组甲醇样，待稳定开始测样)—数据处理—工作完成后的必要维护(甲醇/水，2∶8冲洗1 h，再用甲醇保护柱冲洗10 min关机)。

【实验步骤】

准确移取一定量的DEP，用硫酸和氢氧化钠调节溶液的pH，加1 mL Fe^{2+}溶液、1 mL H_2O_2，开始计时按点取样，每次取2 mL到离心管，用0.5 mL甲醇终止反应，用针管吸1 mL过0.45 μm滤膜，随后对该样品进行检测。本研究通过单因素实验(H_2O_2投加量、Fe^{2+}投加量、溶液的pH、DEP初始浓度)来确定Fenton法去除DEP的最佳反应条件。DEP溶液为超纯水配置，取样时间为0 min、2 min、6 min、9 min、15 min、20 min、30 min。

① DEP初始浓度为0.05 mmol/L，Fe^{2+}投加浓度为0.1 mmol/L，溶液的初始pH为3.0，氧化反应时间30 min，H_2O_2投加浓度分别为0.1 mmol/L、0.25 mmol/L、0.5 mmol/L、0.75 mmol/L、1 mmol/L的条件下，探究不同H_2O_2浓度对DEP降解的影响。

② DEP初始浓度为0.05 mmol/L，H_2O_2投加浓度为0.5 mmol/L，溶液的初始pH为3.0，氧化反应时间30 min，Fe^{2+}投加浓度分别是0.05 mmol/L、0.07 mmol/L、0.1 mmol/L、0.25 mmol/L，0.5 mmol/L的条件下，探究不同Fe^{2+}浓度对DEP降解的影响。

③ DEP初始浓度为0.05 mmol/L，Fe^{2+}投加浓度为0.1 mmol/L，H_2O_2浓度0.5 mmol/L，氧化反应时间30 min，溶液pH分别为2.0、3.0、5.0、7.0、9.0，探究不同pH对DEP降解的影响。

④ Fe^{2+}投加浓度为0.1 mmol/L，H_2O_2浓度0.5 mmol/L，氧化反应时间30 min，溶液pH为3.0，DEP初始浓度分别为0.01 mmol/L、0.02 mmol/L、0.04 mmol/L、0.05 mmol/L、0.07 mmol/L，探究DEP初始浓度对DEP降解的影响。

【实验结果整理】

(1) HPLC测定实验结果整理

DEP的去除效率按照下式进行计算：

$$\eta_t=\frac{C_0-C_t}{C_0}\times 100\% \tag{5.48}$$

式中，C_0为Fenton开始前DEP的浓度，mmol/L；C_t为t时刻DEP的浓度，mmol/L；η_t为t时

刻DEP的去除效率,%。

(2) 实验结果整理

① 实验测得的各数据建议按照表5.24~表5.28填写。

表5.24 DEP的标准曲线实验记录表

实验日期___年__月__日。

DEP浓度(mmol/L)	0.01	0.015	0.03	0.07	0.08	0.5
丰度						

表5.25 不同H_2O_2浓度,DEP的吸光度实验记录表

实验日期___年__月__日。

DEP浓度____ mmol/L,Fe^{2+}浓度____ mmol/L,pH___。

时间(min)	H_2O_2 浓度				
	0.1 mmol/L	0.25 mmol/L	0.5 mmol/L	0.75 mmol/L	1 mmol/L
0					
2					
6					
9					
15					
20					
30					

表5.26 不同Fe^{2+}浓度,DEP的吸光度实验记录表

实验日期___年__月__日。

DEP浓度____ mmol/L,H_2O_2浓度____ mmol/L,pH___。

时间(min)	Fe^{2+} 浓度				
	0.05 mmol/L	0.07 mmol/L	0.1 mmol/L	0.25 mmol/L	0.5 mmol/L
0					
2					
6					
9					
15					
20					
30					

表5.27 不同pH浓度,DEP的吸光度实验记录表

实验日期___年__月__日。

DEP浓度____ mmol/L,H_2O_2浓度____ mmol/L,Fe^{2+}浓度____ mmol/L。

时间(min)	pH 浓度				
	2.0	3.0	5.0	7.0	9.0
0					

续表

时间(min)	pH　浓　度				
	2.0	3.0	5.0	7.0	9.0
2					
6					
9					
15					
20					
30					

表5.28　不同DEP浓度,DEP的吸光度实验记录表

实验日期___年___月___日。

Fe^{2+}浓度___mmol/L，H_2O_2浓度____ mmol/L，pH___。

时间(min)	DEP　浓　度				
	0.01 mmol/L	0.02 mmol/L	0.04 mmol/L	0.05 mmol/L	0.07 mmol/L
0					
2					
6					
9					
15					
20					
30					

【实验结果讨论】

探讨Fenton体系中,H_2O_2浓度、Fe^{2+}浓度、pH、DEP初始浓度对DEP降解的影响。

5.14　废水中铜的回收实验

【实验目的】

铜矿的开采、铜的冶炼、铜盐的电解、铜材的加工、铜化合物的生产和应用等过程都会排放大量的含铜废水。回收铜的方法很多,常用的有沉淀法、离子交换法等。本实验是从印刷线路烂板液中回收铜,因铜含量高,水量少,所以采用沉淀法回收铜。

通过本实验,希望达到以下目的:

(1) 了解沉淀法处理重金属的基本原理;

(2) 了解重金属废水处理和利用的一般方法;

(3) 掌握沉淀法回收铜的基本操作;

(4) 学会设计沉淀法回收铜的实验方案。

【实验原理】

在无线电工业上,印刷线路常利用三氯化铁溶液来刻蚀铜,其反应式如下:

$$2Fe^{3+} + Cu \rightleftharpoons 2Fe^{2+} + Cu^{2+}$$

铜板上需要去掉的部分,在三氯化铁溶液的作用下,Cu转为Cu^{2+}而溶解掉。因此,印刷线路的废液是由$CuCl_2$-HCl组成,废液的量不多,但$CuCl_2$的浓度较高,有回收利用价值,制得的Cu_2Cl_2被用在有机合成上作催化剂。

本实验依据铜的化学性质,通过加铁粉还原二价铜为铜粉和一价铜,再利用一价铜的歧化反应,加入铜粉,使二价铜全部还原成一价铜(Cu_2Cl_2白色沉淀)。为使反应朝Cu_2C1_2沉淀方向进行,加入氯化钠,使溶液保持足够的Cl^-浓度。

有关反应式如下:

$$3Cu^{2+} + 2Fe \rightleftharpoons Cu + 2Cu^{+} + 2Fe^{2+}$$

$$2Cu^{+} \rightleftharpoons Cu^{2+} + Cu$$

$$Cu^{2+} + 2Cl^{-} + Cu \rightleftharpoons Cu_2Cl_2\downarrow$$

$$Cu_2O + H_2SO_4(稀) \rightleftharpoons CuSO_4 + Cu + H_2O$$

$$2Cu^{2+} + SO_3{}^{2-} + 2Cl^{-} + H_2O \rightleftharpoons Cu_2Cl_2\downarrow + SO_4{}^{2-} + 2H^{+}$$

【实验装置与试剂】

(1) 实验装置

① 恒温加热磁力搅拌器,1套;

② 抽滤装置,1套;

③ 其他:10 mL试管、250 mL烧杯、50 mL烧杯、100 mL量筒、滴管等;

(2) 试剂

① $CuCl_2$-HCl废液:自配废液,其中$CuCl_2$浓度为200 g/L,HCl浓度为130 g/L;

② Fe粉或Fe屑;

③ 碳酸钠(含10个结晶水);

④ 3%的硫酸;

⑤ 亚硫酸钠。

【实验步骤】

① 用量筒量取60 mL$CuCl_2$-HC1废液,放入250 mL的烧杯中,加入60 mL水稀释;

② 加入$Na_2CO_3 \cdot 10H_2O$约10 g，直至HCl被中和完；

③ 加热到约80 ℃，边加热边搅拌，分批慢慢加入9 g左右的铁粉（注意：防止溶液溢出烧杯），直到溶液颜色变浅绿色，并取1～2滴上清液滴入盛有1 mL水的小试管中，无白色沉淀方可停止加入铁粉；

④ 抽滤，将滤渣移到原烧杯中，加10 mL水和3％的硫酸25 mL，加热直到无细小气泡产生，抽滤，洗涤滤渣数次，得到红棕色铜粉备用；

⑤ 用量筒量取40 mL $CuCl_2$-HCl废液，放入250 mL烧杯中，加40 mL水稀释，加入$Na_2CO_3 \cdot 10H_2O$约10 g，直到HCl完全中和；

⑥ 放入上述铜粉，加热到约80 ℃，在边加热边搅拌下，分批慢慢加入10 g左右NaCl，至溶液呈浅棕色；

⑦ 抽滤，滤渣铜粉回收，滤液倒入已加有1 g Na_2SO_3和2 mL浓HCl的1 L水中，搅拌后抽滤，即得到Cu_2Cl_2的白色沉淀；

⑧ 将白色沉淀转移到小烧杯里，放入干燥器内，24 h后称重。

【实验结果整理】

用下式计算回收率：

$$回收率=\frac{m_1}{m_2}\times 100\% \tag{5.49}$$

式中，m_1为白色沉淀的质量，g；m_2为原样本溶液$CuCl_2$折算后的质量，g。

【实验结果讨论】

(1) 除了本实验介绍的操作方法，还有哪些方法可制备氯化亚铜？

(2) 本实验操作中要注意什么？

5.15　高锰酸钾处理水体中四环素实验

【实验目的】

四环素是四环素类抗生素家族中的重要成员，因其具有广谱抗菌活性，常用于人类医疗和畜牧养殖，这使其成为世界上应用十分广泛的抗生素。与其他抗生素类似，四环素也不能完全被人和动物生物代谢，即约占摄入体内总量75％的四环素仍以母体分子结构通过粪便和尿液排出体外。从来源可知，水体中残留的四环素主要来源于四环素工业废水、养殖废水、医疗废弃物等。四环素工业废水主要是指四环素生产工艺中排放的反应母液、工艺废水等，因其含有大量抑菌作用的四环素及中间代谢产物，该类废水可生化性差，具有一定的生物毒性。目前国内外对该类废水研究的报道相对较少且处理技术不够成熟,大部分废弃物被排放到环境中。环境中残留的四环素会通过地表径流和淋溶等途径进入地表水、地下水甚至饮用水中。此外,残留的四环素一方面可能导致细菌耐药性的增加,引起生态破坏;另一方面通过食物链的生物积累威胁人类健康。同时,由于四环素自身的抗菌特性,难以通过传统生物处理技术完全将其去除。因此,迫切需要开发一种便捷可靠的方法来处理废水中残留的四环素。高锰酸钾是水处理应用中常见的氧化剂,有着其他氧化方法无法比拟的优势,其在使用过程中投加与检测比较方便,投入资金少。

通过本实验,希望达到以下目的:

(1) 了解高锰酸钾降解四环素的机理;

(2) 提出一种实际生产中对四环素废水的处理方法。

【实验原理】

高锰酸钾($KMnO_4$)是一种紫红色晶体,在酸性条件下具有极强的氧化能力,在中性和碱性条件下的氧化能力稍差,但是仍然具有不错的氧化能力,可使用的pH范围较大。高锰酸钾在酸性条件下氧化还原标准电位E_0=1.51(V),生成Mn^{2+},Mn由+7价降为+2价;在中性条件或弱酸弱碱条件下产生MnO_2,氧化还原标准电位$E_0 = 0.58$ V;在碱性条件下产生MnO_4^{2-}氧化还原标准电位$E_0 = 0.56$ V:

$$MnO_4^- + 8H^+ + 5e^- \longrightarrow Mn^{2+} + 4H_2O$$

$$MnO_4^- + 2H_2O + 3e^- \longrightarrow MnO^{2+} + 4OH^-$$

$$MnO_4^- + e^- \longrightarrow MnO_4^{2-}$$

【实验装置与设备】

① 集热式恒温加热磁力搅拌器,1台;

② pH计,1台;

③ 电热鼓风干燥箱,1台;

④ 数显恒温水浴锅,1台;

⑤ 分析仪器:样品瓶、三角烧瓶、移液枪、量筒、容量瓶、试剂瓶、烧杯、0.22 μm的水系滤头、0.45 μm的滤膜、布氏漏斗、15 mL的注射器和粗针头。

【实验步骤】

(1) 氧化剂高锰酸钾配制储备液为0.02 mol/L,每次配制后均由草酸钠滴定;四环素(TC)储备液配制放入冰箱避光储存4 ℃低温储存。

(2) 取150 mL锥形瓶,加入蒸馏水,将其置于集热式恒温加热磁力搅拌器中,T = 25 ℃开启搅拌功能,加入适量体积的四环素储备液,使得$[TC]_0$ = 5 μmol/L、10 μmol/L、

15 μmol/L、20 μmol/L，可利用配好的酸碱溶液适当调节溶液pH = 6.0 ± 0.2。

(3) 将一定量的高锰酸钾加入锥形瓶中，使得$[KMnO_4]_0$ = 50 μmol/L，开始计时。反应在设定的时间2 min、5 min、10 min、15 min、20 min取样，每次取样羟胺终止反应，样品使用0.22 μm滤头过滤，超高效液相测定溶液中的四环素浓度，最后对所得数据进行分析讨论。

(4) 高效液相检测实验中四环素的浓度，色谱柱采用HSS C18(2.1 mm×100 mm，1.8 μm)柱。配制一定浓度的四环素溶液并保持与体系中相同浓度的背景物质，装入2 mL的液相小瓶中测样。超高效液相的流动相比例是乙腈∶甲酸(pH=2)为20∶80，采用流速0.25 mL/min，等梯度进样方法，进样体积10 μL，采用UV检测器，检测波长为355 nm，柱温30 ℃，四环素的保留时间约为2.4 min。

【实验结果整理】

伪一级动力学方程对实验数据进行拟合，并比较不同反应条件下高锰酸钾对四环素的去除速率。

$$\ln(C/C_0) = -k_{obs}t \tag{5.50}$$

式中，k_{obs}为表观速率常数，min^{-1}；C为时间t测得污染物浓度，μmol/L；C_0为初始时间的污染物浓度，μmol/L。

【实验结果讨论】

(1) 高锰酸钾配制储备液为什么不能直接使用？

(2) 在高锰酸钾作为氧化剂的氧化还原反应中，中性条件下高锰酸钾被还原为产物是什么？可以用于环境中哪类污染物的去除？

(3) 液相色谱使用过程中，注意事项包含哪些？

5.16　氯消毒实验

【实验目的】

经过混凝、沉淀或澄清、过滤等水质净化过程，水中大部分悬浮物质已被去除，但还有一定数量的微生物(包括对人体有害的病原菌)仍留在水中，常采用消毒的方法来杀死这些致病微生物。水的消毒方法有很多，目前采用较多的是氯消毒法。氯消毒是指应用氯或含有效氯化合物对饮用水、生活污水和工业废水以及游泳池中的水进行消毒，以杀灭其中的病原体。本实验针对有细菌、氨氮存在的水源，采用氯消毒的方法。

通过本实验，希望达到以下目的：

(1) 了解氯消毒的基本原理；

(2) 掌握加氯量、需氯量的计算方法;

(3) 掌握氯氨消毒的基本方法。

【实验原理】

氯气和漂白粉加入水中后发生如下反应:

$$Cl_2 + H_2O = HClO + HCl$$

$$Ca(ClO)_2 + 2H_2O = Ca(OH)_2 + 2HClO$$

起消毒作用的主要是HClO。

如果水中没有细菌、氨、有机物和还原性物质,则投加在水中的氯全部以自由氯形式存在,且余氯量等于加氯量。

由于水中存在有机物及相当数量的含氮化合物,它们的性质很不稳定,常发生化学反应而逐渐转变为氨,氨在水中呈游离状态或以铵盐的形式存在。

加氯后,氯和氨生成“结合性”氯,同样也起消毒作用。根据水中氨的含量、pH的高低及加氯量的多少,加氯量与剩余氯量的关系曲线将出现4个阶段,即4个区间,如图5.28所示。

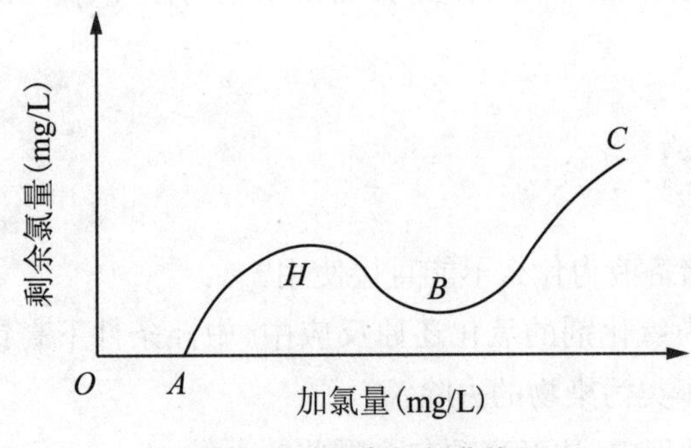

图5.28　折点加氯曲线

第1区间(*OA*段),余氯为0,投加的氯均消耗在氧化有机物上了。加氯量等于需氯量,消毒效果是不可靠的。当加氯量增加后,水中有机物逐渐被氧化殆尽,出现了结合性余氯,即第2区间(*AH*段)。其反应式如下:

$$NH_3 + HClO = NH_2Cl + H_2O$$

$$NH_2Cl + HClO = NHCl_2 + H_2O$$

氨与氯全部生成NH_2Cl,则投加氯气用量是氨的4.2倍。水中的pH小于6.5时,主要生成$NHCl_2$,所以需要的氯气将成倍增加。

继续加氯,便进入了第3区间(*HB*段)。投加的氯不仅能生成$NHCl_2$、NCl_3,还会发生下列反应:

$$2NH_2Cl + HClO = N_2\uparrow + 3HCl + H_2O$$

结果是氯氨被氧化为一些不起消毒作用的化合物,余氯逐渐减少,最后到达最低的折点*B*。当结合性氯全部消耗完后,如果水中有余氯存在,则是游离性余氯。针对含有氨氮的水源,加氯量超过折点时的加氯称为折点加氯或过量加氯。

【实验装置、设备与药剂】

(1) 实验装置

本实验所用实验装置为搅拌机。

(2) 实验设备和仪器仪表。

① 水样调配箱：硬塑料板焊制，0.5 m(长) × 0.5 m(宽) × 0.6 m(高)，1个。

② 目视比色仪，1台。

③ 氨氮标准色盘，1块。

④ 余氯标准色盘，1块。

⑤ 其他器皿：50 mL比色管，10根；1、5、10 mL移液管，各1支；10 mL量筒，1只；800 mL蒸馏瓶，1只；冷凝管，1支；1000 mL容量瓶，1只；1000 mL烧杯，8只。

(3) 主要实验药剂

① 碘化汞钾碱性溶液(又称纳氏溶液)：1000 mL；

② 无氨蒸馏水：2000 mL；

③ 酒石酸钾钠溶液：200 mL；

④ 10%硫酸锌溶液：1000 mL；

⑤ 50%氢氧化钠溶液：100 mL；

⑥ 联邻甲苯胺溶液：1000 mL；

⑦ 5%亚砷酸钠溶液：1000 mL。

【实验步骤】

(1) 取天然河水或自来水10 kg，配成氨氮浓度约0.5 mg/L的溶液。取50 mL水样于50 mL比色管中，加酒石酸钾钠1 mL，纳氏试剂1 mL，混合均匀放置10 min后进行比色，测出水中氨氮浓度。

(2) 称取漂白粉3 g，置于100 mL蒸馏水中溶解，然后稀释至1000 mL。取此漂白粉溶液1 mL，稀释100倍后加联邻甲苯胺5 mL，摇匀，用余氯标准色盘进行比色，测出含氯量。

(3) 用8个1000 mL的烧杯各装入含氨氮水样1000 mL，置于混合搅拌机上。

(4) 从1号烧杯开始，各烧杯依次加入漂白粉溶液1 mL、2 mL、3 mL、4 mL、5 mL、6 mL、7 mL、8 mL。

(5) 启动搅拌机快速搅拌1 min，转速为300 r/min；慢速搅拌10 min，转速为100 r/min。

(6) 取3支50 mL的比色管，标明A、B、C。

(7) 用移液管向A管中加入2.5 mL联邻甲苯胺溶液，再加水样至刻度。在5 s内，迅速加入2.5 mL亚砷酸钠溶液，混匀后立刻与余氯标准色盘比色，记录结果(A)。A代表游离性余氯与干扰物迅速混合后产生的颜色所对应的浓度。

(8) 用移液管向B管中加入2.5 mL亚砷酸钠溶液，再加水样至刻度，立刻混匀。再用移液管加入2.5 mL联邻甲苯胺溶液，混匀后立刻与余氯标准色盘比色，记录结果(B_1)。相隔

5 min后再与余氯标准色盘比色，记录结果(B_2)。B_1代表干扰物迅速混合后产生的颜色所对应的浓度，B_2代表干扰物质经混合5 min后产生的颜色所对应的浓度。

(9) 用移液管向C管中加入2.5 mL联邻甲苯胺溶液，再加水样至刻度。混合后静置5 min，与余氯标准色盘比色，记录结果(C)。C代表总余氯及干扰物质混合5 min后产生的颜色所对应的浓度。

(10) 步骤(7)~(9)所测定的水样为1号烧杯中水样。

(11) 按步骤(6)~(9)依次测定2~8号烧杯中水样的余氯量。

【实验结果整理】

(1) 实验测得的各项数据可参考表5.29进行记录。

表5.29 消毒(折点加氯)实验记录表

实验日期___年___月___日，第___小组，姓名____。

原水水温____℃，含氨氮量 ____ mg/L，漂白粉溶液含氯量___mg/L。

水样编号		1	2	3	4	5	6	7	8
漂白粉溶液投加量(mL)									
水样含氯量(mg/L)									
比色测定结果	A								
	B_1								
	B_2								
	C								
余氯计算	总余氯($D=C-B_2$)(mg/L)								
	游离余氯($E=A-B_1$)(mg/L)								
	化合态余氯($D-E$)(mg/L)								

(2) 根据加氯量和余氯量绘制二者的关系曲线。

【实验结果讨论】

(1) 根据加氯曲线和余氯计算结果，说明各区余氯存在的形式和原因。

(2) 你绘制的加氯曲线有无折点？如果无折点，请说明原因。如果有折点，则折点处余氯是何种形式？

【注意事项】

(1) 在测定水样氨氮含量时，如果水样混浊或颜色较深，可取100 mL水样放在250 mL烧杯中，加1 mL硫酸锌溶液及0.5 mL 50%的氢氧化钠溶液，混合均匀，静置片刻，待沉淀后取上清液于50 mL比色管进行比色测定。

(2) 在测定余氯时，使用50 mL比色管，加2.5 mL联邻甲苯胺溶液。用其他容积的比色管，则每10 mL水样加0.5 mL联邻甲苯胺溶液。

(3) 比色测定应在光线均匀的地方或灯光下进行，不可在阳光直射下进行。

(4) 如果测定余氯的水样具有色度，可在比色盘下面一支比色管内用水样代替蒸馏水陪衬。

(5) 由于水样氨氮、余氯的测定比较复杂，学生在实验前，原水样氨氮含量可由实验室人员测定好，加氯量也由指导老师事先计算好。学生可仅测定投加漂白粉后水中的余氯，并且每组可仅测定一两只烧杯中的余氯。

5.17　人工湿地去除大肠杆菌实验

【实验目的】

人工湿地系统是指由人为因素形成的湿地。主要利用土壤、人工介质、植物、微生物的物理、化学、生物三重协同作用，对污水、污泥进行处理的一种技术。人工湿地系统比较适合于处理水量不大、水质变化不很大、管理水平不很高的城镇污水，如我国农村中、小城镇的污水处理。污水中病原微生物是传播疾病的主要媒介，由受污染水引发的疾病占全球疾病发病率为5.7%，占全世界死亡率达4%。大肠杆菌(*Escherichia coli*,*E.coli*)在自然界中分布广泛，凡有哺乳动物和禽类活动的地方，其空气、水源和土壤中均有该菌存在的可能。大肠杆菌是存在于人和动物肠道中的正常菌群之一，属于条件致病菌。大肠杆菌O157:H7是肠出血性大肠杆菌主要病原血清型，可引起腹泻、出血性肠炎，极易继发溶血性尿毒综合症和血栓性血小板减少性紫癜两种严重并发症，死亡率较高。禽大肠杆菌病是由致病性大肠杆菌的某些致病性血清型所引起的一种原发性或继发性疾病，临床上常表现为气囊炎、腹膜炎、急性败血症和出血性肠炎等症状。

通过本实验，希望达到以下目的：

(1) 掌握人工湿地去除大肠杆菌的机理；

(2) 掌握人工湿地去除大肠杆菌的去除效率的计算方法。

【实验原理】

人工湿地(constructed wetland)是人对自然湿地系统的模拟，利用生态的方法来去除污染物，以达到净化污水的目的。人工湿地根据自然湿地生态系统中物理、化学和生物的3重共同作用来实现对污水的净化，这种湿地系统是在一定长宽比及底面有坡度的洼地中，由土壤和填料(如卵石等)混合组成填料床，污水可以在床体的填料缝隙中曲折地流动，或在床体表面流动。在床体的表面种植具有处理性能好、成活率高的水生植物(如芦苇、凤眼莲等)，形成一个独特的动植物生态环境，来对污水进行处理。人工湿地可以促进污水的循环和再生,使污水中所含污染物质以作物生产的形式再利用或直接去除。

【实验材料及装置】

① 生活污水;

② 酸度计;

③ 土柱填料:石英砂、无烟煤、旱地土;

④ 实验装置:圆柱形土柱及土柱支撑架、BT100-1F (DG-2六滚轮)、蠕动泵布水系统,土柱底端垫3 cm厚粗砂石以防止填料渗漏。实验装置具体如图5.29所示。

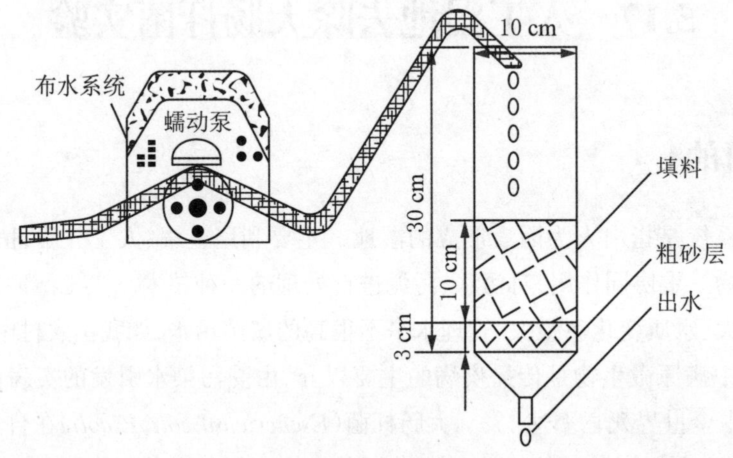

图5.29 实验装置示意

【实验步骤】

取过筛后颗粒粒径为1~2 mm旱地土、无烟煤和石英砂适量,用无菌水清洗无烟煤和石英砂晾干,然后分别将旱地土、无烟煤和石英砂放入105 ℃烘箱2 h(去除填料中原有微生物)。取出冷却后将其分别装入土柱中,添加高度为10 cm。取含大肠杆菌的生活污水60 L,摇匀后用灭菌取样瓶取100 mL,采用酶底物法测定大肠杆菌浓度。之后将取回的生活污水分成3份各20 L,利用酸度计和配置好的弱酸、弱碱溶液将其pH分别调至6.0、7.0、8.0(由于酸碱加入量不多,忽略其对大肠杆菌浓度变化),通过蠕动泵控制流量(10 mL/min、20 mL/min、30 mL/min)分别经过土柱填料旱地土、无烟煤、石英砂渗滤,待出水充分,用灭菌取样瓶取100 mL测出水中大肠杆菌含量。采用酶底物法测定水样大肠杆菌(参考国家环境保护标准HJ 1001—2018)。

【实验结果讨论】

大肠杆菌的去除效率按照下式进行计算:

$$\eta=\frac{N_0-N_e}{N_0}\times 100\% \tag{5.52}$$

式中，N_0为进水中大肠杆菌的数值；N_e为出水中大肠杆菌的数值；η为大肠杆菌的去除效率，%。

【思考题】

(1) 人工湿地去除大肠杆菌的机理是什么？

(2) pH偏高或偏低如何影响大肠杆菌的生存？

5.18　压裂返排废液污染特征评价及处理实验

【实验目的】

压裂返排液是在页岩气、致密气等油气开采中产生的一种废水，其处理一直是油气行业面临的重要难题。压裂返排液是在页岩气、致密气等非常规油气开采中使用的压裂液回流的产物。压裂液是一种由水、添加剂和砂粒组成的混合物，在注入地下岩层中产生压力，破裂岩石形成裂缝以释放油气。而压裂返排液则是压裂液在压裂作业结束后，由井口回流到地面所形成的废水。压裂返排液是由油气井的产能和开采压力差异导致压裂液回流至地面形成的。在压裂作业期间，压力将压裂液推入岩石裂缝中，但一旦压力降低，地下岩石裂缝中的压裂液会受到地层的逆渗流作用，部分压裂液会回流至井口，形成压裂返排液。压裂返排液处理的难点包括复杂组分、高含固率。压裂返排液中含有大量的悬浮物、溶解物和有机物，化学成分复杂，难以处理。同时，压裂返排液中砂粒和颗粒物质含量较高，容易导致设备堵塞和磨损。此外，压裂返排液可能含有有害物质和放射性元素，对环境造成潜在风险，要求处理过程严格遵循环保标准。压裂返排液的处理对环境保护和可持续发展至关重要。通过采用适当的处理工艺和技术，可以实现压裂返排液的无害化处理和资源化利用，为油气行业的可持续发展做出贡献。

通过本实验，希望达到以下目的：

(1) 了解压裂返排废液的水质特点及污染特征；

(2) 了解压裂返排废液的处理工艺流程；

(3) 研究和探讨化学氧化对压裂返排废液的处理效果。

【实验原理】

(1) 压裂返排废液的水质特点及污染特征

① 压裂返排废液主要污染指标的检测：色度采用稀释倍数法(GB/T 11914—89)；pH：酸度计法(GB/T 6920—86)；CODr：重铬酸钾法(GB 11914—89)；石油类：红外分光光度法(GB/T 16488—1996)。

② 压裂返排废液单项污染物的评价，按照综合污水排放标准(GB 8978—1996)，计算各单项污染物的超标倍数。

(2) 压裂返排废液的处理工艺

根据压裂返排液的特点，目前国内对压裂返排液处理工艺主要采取以下方法：

① 焚烧：将酸化压裂作业后的一部分残酸焚烧，是将高浓度有机物废液在高温下进行氧化分解，使有机物转化为水、二氧化碳等无害物质；该方法可控制废水污染物排放，但可能会产生大气二次污染。

② 残酸池储存：作业后将残酸中和并储存在残酸池中。

③ 同废弃钻井泥浆一起固化，然后填埋。

④ 回注：部分作业废水经处理后，输至注水站回注地层。

⑤ 不同处理单元过程的组合，废水无害化处理后排放。如图5.30所示，利用压裂返排废液可生化性强的特点，将化学混凝、微电解氧化、化学吸附、生物氧化等不同处理单元进行组合，开发出压裂返排废液无害化处理工艺。

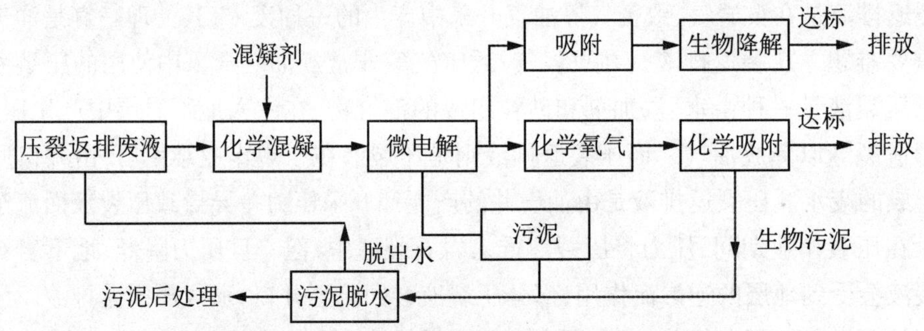

图5.30 压裂返排废液处理工艺流程示意图

(3) 压裂返排废液微电解处理效果评价

微电解法又常称为内电解法，利用金属铁和焦炭在电解质溶液的接触下，以低电位点为正极(阳极)，发生铁的溶解：

$$Fe = Fe^{2+} + 2e^-$$

有多余的电子从负极(阴极) 转移，且在正极放电：

$$2H^+ + 2e^- = H_2 或 O_2 + 2H_2O + 4e = 4OH^-$$

在中性或偏酸性的环境中，铁电极本身及其所产生的新生原子态[H]、Fe^{2+}等均能与废水中许多组分发生氧化还原反应，破坏废水中有机物质的结构，将大分子分解为小分子，使废水的可生化性大幅度提高，为进一步的生化处理提供了条件。同时，铁与碳之间形成一个个小的原电池，在其周围产生一个电场，废水中存在着稳定的胶体，当这些胶体处于电场下将产生电泳作用而向两极做定向移动，迁移到电极上而沉降。

【实验装置和仪器】

① pH计，1台；

② COD测定装置,1套;

③ 红外油分析仪,1台;

④ 比色管,1套;

⑤ 微电解实验装置:直径为60 mm×5 mm,长为270 mm的有机玻璃柱。选用60~80目的铁屑和焦炭,实验中铁屑和焦炭按1∶1(体积比)均混合。

【实验步骤】

(1) 采集油气田现场的压裂返排废液,参照检测标准(GB 11903—89、HJ 1147—2020、HJ 828—2017、HJ 637—2012),检测分析压裂返排废液的污染指标:色度、pH、CODcr、石油类;计算各单污染物的超标倍数。

(2) 铁屑和焦炭混合物,铁屑和焦炭用1%~3%的稀盐酸活化1 h,洗净烘干后装入有机玻璃柱。

(3) 按5000~9000 mg/L投加量,用PAC对压裂返排废液进行混凝预处理,取沉降后的上澄清液作为微电解实验的水样。

(4) 取混凝后的清液,调节pH为3~4,水样从玻璃柱的上端进入,柱底流出,用阀门控制流速,并调节过柱停留时间。

(5) 取不同停留时间出水,测定pH与CODcr。

【实验结果整理】

(1) 实验记录表如表5.30所示。

表5.30　压裂返排废液实验记录表

第_____组,姓名________,学号________,实验日期________。

项目	色度/倍	pH	COD(mg/L)	石油类(mg/L)
压裂返排废液				
GB8978—1996一级标准				
超标倍数				

混凝预处理后压裂返排废液水质:COD______ mg/L,色度 ______。

实验编号	1	2	3	4	5	6	7
微电解柱停留时间(min)							
出水pH							
出水COD(mg/L)							
COD去除率(%)							
水色							

(2) 数据处理

① 根据压裂返排废液污染指标监测数据,计算其超标倍数;

② 在同一个坐标下,绘制微电解柱停留反应时间与COD去除率关系曲线。

【实验结果讨论】

(1) 结合压裂返排废液检测数据,讨论其污染特征;

(2) 讨论分析微电解对压裂返排废液作用效果,同时观察分析微电解反应对出水色度的影响;

(3) 分析微电解出水pH如何变化的原因。

【注意事项】

(1) 压裂返排废液中氯离子含量较高,COD测定时避免氯离子的干扰;

(2) 微电解填料需要活化后使用,实验完后应将填料取出,洗净烘干后密闭储存。

5.19 高级氧化法降解垃圾渗滤液中溶解性有机质实验

【实验目的】

溶解性有机质(dissolved organic matter,DOM)是由一类成分复杂的非均质混合物组成的,包含腐殖质稳定组分和氨基酸、甾醇、脂肪酸、烃类等不稳定组分。DOM含有—OH,$-NH_2$,C=O和—COOH等活性官能团,通过氢键、电荷转移、范德华力、配位体交换、疏水分配、共价键结合、螯合等增强或抑制有机物在水中的存在形式和生物有效性,对有机污染物质的毒性、迁移转化以及生物降解性等有着重要影响。垃圾渗滤液中DOM在有机质总量中所占比例较大,是造成渗滤液生化处理出水COD较高的主要原因。因此,如何有效去除渗滤液中的DOM是渗滤液处理达标排放的关键。Fenton技术属于一种高级氧化技术,能产生活性极强的羟基自由基(·OH),反应速度快、选择性小,能快速氧化复杂渗滤液中的有机物和微量有毒物质,改变某些有机物的形态和结构,兼具脱色除臭的效果。

通过本实验,希望达到以下目的:

(1) 加深对Fenton基本理论的理解;

(2) 学会溶解性有机质的测定;

(3) 分析不同初始pH、过氧化氢投加量、亚铁投加量条件下垃圾渗滤液中DOM的变化规律。

【实验原理】

目前公认的Fenton反应机理是Fenton试剂通过催化产生羟基自由基(·OH)从而降解

目标污染物。

$$Fe^{2+} + H_2O_2 \longrightarrow Fe^{3+} + OH^- + \cdot OH$$

【实验设备与试剂】

(1) 试剂

双氧水(30%)、七水·硫酸亚铁($FeSO_4 \cdot 7H_2O$)、氢氧化钠、浓硫酸、无水硫酸钠,所有试剂为分析纯。

(2) 实验设备

① pH计,1台;

② 电热恒温鼓风干燥箱,1台;

③ 总有机碳测定仪,1台;

④ 紫外可见分光光度计,1台;

⑤ 真空抽滤装置,1套;

⑥ HY-5回旋振荡器,1台;

⑦ 超纯水机,1台;

⑧ 超声波清洗机,1台;

⑨ 天平,1台;

⑩ 其他:三角烧瓶:250 mL,若干;移液管:10 mL、25 mL、50 mL,各2支;滴定管:50 mL,1支;量筒:100 mL、1000 mL,各1个;容量瓶:500 mL,1个;试剂瓶:250 mL,1个;烧杯:500 mL,3个;150 mL,2个。

【实验步骤】

取某城市垃圾填埋场产生的垃圾渗滤液,水样经搅拌、静置20 min后取样。反应在250 mL锥形瓶内进行,反应体积100 mL,磁力搅拌器搅拌。取定量垃圾渗滤液于锥形瓶后,用硫酸或氢氧化钠调节pH到指定值,加入定量$FeSO_4 \cdot 7H_2O$,搅拌5 min后,加入定量过氧化氢,反应30 min后,用150 g/L氢氧化钠调节pH=7.5,静置2 h。用0.45 μm滤头过滤水样,测试TOC指标。水样稀释10倍后在200~800 nm波段范围进行UV-Vis扫描,读出UVA_{220}、UVA_{254}、UVA_{300}、UVA_{400}、UVA_{436}、UVA_{525}、UVA_{620}测定值。由于UV吸收一些非有机物如铁离子,会干扰254 nm波长对UV的测量,使用超纯水做空白对照组。所用刻度玻璃器皿洗净后,用自来水淋洗3次,用乙醇浸泡1 h,依次用自来水、一级水、超纯水冲洗晾干。

① 过氧化氢投加量的影响

溶液的初始pH=3.0,$FeSO_4 \cdot 7H_2O$ =5.0 g/L,过氧化氢浓度分别为0 g/L、1 g/L、2 g/L、5 g/L、10 g/L、15 g/L、20 g/L条件下,探究不同H_2O_2浓度对DOM的影响,实验结果填入表5.31。

② 硫酸亚铁投加量的影响

溶液初始pH=3.0，H_2O_2浓度=10.0 g/L，$FeSO_4 \cdot 7H_2O$浓度分别是1 g/L、2 g/L、5 g/L、10 g/L、15 g/L的条件下，探究不同Fe^{2+}浓度对DOM降解的影响，实验结果填入表5.32。

③ pH的影响

亚铁浓度=5.0 g/L，过氧化氢浓度=10.0 g/L，溶液pH分别为3.0、4.0、5.0、6.0、7.0时，探究不同pH对DOM降解影响，实验结果填入表5.33。

表5.31　不同H_2O_2浓度，DOM相关参数实验记录表

原液TOC浓度=____ mg/L，Fe^{2+}浓度=____ g/L，pH=____。

指标	H_2O_2 浓 度				
	1.0 g/L	2.0 g/L	5.0 g/L	10.0 g/L	15.0 g/L
$SUVA_{254}$					
DOM					
E_3/E_4					
UVA_{220}					
CN					
UVA_{400}					
TOC					

表5.32　不同Fe^{2+}浓度，DOM相关参数实验记录表

原液TOC浓度=____ mg/L，H_2O_2浓度=____ g/L，pH=____。

指标	Fe^{2+} 浓 度						
	0	0.5 g/L	1.0 g/L	2.0 g/L	5.0 g/L	10.0 g/L	15.0 g/L
$SUVA_{254}$							
DOM							
E_3/E_4							
UVA_{220}							
CN							
UVA_{400}							
TOC							

表5.33　不同pH浓度，DOM相关参数实验记录表

原液TOC浓度=____ mg/L，H_2O_2浓度=____ g/L，Fe^{2+}浓度=____ g/L。

指标	pH 浓 度				
	3.0	4.0	5.0	6.0	7.0
$SUVA_{254}$					
DOM					
E_3/E_4					
UVA_{220}					
CN					
UVA_{400}					
TOC					

【实验结果整理】

采用紫外可见吸收光谱(UV/Vis)表征渗滤液中DOM化学结构和官能团，包括UVA_{220}、$SUVA_{254}$和E_3/E_4。

$$E_3/E_4 = UVA_{300}/UVA_{400} \tag{5.53}$$

$$SUVA_{254} = (UVA_{254}/TOC) \times 100 \tag{5.54}$$

$$CN = \frac{A_{436}^2 + A_{525}^2 + A_{620}^2}{A_{436} + A_{525} + A_{620}} \tag{5.55}$$

UV_{254}能反映水中芳香族或具有不饱和结构有机物的多寡。采用A_{400}和CN值的变化表征渗滤液的色度的变化。E_3/E_4常与废水中有机物分子凝结程度及分子量大小成反比。DOM的计算方式即在特定波长范围(250～350 nm)内进行光谱扫描，吸光度与该段波长对应区间面积换算为DOM的浓度。

【实验结果讨论】

探讨Fenton高级氧化体系中，H_2O_2浓度、Fe^{2+}浓度、pH对DOM降解的影响。

第6章　大气污染控制实验

6.1　碱液吸收气体中的二氧化硫实验

【实验目的】

二氧化硫(SO_2)是常见的工业废气及大气污染的成分。环境中的SO_2约57%来源于自然界,例如沼泽、洼地、大陆等处所排放的硫化氢,进入大气层,经氧化可生成SO_2,火山爆发时也有SO_2喷出。约43%来自工业生产及生活,如含硫石油、煤、天然气的燃烧,硫化矿石的熔炼和焙烧,有色金属冶炼,石油精制,硫酸制造,硫磺精制,造纸,硫化橡胶等加工生产过程均有SO_2排出。其中以有色金属冶炼和硫酸制造排放SO_2最为严重。小型锅炉和民用炉的排放量较小,但排放高度低、数量多又不易扩散,是低空及室内SO_2的主要来源。在大气中SO_2可与水分和尘粒结合形成气溶胶,并逐渐氧化成硫酸或硫酸盐。当SO_2溶于水中,会形成亚硫酸。若把亚硫酸进一步在$PM_{2.5}$存在的条件下氧化,便会迅速高效生成硫酸(酸雨的主要成分之一)。控制SO_2污染物的排放对于环境保护和人类健康具有重要意义。

本实验采用填料吸收塔利用碱液吸收气体中的SO_2。通过实验可初步了解填料塔吸收净化有害气体的实验研究方法,同时还有助于加深理解在填料塔内气液接触状况及吸收过程的基本原理。

通过本实验,希望达到以下目的:

(1) 掌握SO_2的碱液吸收控制方法;

(2) 了解填料塔的基本结构及其吸收净化酸雾的工作原理;

(3) 了解SO_2自动测定仪的工作原理,掌握其测定方法。

【实验原理】

含SO_2的气体可采用吸收法净化,由于SO_2在水中的溶解度较低,故常常采用化学吸收的方法。本实验采用碱性吸收液(5% NaOH吸收液)吸收净化SO_2气体。其工作原理为:吸收液由吸收液槽经过液泵提升、转子流量计计量从填料塔上部经喷淋装置进入塔内,流经填料表面,由塔下部排出,再进入吸收液槽。空气首先进入缓冲罐,再进入进气管,SO_2由SO_2钢瓶进入进气管,与空气混合,经混合后的含SO_2气体从塔底进气进入填料塔内,通过填料层与NaOH喷淋吸收液充分混合、接触、吸收,尾气由塔顶排出,吸收过程发生的主要化学反

应为

$$2NaOH + SO_2 \longrightarrow Na_2SO_3 + H_2O$$

$$Na_2SO_3 + SO_2 + H_2O \longrightarrow 2NaHSO_3$$

【实验仪器与试剂】

① SO_2酸雾净化填料塔；
② 缓冲罐；
③ 转子流量计(液相转子流量计、SO_2转子流量计)；
④ 风机；
⑤ SO_2钢瓶(含气体)；
⑥ SO_2自动分析仪；
⑦ 控制阀、橡胶连接管若干及必要的玻璃仪器等；
⑧ 空压机；
⑨ 8.5 kg工业纯 NaOH 试剂。

实验装置如图6.1所示。

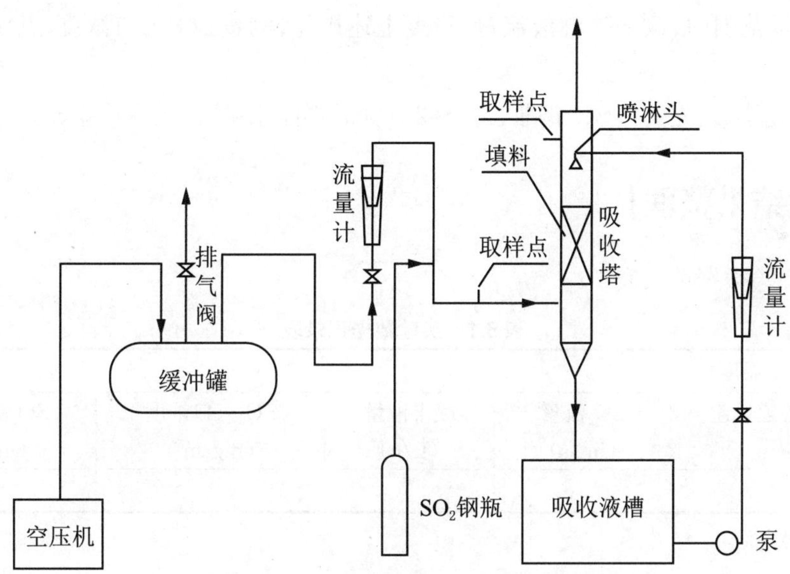

图6.1　碱液吸收气体中的二氧化硫实验装置示意图

【实验步骤】

(1) 实验准备

① SO_2自动分析仪准备：保证电池电量充足；查看仪器过滤器(如果发现过滤器出现潮湿或污染，应立即晾干或更换；将“POWER”(电源)开关置于“ZERO&STAND BY(零点/待机)”位置，使仪器自动校准零点(如果仪器未能达到零点，调节仪器上方的零点调整旋钮，

直到显示000±1为止,注意调零时在距离有害气体区域较远的清洁空气中进行),学会使用SO_2自动分析仪。

② 熟悉整个实验流程,检查是否漏气,并检查电、气、水各系统。

③ 称取NaOH试剂5 kg溶于0.1 m^3水中,将其注入吸收液槽,开启吸收液泵,根据液气比的要求调节喷淋流量。

(2) 实验操作

① 开启填料塔的进液阀,并调节液体流量,使液体均匀喷布,并沿填料塔缓慢流下,以充分润湿填料表面,记录此时流量。调节各阀门使得喷淋液流量达到最大值,记录此时流量。

② 开启空压机,并逐渐打开吸收塔的进气阀,调节空气流量,仔细观察气液接触状况。用热球式风速计测量管道中的风速并调节配风阀使空塔气速达到2 m/s(气体速度根据经验数据或实验需要来确定)。

③ 待吸收塔能够正常工作后,开启SO_2气瓶,并调节其流量,使空气中的SO_2含量为0.1%~0.5%(体积百分比,整个实验过程中保持进口SO_2浓度和流量不变)。

④ 经数分钟,待塔内操作完全稳定后,开始测量记录数据,包括进气流量Q_1、喷淋液流量Q_2、进口SO_2浓度c_1和出口浓度c_2。

⑤ 根据测得的数据计算吸收废气中SO_2的理论液气比,在理论液气比的喷液流量和最大喷淋液流量范围内,改变喷淋液流量,重复上述操作,测量SO_2出口浓度,共测取4~5组数据。

⑥ 实验完毕后,先关掉SO_2钢瓶,待1~2分钟后再停止供液,最后停止鼓入空气。

【实验结果整理】

(1) 将实验数据填入表6.1。

表6.1 实验数据记录表

大气压:_____ ,温度:_____。

测定次数	管道风速(m/s)	SO_2流量(m^3/s)	喷淋液量(L/h)	SO_2入口浓度(mg/m^3)	SO_2出口浓度(mg/m^3)

(2) 计算

净化效率计算

$$\eta=\left(1-\frac{c_2}{c_1}\right)\times 100\% \tag{6.1}$$

式中,η为净化效率,%;c_1为SO_2入口浓度,mg/m^3;c_2为SO_2出口浓度。

(3) 根据所得的净化效率与对应的液气比结果绘制曲线,从图中确定最佳液气比条件。

【结果讨论】

(1) 从实验结果绘制的曲线中,可以得到哪些结论?
(2) 对实验有何改进意见?

6.2　催化转化法去除汽车尾气中的氮氧化物

【实验目的】

汽车尾气是汽车在使用时产生的废气,含有上百种不同的化合物,其中的污染物有固体悬浮微粒、一氧化碳、二氧化碳、碳氢化合物、氮氧化合物、铅及硫氧化合物等。汽车尾气除了是大型城市$PM_{2.5}$的主要来源之一外,还是很多城市大气污染的罪魁祸首之一,光化学烟雾对其有较大影响。光化学烟雾指的是大气中的碳氢化合物和氮氧化物在光照的作用下形成的臭氧、醛类、酮类、过氧乙酰硝酸酯(PAN)等二次污染物,其对人体的影响远大于氮氧化物和碳氢化合物。随着我国汽车保有量的持续增长,国际上排放法规的日趋严格,以及柴油车、稀燃汽油车、替代燃料车等在减排与节能方面的优越性日益受到重视,汽车尾气中的主要污染物氮氧化物(NO_x)在富氧条件下的排放控制变得越来越紧迫,而其中最有效易行的就是发动机外催化转化法——通过在尾气排放管上安装的催化转化器将NO_x转化为无害的氮气(N_2)。

通过本实验,希望达到以下目的:
(1) 深入了解催化转化法去除汽车尾气中的氮氧化物研究领域;
(2) 加深对催化转化法去除污染物机理的理解;
(3) 掌握催化转化法去除污染物的实验方法与技能。

【实验原理】

以钢瓶气为气源,以高纯氮气为平衡气,模拟汽车尾气一氧化氮(NO)和氧气(O_2)浓度,设定其流量,在多个温度下,通过测量催化剂反应器进出口气流中NO_x的浓度,评价催化剂对NO_x的去除效率。

$$\text{去除效率}(\%)=\frac{\text{入口浓度}-\text{出口浓度}}{\text{入口浓度}}\times 100\% \tag{6.2}$$

通过改变气体总流量改变反应的空速(气体量与催化剂样品量之比,h^{-1}),通过调节NO的进气量改变其入口浓度,通过钢瓶气加入二氧化硫(SO_2),评价催化剂在不同空速、不同NO入口浓度及SO_2存在条件下的活性。

【实验装置】

① 汽车尾气后处理实验系统,氮氧化物分析仪;

② 实验用高压钢瓶气 N_2、NO、O_2、丙烯(C_3H_6)、SO_2、Ag/Al_2O_3催化剂样品;

③ 烟尘测试仪。

【实验方法和步骤】

(1) 活性评价部分

① 称量催化剂样品约500 mg,装填于反应器中。

② 连接实验系统气路,检查气密性。

③ 调节质量流量计设置各气体流量,使总流量约为350 mL/min,NO浓度约为2000×10^{-6},O_2约为5%,C_3H_6约为1000×10^{-6},设置气路为旁通(气体不经过反应器),测量并记录不经催化转化的NO_x浓度,即入口浓度。

④ 切换气路使气体通过反应器,设定反应器温度为150 ℃。

⑤ 待温度稳定后观测NO_x浓度,待其稳定后记录下来,此为NO_x的出口浓度。

⑥ 将反应器温度升高50 ℃,重复步骤⑤,直至550 ℃。

⑦ 关闭气瓶及仪器,关闭系统电源,整理实验室。

(2) 空速影响部分

在催化剂活性最高的两个温度下,通过改变总气量改变反应空速,测定催化剂的活性。

(3) NO入口浓度影响部分

在催化剂活性最高的两个温度下,通过改变NO的流量改变其入口浓度,测定催化剂对NO_x的去除效率。

(4) SO_2影响部分

在催化剂活性最高的两个温度下,通入不同浓度的SO_2,测定催化剂的活性。

【实验数据整理】

实验数据记入表6.2中。

表6.2 数据记录表

实验日期:________,催化剂:________,质量(mg):________。

气体	N_2	NO	O_2	C_3H_6	SO_2
流量(mL/min)					
浓度($\times10^{-6}$)					
空速:					
出口浓度($\times10^{-6}$)					
转化效率(%)					

【实验结果讨论】

(1) 作效率-温度、效率-空速、效率-NO入口浓度或效率-SO_2浓度图;
(2) 计算最佳条件下催化剂的活性;
(3) 对实验中测定条件下的催化剂去除氮氧化物的性能进行评价。

【思考题】

(1) 谈谈对NO选择性催化还原(SCR)的认识(写出反应方程式)。
(2) 实验中存在哪些问题和尚需改进的地方?

6.3 文丘里除尘器性能实验

【实验目的】

悬浮在空气中的固体或液体颗粒物,(不论长期或短期)因对生物和人体健康会造成危害而称之为颗粒物污染。颗粒污染物的人为来源主要是在生产、建筑和运输过程以及燃料燃烧过程中产生的。如各种工业生产过程中排放的固体微粒,通常称为粉尘;燃料燃烧过程中产生的固体颗粒物,通常称为固体颗粒物,如煤烟、飞灰等汽车排放出来的含铅化合物,以及矿物燃料燃烧所排放出来的SO_2在一定条件下转化成的硫酸盐粒子等。

大气颗粒物是大气成分中的重要组成部分,给环境、气候以及人体健康带来很大威胁:颗粒物对太阳光有吸收和散射效应,导致大气能见度下降;颗粒物中凝结核的成云作用和降水对颗粒物的冲刷作用均可以使颗粒物进入降水或云水中,影响最终降水的酸碱性;颗粒物还是全球变暖、灰霾产生等大气污染现象的主要诱导因素之一;颗粒物尤其是空气动力学粒径在2.5 μm以下的颗粒物($PM_{2.5}$等)可以通过呼吸进入人体肺部及血液,增加呼吸系统的发病率,甚至影响心肺功能。

文丘里除尘器是一种高效湿式洗涤器,具有结构简单、造价低廉、操作方便、净化效率高等优点,在捕集被污染气体中的细小粉尘以及吸收气态污染物方面具有独特的优越性。故在大气污染控制与化工领域中应用广泛。

通过本实验,希望达到以下目的:
(1) 加深对文丘里除尘器结构形式和除尘机理的认识;
(2) 了解文丘里除尘器的实验方法及主要影响因素。

【实验原理】

文丘里除尘器是利用高速气流雾化产生的液滴捕集颗粒以达到净化气体的目的。当含尘气体由进气管进入收缩管,流速逐步增大,气流的压力逐步转变为动能,在喉管处气体流速达到最大。洗涤液通过喉管四周均匀布置的喷嘴进入,液滴被高速气流雾化和加速,充分雾化是实现高效除尘的基本条件。由于气流曳力,滴在喉管部分被逐步加速,在液滴加速过程中,液滴与粒子间相对碰撞,实现微细粒子的抽集。在扩散段,气流速度变小,使以颗粒为凝结核的凝聚速度加快,形成直径较大的含尘液滴,以便在后面的捕滴器中捕集下来,达到除尘目的。文丘里除尘器性能处理气体流量、压力损失、除尘效率及喉口速度、液气比、动力消耗等与其结构形式和运行条件密切相关。本实验是在除尘器结构形式和运行条件已定的前提下,完成除尘器性能的测定。

(1) 处理气体量及喉口速度的测定和计算

① 管道中各点气流速度的测定

当干烟气组分同空气近似,露点温度在35~55 ℃,烟气绝对压力在 0.99×10^5~1.03×10^5 Pa 时,可用下列公式计算烟气管道流速:

$$v_0 = 2.77K_p\sqrt{T}\sqrt{P} \tag{6.3}$$

式中,v_0为烟气管道流速,m/s;K_p为毕托管的校正系数,$K_p=0.84$;T为烟气温度,℃;$\sqrt{P}$为各动压方根平均值,Pa。

$$\sqrt{P} = \frac{\sqrt{P_1}+\sqrt{P_2}+\cdots+\sqrt{P_n}}{n} \tag{6.4}$$

式中,P_n为任一点的动压值,Pa;n为动压的测点数。

② 处理气体量的测定和计算

气体流量计算公式:

$$Q_s = Av_0 \tag{6.5}$$

式中,Q_s为处理气体量,m^3/s;v_0为烟气管道流速,m/s;A为管道横断面积,m^2。

③ 喉口速度的测定和计算

若文丘里除尘器喉口断面积为A_T,则其喉口平均气流速度v_T为

$$v_T = \frac{Q_s}{A_T} \tag{6.6}$$

式中,v_T为文丘里除尘器喉口平均气流速度,m/s;A_T为文丘里除尘器喉口断面积,m^2。

(2) 压力损失的测定和计算

由于文丘里除尘器进、出口管的断面面积相等时,则可采用其进、出口管静压之差计算,即

$$\Delta P = P_1 - P_2 \tag{6.7}$$

式中,P_1为除尘器入口处气体的全压或静压,Pa;P_2为除尘器出口处气体的全压或静压,Pa。

应该指出,除尘器压力损失随操作条件变化而改变,本实验的压力损失的测定应在除尘器稳定运行(v_T或液气比L保持不变)的条件下进行,并同时测定记录 v_T、L数据。

(3) 耗液量Q_L及液气比L的测定和计算

文丘里除尘器的耗液量Q_L,可通过设在除尘器进水管上的流量计直接读得。在同时测得除尘器处理气体量Q_S后,即可由下式求出液气比$L(L/m^3)$:

$$L=\frac{Q_L}{Q_S} \tag{6.8}$$

(4) 除尘效率的测定和计算

文丘里除尘器除尘效率η的测定,亦应在除尘器稳定运行的条件下进行,并同时记录v_T、L等操作指标。

文丘里除尘器的除尘效率采用质量浓度法测定,即用等速采样法同时测出除尘器进、出口管道中气流平均含尘浓度ρ_1和ρ_2,按下式计算:

$$\eta=\left(1-\frac{\rho_2 Q_2}{\rho_1 Q_1}\right)\times 100\% \tag{6.9}$$

(5) 除尘器动力消耗的测定和计算

文丘里除尘器动力消耗E(kW·h/1000 m³气体)等于通过洗涤器气体的动力消耗与加入液体的动力消耗之和,计算如下:

$$E=\frac{1}{3600}\left(\Delta P+\Delta P_L\frac{Q_L}{Q_S}\right) \tag{6.10}$$

式中,ΔP为通过文丘里除尘器气体的压力损失,Pa(3600 Pa =1 kW·h/1000 m³);ΔP_L为加入除尘器液体的压力损失,即供水压力,Pa;Q_L为文丘里除尘器耗水量,m^3/s;Q_S为文丘里除尘器处理气体量,m^3/s。

上式中所列的ΔP、Q_S、Q_L已在实验中测得。因此,只要在除尘器进水管上的压力表读得ΔP_L,便可按式(6.10)计算除尘器动力消耗(E)。

应当注意的是,由于操作指标v_T、L对动力消耗(E)影响很大,所以本实验所测得的动力消耗(E)是针对某一操作状况而言的。

【实验仪器与材料】

① 文丘里除尘器实验装置,如图6.2所示。其主要由文丘里凝聚器、旋风雾沫分离器、发尘装置、通风机、水泵和管道及其附件所组成;

② 标准风速测定仪;

③ 空盒式气压表;

④ 秒表;

⑤ 钢卷尺;

⑥ 天平:分度值1/10000 g 及分度值为1 g 两种;

⑦ 倾斜式微压计;

⑧ 干湿球温度计;

⑨ 毕托管;

⑩ 干燥器;

⑪ 烟尘采样管；

⑫ 鼓风干燥箱；

⑬ 烟尘测试仪；

⑭ 超细玻璃纤维无胶滤筒。

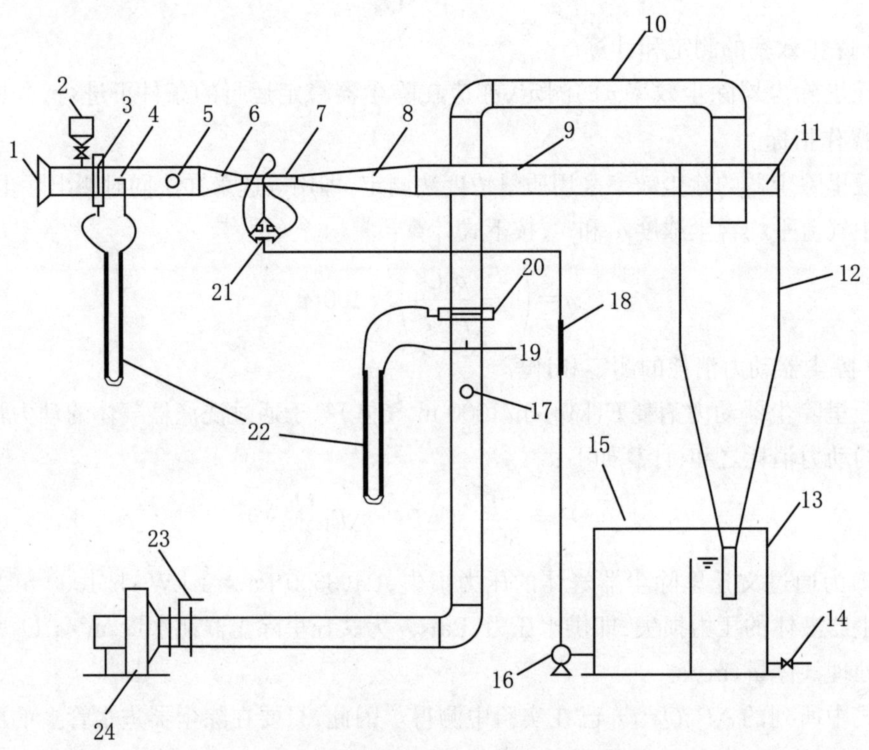

图6.2 文丘里除尘器实验装置与流程示意图

1. 喇叭形均流管；2. 发尘装置；3. 静压测口 1；4. 动压测口 1；5. 取样口 1；6. 渐缩管；7. 喉管；8. 渐扩管；9. 进风管；10. 出风管；11. 切入口；12. 旋风分离器；13. 集水槽；14. 放空阀；15. 加水口；16. 耐腐泵；17. 取样口 2；18. 进水流量计；19. 动压测口 2；20. 静压测口 2；21. 分配接头；22. U 形管压差计；23. 风量调节阀；24. 高压离心风机

【实验步骤】

(1) 实验准备工作

测量记录室内空气的干球温度(即除尘系统中气体的温度)、湿球温度及相对湿度；测量记录当地大气压力；测量记录除尘器进、出口测定断面直径和断面面积；测量记录喉口面积。

(2) 实验

① 将文丘里除尘器进、出口断面的静压测孔与倾斜微压计相连接，做好各断面气体静压的测定准备；

② 启动风机，按实验要求的气体流量调节风机入口阀门，调好后固定阀门；

③ 在除尘器进、出口两个测定断面同时测量记录各测点的气流动压，然后关闭风机；

④ 计算并记录各测点气流速度、各断面平均气流速度、除尘器处理气体流量 Q_S；

⑤ 用天平称好一定量尘样，做好发尘准备；

⑥ 调节文丘里除尘器供水系统，保证实验系统在液气比 $L=0.7\sim10\ \mathrm{L/m^3}$ 范围内稳定运行；

⑦ 启动风机和发尘装置，调整好发尘浓度，使实验系统运行达到稳定；

⑧ 文丘里除尘器性能的测定和计算，在固定文丘里除尘器实验系统进口粉尘浓度和液气比 L 条件下，观察除尘系统中的含尘气流的变化情况，测算文丘里除尘器压力损失 ΔP、供水量 Q_L、供水压力 ΔP_L 和除尘效率；

⑨ 在固定进口粉尘浓度和液体量 Q_L 条件下，改变进口气体流量，稳定运行后，按上述方法测5组数据；

⑩ 在固定进口粉尘浓度和系统风量 Q_S 条件下，改变液体流量，稳定运行后，按上述方法再测5组数据；

⑪ 停止发尘，关闭水泵，再关闭风机。

【实验数据整理】

(1) 处理气体流量和喉口速度

按表6.3、表6.4和表6.5格式记录和整理数据。按式(6.5)计算除尘器处理气体量，按式(6.6)计算除尘器喉口速度。

表6.3　文丘里除尘器性能测定结果记录表

当地大气压P (kPa)	烟气干球温度 (℃)	烟气湿球温度 (℃)	烟气相对湿度 (%)	除尘器管道面积 $A(\mathrm{m^2})$	喉口面积 A_T $(\mathrm{m^2})$

表6.4　气体流量变化情况表

测定次数	除尘器进气管			除尘器排气管			ΔP	v_0	Q_S	v_T	Q_L	L	ΔP_L	E
	K_1	Δl_1	P_1	K_2	Δl_2	P_2								

表6.5　液体流量变化情况表

测定次数	除尘器进气管			除尘器排气管			ΔP	v_0	Q_S	v_T	Q_L	L	ΔP_L	E
	K_1	Δl_1	P_1	K_2	Δl_2	P_2								

注：K：微压计倾斜系数；Δl：微压计读数，mm；P：静压，Pa；v_0：管道流速，m/s；Q_S：风量，$\mathrm{m^3/h}$；v_T：除尘器喉口速度，m/s；Q_L：耗水量，$\mathrm{m^3/h}$；L：液气比；ΔP_L：供水压力，Pa；E：除尘器动力耗能，kW·h/1000 $\mathrm{m^3}$气体。

(2) 除尘效率

除尘效率测定数据按表6.6记录整理，除尘效率按式(6.9)计算。

表6.6　文丘里除尘器效率测定结果记录表

测定次数	除尘器进口气体含尘浓度						除尘器出口气体含尘浓度						除尘效率(%)
	采样流量(L/min)	采样时间(min)	采样体积(L)	滤筒初质量(g)	滤筒总质量(g)	粉尘浓度(mg/m³)	采样流量(L/min)	采样时间(min)	采样体积(L)	滤筒初质量(g)	滤筒总质量(g)	粉尘浓度(mg/m³)	

(3) 压力损失、除尘效率、动力耗能和喉口速度的关系(固定Q_L,改变气体流量情况)

整理不同喉口速度v_T下的ΔP、η和E资料,绘制v_T-ΔP、v_T-η和v_T-E实验性能曲线,并进行分析。

(4) 压力损失、除尘效率、动力耗能和液气比的关系(固定Q_S,改变液体流量Q_L情况)

整理不同液气比L下的ΔP、η和E资料,绘制L-ΔP、L-η和L-E实验性能曲线,并进行分析。

【思考题】

(1) 为什么文丘里除尘器性能测定实验应在操作指标v_T或L固定的运行状态下进行测定?

(2) 根据实验结果,试分析影响文丘里除尘器除尘效率的主要因素。

(3) 根据实验结果,试分析影响文丘里除尘器动力耗能的主要途径。

6.4　数据采集板式静电除尘器除尘实验

【实验目的】

静电除尘器是利用静电力实现气体中的固体、液体粒子与气流分离的一种高效除尘装置,含尘气体在通过高压电场进行电离过程中,使尘粒荷电,并在电场力的作用下使尘粒沉积在集尘极上,由此将尘粒从含尘气体中分离出来。静电除尘器已广泛应用于冶金、化工、水泥、火电等行业。与其他除尘机理相比,静电除尘过程的分离力直接作用于粒子上,而不是作用于整个气流上,这就决定了它具有分离粒子耗能小、气流阻力小的特点。由于作用在粒子上的静电力相对较大,所以即使对亚微米级的粒子也能有效捕集。

通过本实验,希望达到以下目的:

(1) 了解静电除尘器的电极配置和供电装置,观察电晕放电的外观形态;

(2) 通过本实验了解静电除尘器的结构;

(3) 对影响静电除尘性能的主要因素有较全面的了解。

【实验原理】

静电除尘器除尘原理是使含尘气体的粉尘微粒，在高压静电场中荷电，荷电尘粒在电场的作用下，趋向集尘极和放电极，带负电荷的尘粒与集尘极接触后失去电子，成为中性而黏附于集尘极表面上，为数很少的带电荷尘粒沉积在截面很小的放电极上。然后借助于振打装置使电极抖动，将尘粒脱落到除尘的集灰斗内，达到收尘的目的。

【实验装置】

板式静电除尘器主要由集尘极、电晕极、高压静电电源、高压变压器、离心风机及机械振打装置等组成，如图6.3所示。电晕极挂在两块集尘板中间，放电电压可调，集尘板与支撑架都必须接地。

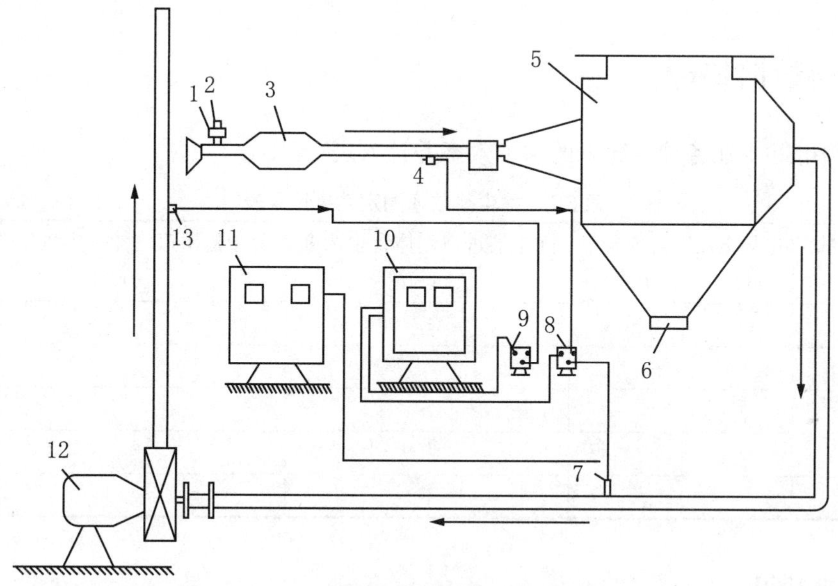

图6.3　静电除尘装置

1. 粉尘盒；2. 搅动配灰电机；3. 气尘混合装置；4. 进气抽样口；5. 静电除尘箱；6. 卸灰口；7. 抽气取样口；8. 进气浓度检测仪；9. 尾气浓度检测仪；10. 微电脑数据检测仪；11. 高压静电电源；12. 风机；13. 尾气取样口

【实验步骤】

(1) 打开风机，调到一定风速。

(2) 先检查高压控制器设备是否接地。如未接地，请先将设备接地接好。

(3) 检查无误后，将控制器的电流插头插入交流220 V插座中。将“电源开关”旋柄扳到“开”的位置。控制器接通电源后，低压绿色信号灯亮。

(4) 将电压调节手柄逆时针转到零位，轻轻按动高压“起动”按钮，高压变压器输入端主回路接通电源。这时高压红色信号灯亮，低压信号灯灭。

(5) 顺时针缓慢旋转电压调节手柄，使电压慢慢升高。待电压升至5 kV时，打开保护开关。

(6) 启动粉尘配灰装置，慢慢调大，直到明显看到除尘区有粉尘旋降。

(7) 等设备稳定后，读取并记录u、I、风量、进出口粉尘浓度，读完后立即将保护开关闭合，继续升压。以后每升高5 kV读取并记录一组数据，读数时操作方法和第1次相同，当开始出现火花时停止升压。

(8) 停机时将调压手柄旋回零位，按动停止按钮，则主回路电源切断。这时高压信号灯灭，绿色低压信号灯亮。再将电源“开关”关闭，即切断电源。

(9) 断电后，高压部分仍有残留电荷，必须使高压部分与地面短路消去残留电荷，再按要求做下一组的实验。

(10) 改变系统风量，重复上述实验，确定静电除尘器在各种工况下的性能。

(11) 改变电场电压，重复上述实验，确定静电除尘器在各种工况下的性能。

【实验数据整理】

计算静电除尘在各种工况下的除尘效率并计入表6.7中。

表6.7　除尘器效率测定结果记录表

测定次数	风量(m^3/s)	电场电压u(V)	电场电流I(A)	除尘器进口气体含尘浓度G_i(g/m^3)	除尘器出口气体含尘浓度G_0(g/m^3)	除尘效率η(%)

【思考题】

(1) 静电除尘器的除尘效率随处理气量的变化规律是什么？它对静电除尘器的选择和运行控制有何意义？

(2) 影响起始电晕电压和火花电压的主要因素是什么？

(3) 电场电压与电流的变化和除尘效率的关系是什么？

6.5　油烟净化器性能测定实验

【实验目的】

油烟污染是餐饮业的主要污染,尤其对于居民区附近的餐饮业营业场所来说更是如此。为了达到油烟排放标准,越来越多的餐饮业单位已采用或者将会采用各种类型的油烟净化器,静电型油烟净化器就是其中比较有优势的一种。本实验选用静电型油烟净化器,通过实验初步了解静电法去除油烟的原理、掌握红外分光光度法测量油的含量、掌握油烟净化器性能测定的主要内容和方法,并且对影响油烟净化器性能的主要因素有较全面的理解,同时进一步了解油烟净化器的流量与油烟净化效率的关系。

【实验原理】

静电型油烟净化器是采用静电沉积原理,油烟通过进风口均衡进入高压电场,在高压电场电离作用下,油烟产生荷电,在电场力作用下,带电的微小颗粒向收集极(集油板)运动过去,积累在收集极(集油板)上,实现微小的油颗粒与气体分离,即达到净化的目的,同时静电场中产生的活性因子,对烟气中的有毒成分和异味进行分解和除味。因此排放室外的是相当清洁的空气。

用金属滤筒吸收和红外分光光度法测定油烟浓度:用等速采样法抽取油烟排气筒内的气体,将油烟吸附在油烟采集头内。然后,将收集了油烟的采集滤筒置于带盖的聚四氟乙烯套管中,回实验室后用四氯化碳作溶剂进行超声清洗,移入比色管中定容,用红外分光光度法测定油烟的含量。

油烟的含量由波数分别为2930 cm^{-1}(CH_2基团中C—H键的伸缩振动)、2960 cm^{-1}(CH_3基团中C—H键的伸缩振动)和3030 cm^{-1}(芳香中C—H键的振动)谱带处的吸光度A_{2930}、A_{2960}和A_{3030}进行计算。

【实验装置、仪器与试剂】

(1) 实验装置和流程

油烟净化实验装置示意图如图6.4所示(D为烟道管的直径)。

(2) 仪器

① BN2000型智能油烟采样仪;

② 超声波清洗器;

③ 红外分光光度计:带 4 cm带盖石英比色皿;

④ 数字温度计;

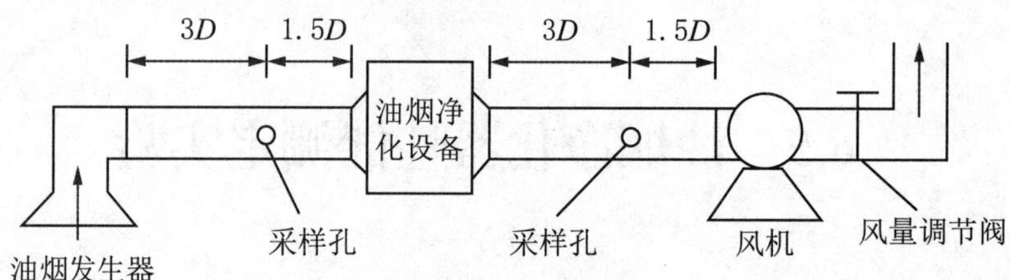

图6.4　油烟净化实验装置示意图

⑤ 比色管:25 mL,10个;

⑥ 容量瓶:50 mL和25 mL,分别为2个和10个;

⑦ 金属滤筒:10个;

⑧ 带盖聚四氟乙烯圆柱形套筒:10个(清洗杯)。

(3) 试剂

① 优级纯四氯化碳(CCl_4):可用分析纯四氯化碳经一次蒸馏(控制温度70~74 ℃)制得;

② 高温回流食用油:在500 mL三颈瓶中加300 mL的食用油,插入量程为500 ℃的温度计,先控制温度于120 ℃,敞口加热30 min,然后在其上方安装一空气冷凝管,加热油温至300 ℃,回流2 h,即得标准油;

③ 普通食用油,作为发生油烟的材料。

【实验步骤】

(1) 油烟采样

① 将定量的食用油烟发,热烟,打开风机油净化器稳定运行15 min。

② 调好BN2000型能油烟采样仪,先查系统的气性,然后把采样管与干球测湿计的干球一侧用直径为6 mm×10 mm的胶管连接起来。球一侧接口与除干器用直径为10 mm×16 mm的橡胶管连接起来,将采样管推入烟道中的采样点,然后以15~20 L/min的流量抽气,即可测含湿量。测出干湿球温度和湿球负压。

③ 烟气净化器处理风量测定。利用BN2000智能油烟采样仪自身配备的毕托管测定烟气管道风速、风量。

④ 安装采样嘴及筒,装筒时小心将筒直接从聚四氟乙烯套管中倒入采样头内,特别注意不要污染滤筒表面。

⑤ 将采样管放入烟道内,封闭采样孔,设置采样时间,开动油烟采样机进行采样。每次采样时间为10 min。

⑥ 进气采样完成后,依照同样步骤测定排气的状态,并更换滤筒进行采样。

⑦ 调节风机,调整处理气量,重复以上步。共在自行设定5种不同的处理气量下进行采样。

⑧ 收集了油烟的滤筒应立即转入聚四氟乙烯套管中,盖紧杯盖。样品若不能在24 h内测定,可在冰箱的冷藏室中保存7天(<4℃)。

(2) 油烟分析

① 将采样滤筒中的油烟转到比色管中。把采样后的滤筒用优级纯四氯化碳12 mL,浸泡在清洗杯中,盖好清杯盖,置于超声仪中,超声清洗10 min;把清洗液转移到25 mL比色管中。

② 再在清洗杯中加入6 mL四氯化碳超声清洗5 min;把清洗液同样转移到上述25 mL比色管中。

③ 再用少许四氯化碳清洗滤筒及清洗杯2次,清洗液一并转移到25 mL比色管中,加入四氯化碳稀释至刻度标线。

④ 红外分光光度法测定油烟浓度:

a. 测定前先预热红外测定仪1 h以上,调节好零点和满刻度,固定某一组校正系数。

b. 在精度为十万分之一的天平上准确称取回流好的食用油标准样品1 g于50 mL容量瓶中,用重蒸后的分析纯CCl_4稀释至刻度,得高浓度标准溶液A;取A溶液1 mL于50 mL容量瓶中,用上述纯CCl_4稀释至刻度,得标准中间液B;移取一定量的B溶液于25 mL容量瓶中,用纯CCl_4稀释至刻度,得系列标准液(浓度范围为0~60 mg/L)。

c. 分别将各标准液置于4 cm比色皿中,利用红外分光光度计测量2930 cm^{-1}、2960 cm^{-1}、3030 cm^{-1}谱带处的吸光度,绘制标准曲线。

d. 将样品溶液置于4 cm比色皿中,利用红外分光光度计测量吸光度,根据标准曲线转换成浓度。

【结果计算】

(1) 油烟去除效率

油烟去除效率是经净化设施后,被去除的油烟占净化前油烟的质量分数,由下式计算:

$$\eta = 1 - \frac{\rho_{out} Q_{out}}{\rho_{in} Q_{in}} \tag{6.11}$$

式中,η为油烟去除效率,%;ρ_{out}为处理后的油烟浓度,mg/m^3;Q_{out}为处理后的排风量,m^3/h;Q_{in}为处理前的风量,m^3/h;ρ_{in}为处理前的烟度浓度,mg/m^3。

(2) 油烟浓度

红外分光光度法测定的油烟浓度是油烟在四氯化碳中的浓度,需要将其转化为实际的油烟排放浓度。计算公式为

$$\rho_0 = \frac{\rho_L \times \frac{V_L}{1000}}{V_0} \tag{6.12}$$

式中,ρ_0为油烟排放度,mg/m^3;ρ_L为滤筒清洗液的油烟浓度,mg/L;V_L为滤筒清洗液稀释定容体积,mL;V_0为标准状态下干烟气采样体积,m^3。

(3) 数据记录

实验数据记录于表6.8中。

表6.8 静电型油烟净化器测试结果记录表

实验日期:______,记录人:______;
相对湿度:______,大气压:______。

序号	采样体积(L)	标干烟气流量(m^3/h)	进口(mg/L)	出口(mg/L)	进口(mg/m^3)	出口(mg/m^3)	净化效率(%)
1							
2							
3							
4							
5							

注:前面进出口浓度是油烟在四氯化碳中的浓度,后面的进出口浓度是油烟在空气中的浓度。

【思考与讨论】

(1) 在本实验中,随着烟气流量变化,静电型油烟净化器净化效率将会发生怎样的变化?

(2) 如果油烟发生器的温度升高,静电型油烟净化器净化效率是会变大,还是会变小?

【注意事项】

(1) 滤筒在清洗完后,置于通风无尘处,以备下次使用,注意采样前后不要有其他带油渍的物品污染。

(2) 为取得有代表性样品,必须进行等动力采样,即尘粒进入采样嘴的速度等于该点的气流速度,因而要预测烟气流速再换算成实际控制的采样流量;另外,在水平烟道中,由于存在重力沉降作用,较大的尘粒有偏离烟气流线向下运动的趋势,而在垂直烟道中尘粒分布较均匀,因此应优先选择在垂直管段上取样。

图6.5为采样装置。根据滤筒在采样前后的质量差以及采集的总气量,可以计算出烟气的含尘浓度。应当注意的是,需要将采样体积按下式换算成环境温度和压力下的体积:

$$V_t = V_0 \frac{273 + t_r}{273 + t} \cdot \frac{p_a}{p_r} \tag{6.13}$$

式中,V_t为环境条件下的采样体,L;V_0为现场采样体,L;t_r为测烟仪温度表的读数,℃;t为环境温度,℃;p_a为大气压力,Pa;p_r为测烟仪压力表读数,Pa。

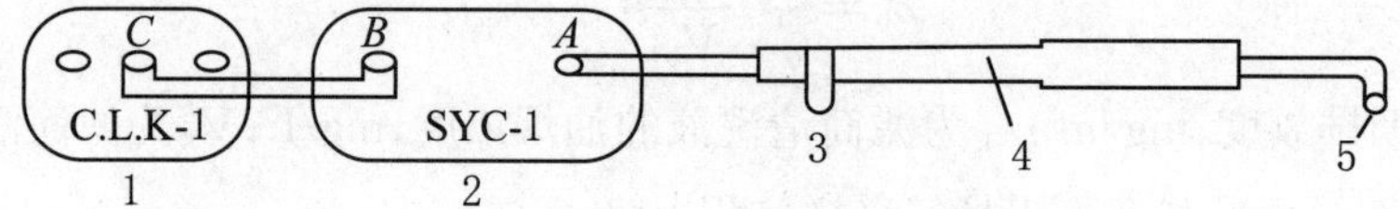

图6.5 烟尘采样系统示意图

1. 抽气泵 2. 测烟仪 3. 手柄 4. 采样管(内装滤筒) 5. 采样嘴

由于烟尘取样需要等动力采样,因此需要根据采样点的烟气流速和采样嘴的直径计算采样控制流量。

$$Q_r = 0.080 d^2 v_s \left(\frac{p_a + p_s}{T_s}\right)\left(\frac{T_r}{p_a + p_r}\right)^{\frac{1}{2}}(1 - x_{sw}) \tag{6.14}$$

式中，Q_r为等动力采样时，抽气泵流量计读数，L/min；d为采样嘴直径，mm；v_s为采样点烟气流速，m/s；p_a为大气压力，Pa；p_s为烟气静压，Pa；p_r为测烟仪压力表读数，Pa；T_s为烟气热力学温度，K；T_r为测烟仪温度（温度表读数），K；x_{sw}为烟气中水汽的体积分数。

第7章　固体废物处理与资源化实验

7.1　污泥的脱水性能实验

【实验目的】

污泥是污水处理后的产物，是一种由有机残片、细菌菌体、无机颗粒、胶体等组成的极其复杂的非均质体。污泥的主要特性是含水率高(可高达99%以上)，有机物含量高，容易腐化发臭，并且颗粒较细，比重较小，呈胶状液态。它是介于液体和固体之间的浓稠物，可以用泵运输，但它很难通过沉降进行固液分离。污泥脱水的目的是进一步减少污泥的体积，便于后续处理、处置和利用，主要去除的是污泥颗粒之间的毛细水和颗粒表面的吸附水。污泥比阻是表示污泥脱水性能的一项综合性指标。污泥比阻越大，脱水性能越差；比阻越小，则污泥的脱水性能越好。通过测定不同条件下污泥的比阻变化情况，可以为污泥脱水工艺流程以及可能采取的一些预处理方式与相关运行条件提供实验依据。

通过本实验，希望达到以下目的：

(1) 加深对污泥比阻的理解，并评价污泥的脱水性能；

(2) 掌握正交试验设计法筛选预处理方式，确定其最佳运行条件；

(3) 理解采用布氏漏斗试验测定和计算污泥比阻的原理和方法。

【实验原理】

在废(污)水处理中，绝大部分与污泥处理和处置有关的工艺，都涉及污泥的脱水处理工序。目前污泥脱水最常用的方法是机械脱水，即以过滤介质两面的压力差作为推动力来实现泥水分离，因而有时也称过滤法脱水。根据压力差的来源不同，可以分为真空过滤、压力过滤和离心过滤等。

影响污泥脱水性能的因素主要有污泥性质、污泥浓度、压力差大小、污泥的预处理方式以及过滤介质的种类和性质等。在一定压力下，污泥过滤过程中滤液体积、过滤时间、过滤面积和污泥性能之间的关系如下：

$$\frac{t}{V}=\frac{\mu r\omega}{2PA^2}\cdot V+K \tag{7.1}$$

式中，t为过滤时间，s；V为滤液体积，mL或m^3；P为过滤时的压强或真空度，Pa；A为过滤介质面积，cm^2或m^2；μ为滤液的动力学黏度，Pa·s；ω为滤过单位体积的滤液在过滤介质上截留的固体质量，g/mL或kg/m^3；r为污泥比阻，cm/g或m/kg；K为常数。

污泥比阻r为单位质量污泥在一定压力下过滤时在单位面积上的阻力，即单位过滤面积上单位干重滤饼所具有的阻力；r在数值上等于动力学黏度为1时，滤液通过单位质量泥饼产生单位体积滤液所需的压力差。一般认为，比阻在10^9～10^{10} cm/g为难过滤污泥，比阻在$(0.5\sim0.9)\times10^9$ cm/g为中等过滤性能污泥，比阻小于0.4×10^9 cm/g为易过滤污泥；该判据因污泥种类、浓度以及操作条件的差异而不同。各种污泥的脱水性能可以表7.1为参考。

表7.1　各种污泥的脱水性能

污泥种类	污泥比阻(cm/g)	压力(0.1 MPa)
某初沉污泥	4.7×10^9	0.5
调质后初沉污泥	3.1×10^7	0.5
某活性污泥	2.88×10^{10}	0.5
调质后活性污泥	1.65×10^8	0.5
某消化污泥	1.42×10^{10}	0.5
调质后消化污泥	1.05×10^8	0.5
$Al(OH)_3$混凝污泥	2.2×10^9	3.5
$Fe(OH)_3$混凝污泥	1.5×10^9	3.5
黏土	5×10^8	3.5
$CaCO_3$	2×10^7	3.5

综上所述，若令

$$b=\frac{\mu r\omega}{2PA^2} \tag{7.2}$$

根据定义，有

$$\omega=\frac{(V_0-V_y)\cdot C_b}{V_y} \tag{7.3}$$

其中，V_0、V_y分别为原污泥体积和滤液体积，mL；C_b为滤饼固体浓度，kg^3/m。由式(7.1)可知，在一定压力下进行抽滤实验，通过测量不同过滤时间t得到相应滤液体积V，并以滤液体积V为横坐标、$\frac{t}{V}$为纵坐标，所得直线斜率即为b（图7.1）。因此，污泥比阻：

$$r=\frac{2PA^2}{\mu}\cdot\frac{b}{\omega} \tag{7.4}$$

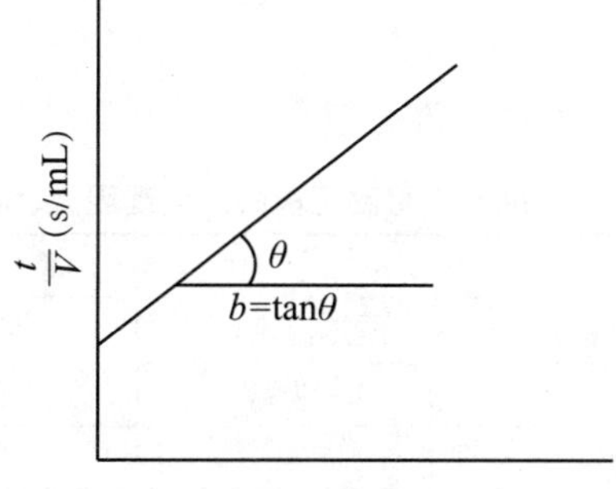

图7.1　$\frac{t}{V}$-V关系图

在污泥脱水工艺中，往往需要对污泥进行加热、磁化或投加化学药剂等预处理，以调整污泥颗粒的表面性质或凝聚能力，达到改善污泥脱水性能的目的。通过比较不同种类和不同预处理方式下污泥的比阻值，可以为污泥的脱水工艺确定最佳的操作运行条件。

【实验装置与设备】

实验装置见图7.2。采用的主要仪器或设备如下：

① 布氏漏斗，1只；
② 橡皮塞，1只；
③ 250 mL量筒，1个；
④ 缓冲瓶，1只；
⑤ 真空表，1只；
⑥ 真空泵，RS-1 A型，1台；
⑦ 黏度计，NDJ-1，1台；
⑧ 电子天平，1台；
⑨ 恒温箱，WS70-l型，1只；
⑩ 定量滤纸、瓷坩埚若干。

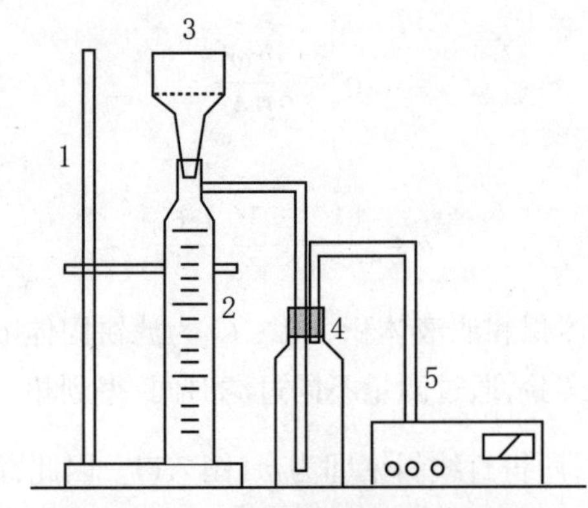

图7.2　比阻测定实验装置图

1. 固定铁架；2. 计量筒；3. 布氏漏斗；4. 吸滤筒；5. 真空泵

【实验步骤】

(1) 先按照表7.2给出的预处理条件，进行正交试验设计。

表7.2　污泥比阻测定前的预处理因素、水平

水平	因素			
	污泥浓度(kg/m³)	预热温度(℃)	药剂种类	药剂投加量 m/V
1	2	常温	$FeCl_3$	0
2	5	40	$FeSO_4$	0.02%
3	10	60	$Al_2(SO)_3$	0.05%

注：预热时间在0.5~1 h、药剂混合反应时间在0.5~1 min间取定。

(2) 准备1只已放置定量滤纸的布氏漏斗,测出滤纸的面积A。

(3) 将其与计量筒连接,用少量水把滤纸润湿,调节真空度为泵的最大值,并记下稳定以后的压强P。

(4) 将(1)中预处理所得各种污泥分别取100 mL 进行如下实验。

(5) 将污泥倒入漏斗,开始计时,记下不同过滤时间的滤液体积(表7.3),直至滤饼龟裂,真空度破坏后再持续一段时间。

表7.3　污泥比阻实验数据

实验条件:＿＿＿＿＿＿＿＿＿＿;

污泥浓度:＿＿＿＿＿,预热温度:＿＿＿＿＿,混凝剂种类及投加量:＿＿＿＿＿;

过滤面积A:＿＿＿＿,过滤时压强P:＿＿＿＿＿;

滤液黏度μ:＿＿＿＿＿,ω值:＿＿＿＿＿。

过滤时间(s)	计算筒内滤液体积 V_1(mL)	实际滤液体积 $V=V_1-V_0$(mL)	t/V(s/mL)
0			
5			
10			
⋮			

(6) 将滤饼在恒温箱中烘干,恒重,称量。计算出单位过滤液在过滤介质上被截留的固体质量,求出ω值。

(7) 用黏度计测出滤液的黏度μ,并记录入表7.3。

【实验数据整理】

(1) 以V为横坐标、$\frac{t}{V}$为纵坐标,绘制各种条件下污泥过滤时的$\frac{t}{V}$-V图。利用直线斜率求出b值,代入式(7.4)中即可求出相应的比阻r。

(2) 对正交试验结果进行极差分析,找出其中的主要影响因素和较佳的运行条件。

【问题与讨论】

(1) 判断各种污泥的脱水性能,并分析其原因;

(2) 根据实验现象与实验结果,重新确定污泥脱水的影响因素及相应水平,列出新的正交试验因素与水平表。

【注意事项】

(1) 污泥在预处理过程中,应充分混合;

(2) 在整个过滤过程中,真空度应始终保持一致;

(3) 实验时,整个抽滤装置的各个接头均不应漏气。

7.2 污泥浓缩实验

【实验目的】

从一级处理或二级处理过程中产生的污泥在进行脱水前常需加以浓缩，而最常用的方法是重力浓缩。在污泥浓缩池里，悬浮颗粒的浓度比较高，颗粒的沉淀作用主要为成层沉淀和压缩沉淀。该浓缩过程受悬浮固体浓度、性质和浓缩池的水力条件等因素的影响。因此，一般需要通过相应的实验来确定工艺中的主要设计参数。

通过本实验，希望达到以下目的：

(1) 加深对成层沉淀和压缩沉淀的理解；

(2) 了解运用固体通量设计计算浓缩池面积的方法。

【实验原理】

浓缩池固体通量(G)的定义为单位时间内通过浓缩池任一横断面上单位面积的固体质量[kg/(m^2·d)或kg/(m^2·h)]。在二次沉淀池和连续流污泥重力浓缩池里，污泥颗粒的沉降主要由两个因素决定：①污泥自身的重力；②污泥回流和排泥产生的底流。因此，浓缩池的固体通量G应由污泥自重压密固体通量G_i和底流引起的向下流固体通量G_u组成。即

$$G=G_i+G_u \tag{7.5}$$

而

$$G_i=v_i\rho_i \tag{7.6}$$

$$G_u=u_i\rho_i \tag{7.7}$$

式中，u_i为向下流速度，即由于底部排泥导致产生的界面下降速度，m/h；ρ_i为断面i处的污泥浓度，kg/m^3。若底部排泥量为Q_u(m^3/h)，浓缩池断面面积为A(m^2)，则$u_i=Q_u/A$。设计时，u_i一般采用经验值，如活性污泥浓缩池的u_i取0.25～0.51 m/h。v_i为污泥固体浓度为ρ_i时的界面沉速，单位为m/h，其值可通过同一种污泥的不同固体浓度的静态实验，从沉降时间与界面高度关系曲线求得(图7.3(a))。例如，对于污泥浓度ρ_i(设其起始界面高度为H_0)，通过该条浓缩曲线的起点作切线与横坐标相交，可得沉降时间t_i，则该污泥浓度ρ_i下浓缩池的界面沉速$v_i=H_0/t_i$(即为此污泥浓度下成层沉降时泥水界面的等速沉降速率)。

G、G_u与G_i随断面固体浓度ρ_i的变化情况如图7.3(b)所示。由于浓缩池各断面处固体浓度ρ_i是变化的，而G随ρ_i而变，且有一极小值即极限固体通量G_L。由固体通量的定义可得浓缩池的设计面积A为

$$A\geqslant\frac{Q_0\rho_0}{G_L} \tag{7.8}$$

式中，Q_0、ρ_0分别为入流污泥流量和固体浓度，单位分别为m^3/h和kg/m^3。

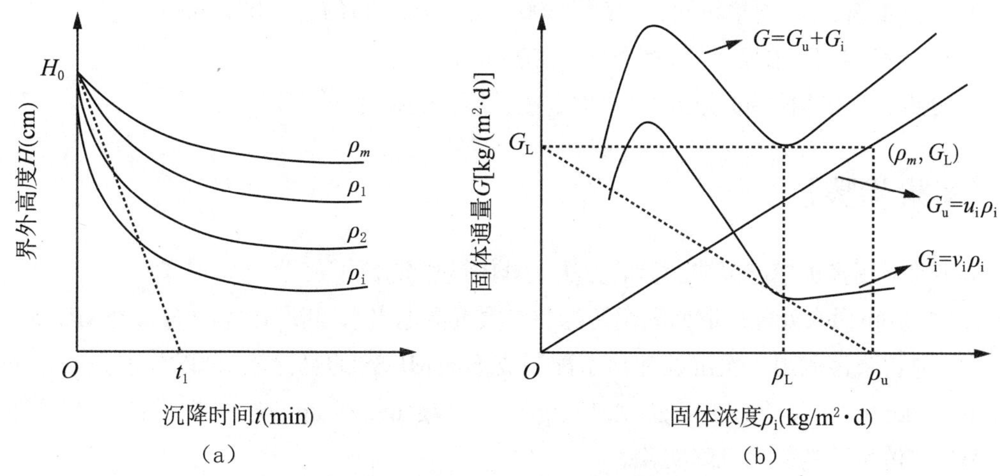

图7.3　污泥静态浓缩实验中各物理量间的相互关系

可以看出，G_L的值对于浓缩池面积的设计计算是至关重要的。在实际工作中，一般先根据污泥的静态沉降实验数据作出G_i-ρ_i的关系曲线，根据设计的底流排泥浓度ρ_0，自横坐标上的点ρ_u作该曲线的切线并与纵轴相交，其截距即为G_L。

【实验装置与设备】

(1) 实验装置的主要组成部分为沉淀柱和高位水箱，如图7.4所示。

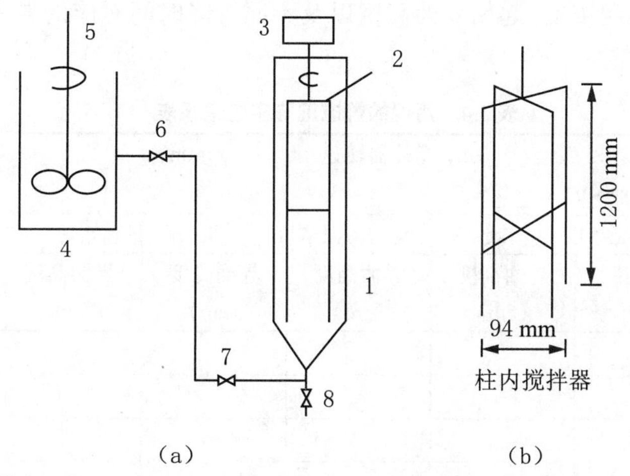

图7.4　污泥的静态沉降实验装置示意图

1. 沉淀柱；2、5. 搅拌器；3. 电动机；4. 高位水箱；6、7. 进泥阀；8. 排泥阀

(2) 实验仪器与设备：

① 沉淀柱，1根，有机玻璃制（柱身自上而下标有刻度），高$H=1500\sim2000$ mm，直径$D=100$ mm；

② 柱内搅拌器，4根，不锈钢管或铜管制，长为1200 mm，宽为94 mm，管径为3 mm；

③ 电动机,1台,TYC型同步电动机,220 V/24 mA;

④ 高位水箱,1只,硬塑料制,高H = 300~400 mm,直径D = 300 mm;

⑤ 连接管,若干,水煤气管,直径D = 20 mm;

⑥ 分析MLSS用烘箱、分析天平、称量瓶、量筒、烧杯、漏斗等。

【实验步骤】

本实验采用多次静态沉淀实验的方法。具体操作如下:

(1) 从城市污水处理厂取回剩余污泥和二次沉淀池出水,测取污泥的 SVI与MLSS。

(2) 将剩余污泥用二次沉淀池出水配制成不同MLSS的悬浮液,可以分别为4 kg/m^3、5 kg/m^3、6 kg/m^3、8 kg/m^3、10 kg/m^3、15 kg/m^3、20 kg/m^3、25 kg/m^3、30 kg/m^{3}等,然后进行不同MLSS浓度下的静态沉降实验。

(3) 将已配好的悬浮液倒入高位水箱,并加以搅拌使其混合、保持均匀。

(4) 把悬浮液注入沉淀柱至一定高度,启动沉淀柱的搅拌器(转速约1 r/min,搅拌10 min)。

(5) 观察污泥沉降现象。当出现泥水分界面时定期读出界面高度。开始时0.5~1 min读取一次,以后1~2 min 读取1次;当界面高度随时间变化缓慢时,停止读数。

【实验数据整理】

(1) 记录起始污泥浓度、起始界面高度以及不同沉降时间对应的界面高度,可整理表7.4所示。

表7.4　污泥的静态沉降实验记录表

沉淀柱高H =___cm,直径D =___cm,搅拌器转速 =_____r/min;
污泥来源:_____,污泥的SVI =____。

沉降时间(min)	起始污泥浓度____ kg/m^3		起始污泥浓度____ kg/m^3		起始污泥浓度____ kg/m^3		…
	界面高度(cm)	界面高度(cm)	界面高度(cm)	界面高度(cm)	界面高度(cm)	界面高度(cm)	…
0							
0.5							
1.0							
1.5							
2.0							
2.5							
…							
80							

(2) 根据上述实验数据,可得到不同污泥浓度沉降时的平均界面高度与沉降时间的关系曲线(即H-t);通过起始界面高度作各曲线的切线,求得相应的沉降时间,从而求出不同污

泥浓度下沉降曲线初始直线段时的界面沉速v_i(即污泥发生成层沉降时的等速沉降速率)。

(3) 求自重压密固体浓度G_i,并整理如表7.5所示,画出G_i-ρ_i关系图。

表7.5　污泥沉降过程中界面沉速v_i与自重压密固体浓度G_i

起始固体浓度ρ_i(kg/m)	初始界面沉速v_i(m/h)	自重压密固体浓度G_i[kg/(m^2·h)]
4.0		
5.0		
6.0		
8.0		
…		

(4) 根据设计污泥浓缩后需达到的固体浓度即ρ_u,求出G_L;即可计算出浓缩池的设计断面面积A。

[实验讨论]

(1) 本实验中污泥浓度的最低值应取多少?

(2) 污泥浓缩池中污泥发生的是成层沉淀和压缩沉淀,试阐述将泥水界面视为等速沉降来估算自重压密固体通量的优缺点。

【注意事项】

(1) 污泥的注入速度不宜过快或过慢。过快会引起严重紊乱,过慢则会使沉降过早发生,两者均会影响实验结果。另外,污泥注入时应尽量避免空气泡进入沉降柱。

(2) 重新进行下一次污泥浓度的沉降实验时,应将原有污泥排去,并将沉淀柱清洗干净再开始。

(3) 整个实验可由6~8组完成。每组完成1~2个污泥浓度的沉淀实验,然后综合、整理所有实验数据,完成实验报告。

7.3　污泥压滤实验

【实验目的】

污泥压滤处理的原理是利用滤布对污泥进行过滤,压榨污泥,使其中的水分离出,从而实现污泥的干化与减量。压滤机是一种间歇性过滤设备,可分离各种悬浊液,除适用于污泥脱水外,还广泛用于冶金、石油、化工、染料、医药、食品、纺织、造纸、皮革工业及城市污水处理等领域。

通过本实验,希望达到以下目的:

(1) 熟悉板框压滤机的结构和操作方法；

(2) 学会测定恒压压滤操作时的过滤常数；

(3) 掌握压滤问题的简化工程处理方法；

(4) 了解不同压差、流速及悬浮液浓度对过滤速度的影响。

【实验原理】

压滤是利用能让液体通过而截留固体颗粒的多孔介质(滤布和滤渣)，使悬浮液中的固体液体得到分离的单元操作。压滤操作本质上是流体通过固体床层的流动，所不同的是，该固体颗粒床层的厚度随着压滤过程的进行不断增加。过滤操作分为恒压过滤和恒速过滤。恒压过滤时，过滤介质两侧的压差维持不变，单位时间通过过滤介质的滤液量不断下降；恒速过滤即保持压滤速率不变。

压滤速率基本方程的一般形式为

$$\frac{\mathrm{d}V}{\mathrm{d}\tau}=\frac{A^2\Delta P^{1-s}}{\mu r' v(V+V_e)} \tag{7.9}$$

式中，V为τ时间内的滤液量，m^3；V_e为过滤介质的当量滤液体积，相当于滤布阻力的一层滤渣所得的滤液体积，m^3；A为过滤面积，m^2；ΔP为过滤的压差，Pa；μ为滤液黏度，g/(cm·s)；v为滤饼体积与相应滤液体积之比，量纲为1；r'为单位压差下滤饼的比阻，s^2/g；s为滤饼的压缩指数，量纲为1，一般情况下$s=0\sim1$，而对于不可压缩滤饼，$s=0$。

恒压过滤时，对上式积分可得

$$(q+q_e)^2=K(\tau+\tau_e) \tag{7.10}$$

式中，q为单位过滤面积的滤液量，m^3；q_e为单位过滤面积的虚拟滤液量，m^3；K为过滤常数，$K=\frac{2\Delta P^{1-s}}{\mu r' v}$，$m^2/s$；$\tau$为过滤介质获得滤液体积所需时间，s；$\tau_e$为过滤介质获得单位滤液体积所需时间，s。

对上式微分可得

$$\frac{\mathrm{d}\tau}{\mathrm{d}q}=\frac{2q}{K}+\frac{2q_e}{K} \tag{7.11}$$

该式表明$\frac{\mathrm{d}\tau}{\mathrm{d}q}$-$q$为直线，其斜率为$\frac{2}{K}$，截距为$\frac{2q_e}{K}$。为了便于测定数据以计算速率常数，可用$\frac{\Delta\tau}{\Delta q}$代替$\frac{\mathrm{d}t}{\mathrm{d}q}$，则式$\frac{\mathrm{d}\tau}{\mathrm{d}q}=\frac{2q}{K}+\frac{2q_e}{K}$可写成$\frac{\Delta\tau}{\Delta q}=\frac{2q}{K}+\frac{2q_e}{K}$。

将$\frac{\mathrm{d}\tau}{\mathrm{d}q}$对$q$作图，在正常情况下，各点均应在同一直线上，则$\frac{\mathrm{d}\tau}{\mathrm{d}q}$-$q$对应关系为一条直线(图7.5)，直线斜率$\frac{a}{b}=\frac{2}{K}$，截距$c=\frac{2q_e}{K}$。

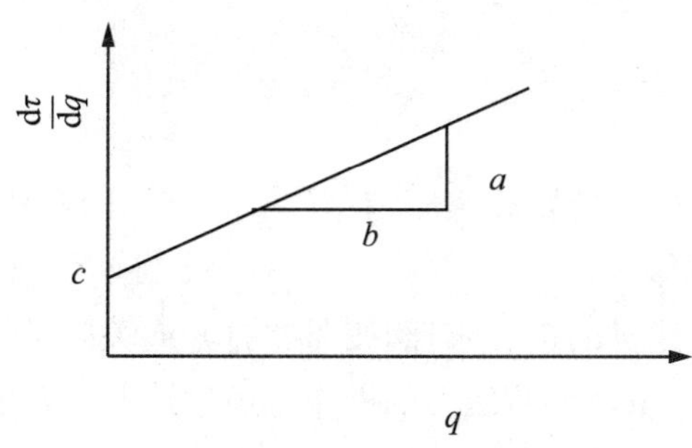

图7.5　$\frac{d\tau}{dq}$-q对应关系图

【实验设备与材料】

板框过滤实验设备及流程如图7.6所示。

碳酸钙悬浮液在配料釜内配制，搅拌均匀后，用供料泵送至板框过滤机进行过滤，滤液流入计量筒，碳酸钙则在滤布上形成滤饼。为调节不同操作压力，管路上还装有旁路阀。板框过滤机厚度为12 mm，每个滤板的面积（双面）为0.0216 m^2。表7.6列出了示例过滤机型号与规格参数。

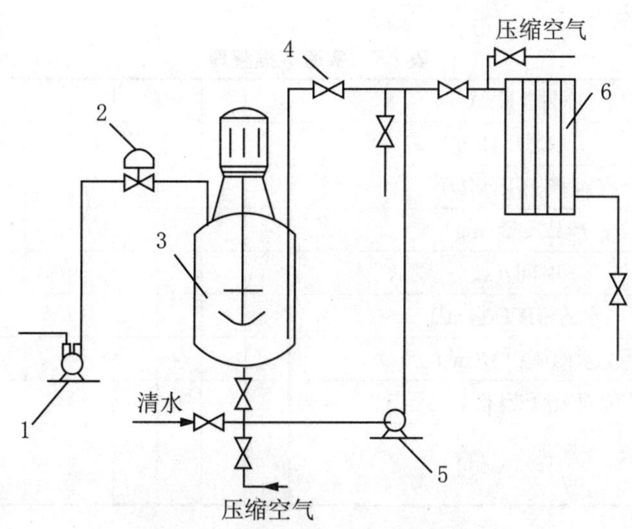

图7.6　板框过滤实验设备及流程

1. 压缩机；2. 压力控制阀；3. 配料釜；4. 旁路网；5. 供料泵；6. 板框过滤机

表7.6　过滤机的型号与规格（示例）

型号	过滤面积(m^2)	框内尺寸(mm)	框数	框内总容积(L)	工作压力(MPa)
BMS20/635-25	20	635×635×25	26	260	0.8
BMS30/635-25	30	635×635×25	38	380	0.8
BMS40/635-25	40	635×635×25	50	500	0.8

表7.6中板框过滤机型号如BMS20/635-25的意义如下：B表示板框过滤机；M表示明流式（若为A，则表示暗流式）；S表示手动压紧（若为Y，则表示液压压紧）；20表示过滤面积为20 m^2；635表示正方形滤框边长为635 mm；25表示框的厚度为25 mm。

【实验步骤】

(1) 按要求排好板和框的位置和次序，装好滤布，不同的板和框用橡胶垫隔开，然后压紧板框，装滤布前将滤布浸湿。

(2) 清水实验。将过滤机的进、出口阀按需要打开或关闭，用清水进行实验，检查设备是否泄漏，并以清水练习计量及调节压力的操作。通过计算机采集数据，作出1条平行于横轴的直线，由此得到q_e。

(3) 过滤实验。打开管线最低处的旋塞，放出管内积水。启动板框过滤机后打开进口阀，将压力调至指定的工作压力。一位同学在电子称量器前负责换装滤液，另一位同学在计算机前操作数据采集软件以获得实验数据。前3组数据每隔10 s采集1次，以后每加1组时间递增10 s。采集10组数据即可。

(4) 实验结束，关闭板框过滤机进口阀，清洗板框、滤布等。

【实验结果整理】

将实验数据整理在表7.7中。

表7.7　实验数据整理

原料温度(℃)									
板框滤压(kPa)									
搅拌釜压(kPa)									
产品质量(mg)									
时间t(s)									
水的密度(kg/m^3)									
水的体积V(m^3)									
单位面积滤液量q(m^3/m^2)									
$\frac{d\tau}{dq}$(s·m^3/m^2)									

根据实验结果，以单位面积滤液量q为横坐标，以$\frac{d\tau}{dq}$为纵坐标，绘制关系曲线。

【实验结果讨论】

(1) 论述动态过滤速度的趋势；

(2) 分析并讨论操作压力、流体速率及悬浮液含量对过滤速度的影响。

【注意事项】

(1) 如果采用的不是碳酸钙悬浮液而是从污水处理厂取回的生化污泥，必须在配料釜中加入药剂进行絮凝；

(2) 在实验时要避免滤板受到损伤而使滤液质量达不到要求。

7.4　废塑料的热分解实验

【实验目的】

在塑料的生产、加工、流通和消费过程中，产生了大量的废弃物。由于塑料不易腐败，在土壤中不能被降解，因此不能在填埋过程中消化掉。由于塑料在焚烧时熔融，在炉栅下燃烧，使炉栅变形，同时产生腐蚀性气体及有害物质，因此也不能在垃圾焚烧炉中焚烧。但是废塑料可作为资源加以回收利用，热解是废塑料资源化的一个途径。

通过本实验，希望达到以下目的：

(1) 通过对废有机玻璃热解，掌握回收甲基丙烯酸甲单体的实验；

(2) 了解废塑料热解的原理；

(3) 初步掌握塑料热解的试验研究方法。

【实验原理】

热分解是将废塑料在隔绝空气的情况下加热，使大分子裂解为小分子，一般可以裂解为单体或含碳原子1～10个的碳氢化合物以及卤化氢等小分子物质，有些还可析出碳。塑料品种很多，热解温度不同，热解产品也各异。某些塑料的热解温度和热解产物如表7.8所示。

表7.8　部分塑料的热解温度和热解产物

塑料名称	聚乙烯	聚丙烯	聚苯乙烯	PMMA	PVC
热解温度(℃)	290～360 335～450	220～250 328～410	300～400	170～300	190～300
热解产物	4.8 mol%单体 C_1～C_7(CH)	18. 4 mol%单体	84.7wt%单体苯C_8H_{10}	100%单体	6.2 mol% 单体HCl C_1～C_9(CH)

本实验采用废有机玻璃(PMMA，聚甲基丙烯酸甲)热解，回收甲基丙烯酸甲酯单体。

【实验设备与试剂】

① 有支管的蒸馏烧瓶：60 mL；

② 蛇形冷凝管：30 cm；

③ 台秤；

④ 三角烧瓶：100 mL；

⑤ 水银温度计:360 ℃;

⑥ 废有机玻璃;

⑦ 黄砂。

【实验步骤】

(1) 安装热解实验装置(图7.7)。

(2) 称取一定重量的废有机玻璃碎片,放入蒸馏烧瓶中,加好盖子;接好冷凝管,开冷却水。

(3) 用砂浴慢慢加热,使蒸馏烧瓶中的有机玻璃受热均匀(温度不超过300 ℃)至完全分解,用三角烧瓶接收分解出来的单体。

(4) 热分解结束后,称量三角烧瓶中的甲基丙烯酸甲酯单体重量。

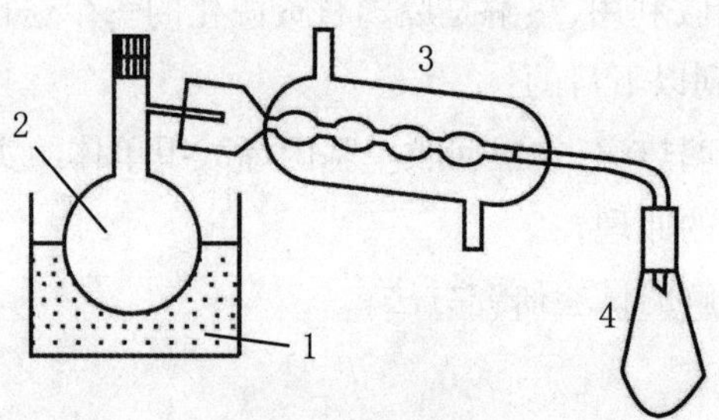

图7.7 热解实验装置

1. 砂浴;2. 蒸馏烧瓶;3. 冷凝管;4. 三角烧瓶

【实验结果整理】

记录加入蒸馏烧瓶中的废有机玻璃重量和热解得到的单体重量,计算有机玻璃热解回收率。

【思考题】

(1) 如何可以使废有机玻璃加热均匀?

(2) 分析影响回收率的因素。

7.5 固体废物的破碎筛分实验

【实验目的】

破碎筛分是固体废物预处理的技术之一,通过破碎对固体尺寸和形状进行控制,有利于固体废物的资源化和减量化。

通过本实验，希望达到下述目的：

(1) 掌握固体废物破碎筛分过程；

(2) 熟悉破碎筛分设备的使用方法。

【实验原理】

固体废物的破碎是固体废物由大变小的过程，利用粉碎工具对固体废物施力而将其破碎，所得产物根据粒度的不同，利用不同筛孔尺寸的筛子将物料中小于筛孔尺寸的细物粒透过筛面，大于筛孔尺寸的粗物粒留在筛面上，从而完成粗、细分离的过程。在工程设计中，破碎比常采用废物破碎前的最大粒度(D_{max})与破碎后的最大粒度(d_{max})之比来计算，这一破碎比称为极限破碎比。通常，根据最大物料直径来选择破碎机给料口的宽度。

在科研理论研究中破碎比常采用废物破碎前的平均粒度(D_{cp})与破碎后的平均粒度(d_{cp})之比来计算。

$$i=\frac{\text{废物破碎前最大粒度}(D_{max})}{\text{破碎产物的最大粒度}(d_{max})} \tag{7.12}$$

$$i=\frac{\text{废物破碎前平均粒度}(D_{cp})}{\text{破碎产物的平均粒度}(d_{cp})} \tag{7.13}$$

这一破碎比称为真实破碎比，能较真实地反映废物的破碎程度。

【实验装置与设备】

破碎固体废物常用的破碎机类型有颚式破碎机、冲击式破碎机、辊式破碎机、剪切式破碎机、球磨机及特殊破碎等。

【实验步骤】

(1) 废渣在70 ℃烘24 h，冷却，称取300 g于粉碎机中粉碎3 min，清出后称重；

(2) 按筛目由大至小的顺序排列，连续往复摇动15 min，分别记录筛上和筛下产物，计算不同粒度物料所占百分比。

【实验结果整理】

(1) 根据实验过程的数据记录，对固体废物堆积密度及变化、体积减少百分比、破碎比进行计算；

(2) 计算筛下物质量占总质量的百分比。

【思考题】

(1) 废渣进行破碎和筛分的目的是什么?
(2) 为什么要在试样干燥后再进行粉碎筛分?

7.6 固体废物的重介质分选实验

【实验目的】

固体废物分选指的是基于物质的粒度、密度、颜色、磁性、静电感应的不同,采用筛分、重力分选、光选、磁选、静电分选等方法将混杂的固体废物按类别分开的方法。固体废物分选是实现固体废物资源化、减量化的重要手段,通过分选将有用的充分选出来加以利用,将有害的充分分离出来。在重介质中使固体废物中的颗粒群按密度分开的方法称为重介质分选。

通过本实验,希望达到以下目的:

(1) 了解重介质分选方法的原理;
(2) 了解重介质分选中重介质的正确制备方法;
(3) 了解重介质密度的准确测定方法;
(4) 掌握重介质分选实验的操作过程和实验数据的整理。

【实验原理】

为使分选过程有效地进行,需选择重介质密度(ρ_C)使其介于固体废物中轻物料密度(ρ_L)和重物料密度(ρ_W)之间,即

$$\rho_L < \rho_C < \rho_W$$

在重介质中,颗粒密度大于重介质密度的重物料将下沉,并集中于分选设备底部成为重产物;颗粒密度小于重介质密度的轻物料将上浮,并集中于分选设备的上部成为轻产物,从而重产物和轻产物可以分别排出,实现分选的目的。

【实验设备及物料】

(1) 实验设备

① 浓度壶,1个;
② 玻璃杯,250 mL以上,10个;
③ 量筒,高和直径均大于200 mm,10个;
④ 玻璃棒,10根;

⑤ 漏勺,4把;

⑥ 重介质加重剂(硅铁或磁铁矿):1 kg;

⑦ 托盘天平:2 kg,1台;

⑧ 烘箱,1台;

⑨ 筛子,标准筛:8 mm、5 mm、3 mm、1 mm、0.074 mm,各1个;

⑩ 铁铲,2把。

(2) 实验物料

根据各地的具体情况确定实验的物料,物料中的成分有一定的密度差异,能满足按密度分离即可,如可以选用煤矸石,含磷灰石的矿山尾矿、含铜铅锌的矿山尾矿等作为实验的物料。

【实验步骤】

(1) 实验物料的制备

将物料进行破碎,并按筛孔尺寸8 mm、5 mm、3 mm、1 mm、0.074 mm进行分级,然后将其分成不同的级别并分别称量。

(2) 重介质的制备

按照分选要求制备不同密度的重介质,所需加重剂的质量为

$$m=\frac{\rho_P-\rho_1}{\rho_s-\rho_1}V \tag{7.14}$$

式中,m为加重剂的质量,kg;V为重介质的体积,m^3;ρ_s为加重剂的密度,kg/m^3;ρ_1为水的密度,kg/m^3;ρ_P为不同尺寸级别的物料密度,kg/m^3。

(3) 重介质悬浮液密度的测定

采用浓度壶测定,测定的原理和方法如下:设空比重瓶的质量为m_1,注满水后比重瓶与水的总质量为m_2,注满待测液后比重瓶与待测重介质悬浮液的总质量为m_3,待测重介质悬浮液的密度为ρ,水的密度为ρ_1,则

$$\rho=\frac{m_3-m_1}{m_2-m_1}\times\rho_1 \tag{7.15}$$

同时,也可采用浓度壶测定待测重介质的密度。

【实验过程】

(1) 按照实验的要求破碎物料,进行分级并称量;

(2) 按照分选要求配制重介质悬浮液;

(3) 用配制好的悬浮液浸润物料;

(4) 将配制好的悬浮液注入分离容器,不断搅拌,保证悬浮液的密度不变。在缓慢搅拌的同时,加入用同样悬浮液浸润过的试样;

(5) 停止搅拌,5~10 s后用漏勺从悬浮液表面(插入深度约相当于最大块物料的尺寸)捞出浮物,然后取出沉物。如果有大量密度与悬浮物相近的物料,则单独取出收集;

(6) 取出的产品分别置于筛子上用水冲洗,必要时再利用带筛网的容器置于清水桶中淘洗。待完全洗净黏附于物料上的重介质后,分别烘干、称量、磨细、取样、化验;

(7) 记录整理实验数据,并进行计算。

【实验数据整理】

(1) 实验数据的处理。

① 计算固体废物分选后各产品的质量分数。

$$\text{产品的质量分数}=\frac{\text{某产品的质量}}{\text{给入作业的总质量}}\times 100\% \tag{7.16}$$

② 计算分选效率(回收率)。

$$\text{回收率}=\frac{\text{某密度组分中某种成分的质量}}{\text{某种成分的质量}}\times 100\% \tag{7.17}$$

(2) 将实验数据和计算结果记录在表7.9中。

表7.9 实验记录表

实验时间:____年___月___日,实验试样名称____。

密度组分	各单元组分				沉物累计			浮物累计		
	质量(g)	产率(%)	品位(%)	分布率(%)	产率(%)	品位(%)	分布率(%)	产率(%)	品位(%)	分布率(%)
共计										

(3) 以实验结果为依据分别绘制沉物和浮物的“产率-品位”“产率-回收率”曲线。

【问题与讨论】

(1) 探讨物料按密度分离的可能性和难易程度,并分析重介质分选方法的原理;

(2) 掌握重介质分选实验中重介质的正确制备方法;

(3) 根据实验结果分析重介质分选法进行分级的重要性。

7.7 风力分选实验

【实验目的】

风力分选是垃圾分选中常用的方法之一,是以空气为分选介质,将轻物料从物料中分离出来的一种方法。风选实质上包含两个分离过程：一是分离具有低密度、空气阻力大的轻质部分(提取物)和具有高密度、空气阻力小的重质部(排出物)；二是进一步将轻颗粒从气流中分离出来。最后分离步骤常由旋流器完成。

本实验测定在不同风速的条件下，不同粒径颗粒的分选效果与风速的关系。通过本实验，希望达到以下目的：

(1) 初步了解风力分选的基本原理和基本方法；

(2) 了解水平风力分选机的构造与原理。

【实验原理】

空气与水相比较，其密度和黏度都较小，并具有可压缩性。当压力为1 MPa、温度为20 ℃时，空气密度为0.00118 g/cm³，黏度为0.000018 Pa•s。因为在风选过程中采用的风压不超过1 MPa，所以，实际上可以忽略空气的压缩性，而将其视为具有液体性质的介质。颗粒在水中的沉降规律同样适用于在空气中的沉降。但由于空气密度较小，与颗粒密度相比可忽略不计，所以颗粒在空气中的沉降末速(v_0)可用下式计算：

$$v_0=\sqrt{\frac{\pi d\rho_s g}{6\psi\rho}} \tag{7.18}$$

式中，d为颗粒的直径，m；ρ_s为颗粒的密度，kg/m³；ρ为空气的密度，kg/m³；ψ为阻力系数；g为重力加速度，m/s²。

从上式可以明显地看出，颗粒粒度一定时，密度大的颗粒沉降末速大；颗粒密度相同时，直径大的颗粒沉降末速大。颗粒的沉降末速同时与颗粒的密度、粒度及形状有关，因而在同一介质中，密度、粒度和形状不同的颗粒在特定的条件下可以具有相同的沉降速率。这样的颗粒称为等降颗粒。其中，密度小的颗粒粒度(d_{r1})与密度大的颗粒粒度(d_{r2})之比，称为等降比，以e_o表示，即

$$e_o=\frac{d_{r1}}{d_{r2}}>1 \tag{7.19}$$

等降比的大小可由沉降末速的个别公式或通式写出，如两颗粒等降，则$v_{01}=v_{02}$，那么

$$\sqrt{\frac{\pi d_1\rho_{s1}g}{6\psi_1\rho}}=\sqrt{\frac{\pi d_2\rho_{s2}g}{6\psi_2\rho}} \tag{7.20}$$

$$\frac{d_1\rho_{s1}}{\psi_1}=\frac{d_2\rho_{s2}}{\psi_2} \tag{7.21}$$

$$e_0=\frac{d_1}{d_2}=\frac{\psi_1\rho_{s2}}{\psi_2\rho_{s1}} \tag{7.22}$$

所以式(7.22)即为自由沉降等降比(e_o)的通式。从该式可见，等降比(e_o)将随两种颗粒密度差($\rho_{s1}-\rho_{s2}$)的增大而增大；而且e_o还是阻力系数(ψ)的函数。理论与实践都表明，e_o将随颗粒粒度变细而减小。颗粒在空气中的等降比远远小于在水中的等降比，大约为其1/5～1/2。所以，为了提高分选效率，在风选之前需要将废物进行窄分级，或通过破碎使粒度均匀，再按密度差异进行分选。

颗粒在空气中沉降时所受到的阻力远小于在水中沉降时所受到的阻力。所以,颗粒在静止空气中沉降到达末速所需的时间和沉降距离都较长。颗粒在上升气流中达到沉降末速时,其沉降速率($v_0{}'$)等于颗粒对介质的相对速率(v_0)与上升气流速率(u_a)之差,即

$$v_0{}' = v_0 - u_a \tag{7.23}$$

所以,上升气流可以缩短颗粒达到沉降末速的时间和距离。因此,在风选过程中常采用上升气流。

颗粒在实际的风选过程中的运动是干涉沉降。在干涉条件下,上升气流速率远小于颗粒的自由沉降末速时,颗粒群就呈悬浮状态。颗粒群的干涉末速(v_{hs})为

$$v_{hs} = v_0(1-\lambda)^n \tag{7.24}$$

式中,λ为物料的容积浓度,kg/m^3;n为与物料的粒度及状态有关,多介于2.33～4.65之间。

在颗粒达到末速保持悬浮状态时,上升气流速率(u_a)和颗粒的干涉末速(v_{hs})相等。使颗粒群开始松散和悬浮的最小上升气流速率(u_{min})为

$$u_{min} = 0.125v_0 \tag{7.25}$$

在干涉沉降条件下,使颗粒群按密度分选时,上升气流速度的大小应根据固体废物中各种成分的性质通过实验确定。

在风选中还常采用水平气流。在水平气流分选器中,物料是在空气动压力和本身重力的作用下按粒度或密度进行分选的。由图7.8可以看出,如在缝隙处有一直径为d的球形颗粒,并且通过缝隙的水平气流速度大小为u,那么,颗粒将受到以下两个力的作用:

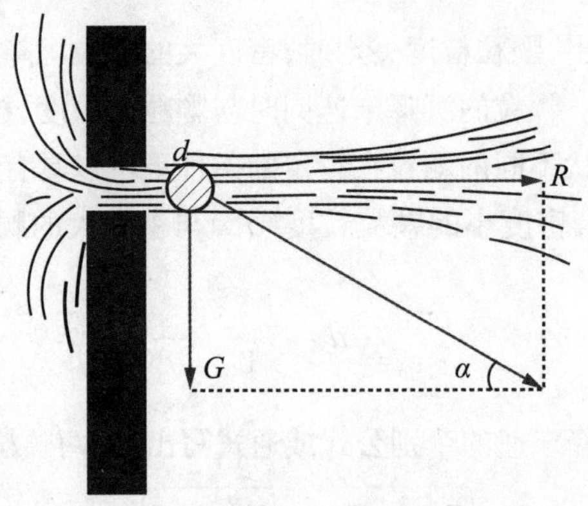

图7.8　颗粒d的受力分析

(1) 空气的动压力(R):

$$R = \psi d^2 u^2 \rho \tag{7.26}$$

式中,ψ为阻力系数;ρ为空气的密度,kg/m^3;u为水平气流的速率,m/s。

(2) 颗粒本身的重力(G):

$$G = mg = \frac{\pi d^3 \rho_s}{6} g \tag{7.27}$$

式中,m为颗粒的质量,kg;ρ_s为颗粒的密度,kg/m^3。

颗粒的运动方向将与两力的合力方向一致,并且由合力与水平方向夹角(α)的正切值来确定:

$$\tan\alpha=\frac{G}{R}=\frac{\pi d^{3}\rho_{s}g}{6\psi d^{2}u^{2}\rho}=\frac{\pi d\rho_{s}g}{6\psi u^{2}\rho} \tag{7.28}$$

由式(7.28)可知,当水平气流速率一定、颗粒粒度相同时,密度大的颗粒沿与水平方向夹角较大的方向运动;密度较小的颗粒则沿夹角较小的方向运动,从而达到按密度差异分选的目的。

【实验装置与设备】

风选方法工艺简单。作为一种传统的分选方式,风选在国外主要用于城市垃圾的分选,将城市垃圾中以可燃性物料为主的轻组分和以无机物为主的重组分分离,以便分别回收利用或处置。

图7.9是水平气流分选机工作原理示意图,图7.10为生活垃圾卧式分选机设备示意图。该机从侧面送风,固体废物经破碎机破碎和圆筒筛筛分至粒度均匀后,定量给入机内,当废物在机内下落时,被鼓风机鼓入的水平气流吹散,固体废物中各种组分沿着不同的运动轨迹分别落入重质组分、中重组分和轻质组分收集槽中。要使物料在分选机内达到较好的分选效果,就要使气流在分选筒内产生湍流和剪切力,从而把物料团块分散。水平气流分选机的最佳风速为20 m/s。

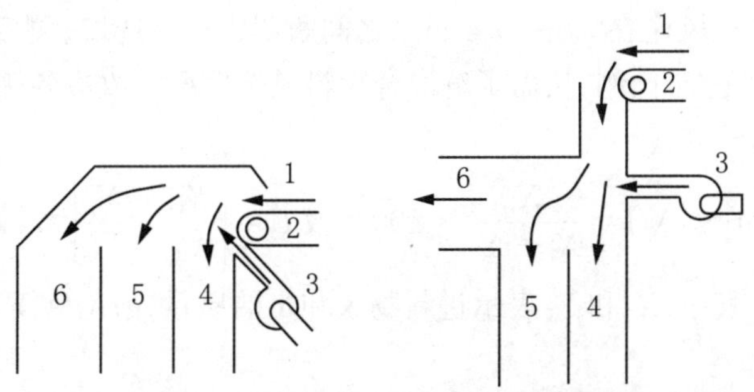

图7.9　水平气流分选机工作原理示意图

1.给料; 2.给料机;3.空气;4.重颗粒;5.中等颗粒;6.轻颗粒

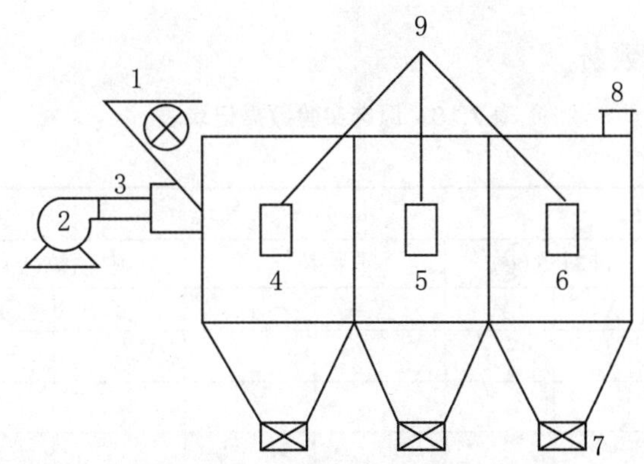

图7.10　生活垃圾卧式分选机设备示意图

1.进料斗;2.风机;3.进风口;4.轻物质槽(长×宽=0.6 m×0.8 m)

5.中重物质槽(长×宽=0.6 m×0.8 m);6.重物质槽(长×宽=0.4 m×0.8 m)

7.出料口;8.出风口;9.观察窗

选取功率为1.5 kW的涡流式风机，其风压范围是250～380 kPa，风速范围是7.5～17.4 m/s。风选设备主体的尺寸为1.6 m(长)×1.8 m(高)×0.6 m(宽)。

【实验步骤】

本实验要测定不同密度的混合垃圾在不同风速条件下的分选效果，不同密度的垃圾混合物在不同风速下的分离比例就是其分离效率。

实验步骤如下：

(1) 进行单一组分的风选。选取纸类、金属(尺寸<15 cm)等密度不同的物质，每种物质先单独进行风选实验。

(2) 开启风机后，首先利用风速测定仪测定风机出口的风速，然后将单一物质均匀地投入进料口中，通过观察窗留意观察物料在风选机内的运行状态。收集各槽中的物料并称重。

(3) 风速在7.5～17.4 m/s之间每隔1 m/s选取，测定不同风速下轻、中重、重槽中该物质颗粒的分布比例，从而了解单一组分的风选情况。收集各槽中的物料并称重。

(4) 将选取的单一物质混合均匀。开启风机后，利用风速测定仪测定风机出口的风速，然后将混合物质(X和Y)(无比例要求)均匀地投入进料口，通过观察窗留意观察物料在风选机内的运行状态。收集各槽中的物料并称取混合物中各单一物质的质量。

(5) 重复步骤(4)，风速在7.5～17.4 m/s之间每隔1 m/s选取，测定不同风速下轻、中重、重槽中物质颗粒的分布比例，从而了解混合物料风选情况。收集各槽中的物料并称取混合物中各单一物质的质量。

(6) 利用公式 $\text{Purity}(X_i)=\dfrac{X_i}{X_i+Y_i}\times 100\%$ 及 $E=\left|\dfrac{X_i}{X_0}-\dfrac{Y_i}{Y_0}\right|\times 100\%$，计算分选物料的纯度和分选效率。其中，$X_0$ 和 Y_0 表示进料物X和Y的质量，g；X_i 和 Y_i 表示同一槽中出料物X和Y的质量，g。

【实验结果整理】

按表7.10记录实验数据。

表7.10　风选实验数据记录表

实验日期：___年___月___日。

序号	风速(m/s)	进料量(g)		重颗粒(g)		中颗粒(g)		轻颗粒(g)	
		X_0	Y_0	X_i	Y_i	X_i	Y_i	X_i	Y_i
1									
2									
3									
…									

【实验结果讨论】

(1)与立式分选相比,水平分选有什么优缺点?如何加以改进?水平风选机的分选效率与什么因素有关?怎样提高分选效率?

(2)根据实验及计算结果,确定水平分选的最佳风速。

【注意事项】

(1) 风机速率应逐渐增大,开始时速率不宜过大;

(2) 根据分选精度,及时调整风机速率。

7.8　垃圾堆肥实验

【实验目的】

近年来,堆肥技术广泛应用于固体废物稳定化、无害化和减量化处理,是资源回收利用的有效途径,受到越来越多的关注。堆肥化(composting)是指依靠自然界广泛分布的细菌、放线菌、真菌等微生物或通过人工接种特定功能的菌,在一定工况条件下,有控制地促进可被生物降解的有机物向稳定的腐殖质转化的生物化学过程。

通过本实验,希望达到以下目的:

(1) 加深对好氧堆肥的了解;

(2) 了解好氧堆肥化过程的各种影响因素和控制措施。

【实验原理】

好氧堆肥化是指在有氧条件下,依靠好氧微生物的作用来转化有机废物。有机废物中的可溶性有机物质可透过微生物的细胞壁和细胞膜被微生物直接吸收,不溶性的胶体有机物质则先吸附在生物体外,依靠微生物分泌的胞外酶分解为可溶性物质,再渗入细胞。通过微生物自身的生命活动进行分解代谢和合成代谢,一部分被吸收的有机物氧化成简单的无机物,并释放微生物生长、活动所需要的能量;另一部分有机物转化成新的细胞物质,使微生物繁殖,产生更多的生物体。

【实验设备与材料】

(1) 反应器主体

实验的核心装置是一次发酵反应器,其装置示意图如图7.11所示。设计采用有机玻璃制成罐:内径为390 mm,高为480 mm,总容积为57.32 L。反应器侧面设有采样口,可定期采样。反应器顶部有气体收集管,用医用注射器作取样器定时收集反应器内气体样本。同时,反应器还配有测温装置、恒速搅拌装置等。

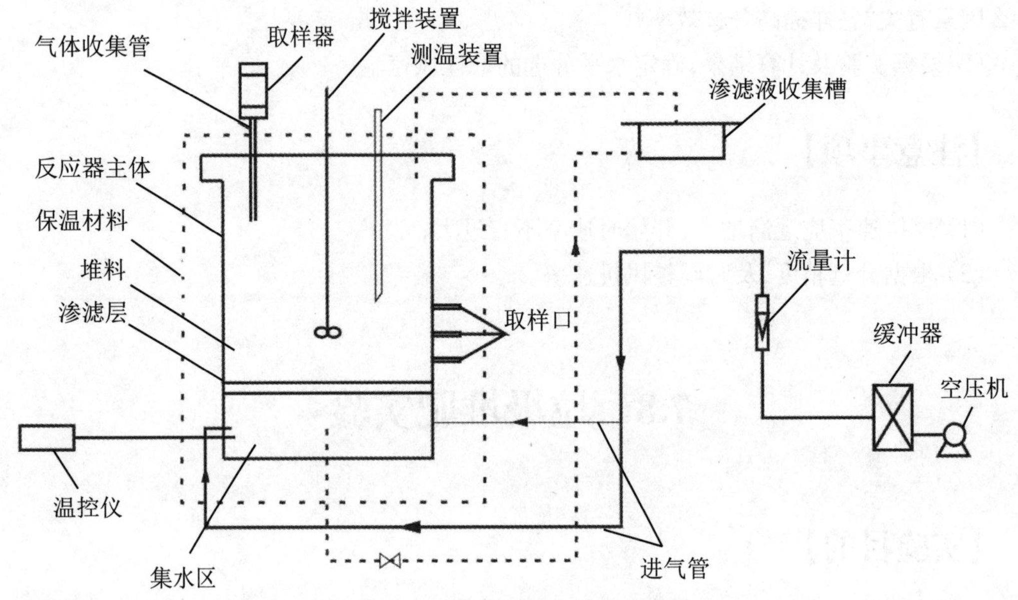

图7.11　好氧堆肥实验装置示意图

(2) 供气系统

气体由空压机产生后可暂时存储在缓冲器里,经过气体流量计定量后从反应器底部供气。供气管是直径为5 mm的蛇皮管。为了达到相对均匀供气的目的,将反应器内的供气管部分加工为多孔管,并采用双路供气的方式。

(3) 渗滤液分离收集系统

反应器底部设有多孔板,以分离渗滤液。多孔板用有机玻璃制成,板上布满直径为4 mm的小孔。多孔板下部的集水区底部为倾斜的锥面,可随时排出渗滤液。渗滤液储存在渗滤液收集槽中,需要时可进行回灌,以调节堆肥物含水率。

上述部分实验设备的规格如表7.11所示。

表7.11　实验设备规格

名称	型号规格	备注
空压机	Z-0.29/7	—
缓冲器	$H/\varnothing$ = 380 mm/260 mm	最高压力:0.5 MPa
转子流量计	LZB-6,量程0~0.6 m^3/h	20 ℃,101.3 kPa
温度计	量程:0~100 ℃	—
搅拌装置	直径10 mm,有机玻璃棍	搅拌速率恒定
注射器	ZQ. B41A. 5 5 mL	—
反应器主体	$H/\varnothing$ = 480 mm/390 mm	材料:有机玻璃
温控仪	WMZK-01,量程:0~50 ℃	—

【实验步骤】

(1) 将40 kg有机垃圾进行人工剪切破碎并过筛,使垃圾粒径小于10 mm;

(2) 测定有机垃圾的含水率;

(3) 将破碎后的有机垃圾投加到反应器中,控制供气流量为1 $m^3/(h \cdot t)$;

(4) 分别取样测定堆肥开始第1 d、3 d、5 d、8 d、10 d、15 d堆体的含水率,记录堆体中央温度,从气体取样口取样测定CO_2和O_2的体积分数;

(5) 调节供气流量分别为5 $m^3/(h \cdot t)$和8 $m^3/(h \cdot t)$,重复上述实验步骤。

【实验结果整理】

(1) 记录实验主体设备的尺寸、实验温度、气体流量等基本参数。

(2) 对实验数据进行整理,并记录在表7.12中。

表7.12　好氧堆肥实验数据整理

项目	供气流量为1 $m^3/(h \cdot t)$				供气流量为5 $m^3/(h \cdot t)$				供气流量为8 $m^3/(h \cdot t)$			
	含水率(%)	温度(℃)	CO_2(%)	O_2(%)	含水率(%)	温度(℃)	CO_2(%)	O_2(%)	含水率(%)	温度(℃)	CO_2(%)	O_2(%)
原始垃圾												
第1天												
第2天												
第3天												
第5天												
第8天												
第10天												
第15天												

(3) 绘制堆体温度随时间变化的曲线。

【思考题】

(1) 分析影响堆肥过程中堆体含水率的主要因素;

(2) 分析堆肥过程中通气量对堆肥过程的影响。

【注意事项】

(1) 渗滤液回流速度不宜过快,以控制在1 h左右为宜;

(2) 搅拌机转速不宜过快,一般调节至20~30 r/min为宜。

7.9　危险性固体废弃物渗滤实验

【实验目的】

危险废弃物是指一种或者一种以上的具有腐蚀性、急性毒性、浸出毒性、反应性、传染性等危险特性的废弃物。根据《国家危险废物名录》,危险废物来自几乎国民经济的所有行业,其中化学原料及化学制品制造业、有色金属冶炼及压延加工业、有色金属矿采选业、造纸及纸制品业和电气机械及器材制造业等5个行业所产生的危险废物占到危险废物总产量的一半以上。

生产和生活中所产生的固体废弃物浸出毒性的鉴别方法是用蒸馏水在特定的条件下对危险废弃物进行浸取并分析浸出液的毒性,从而测定危险废物的浸出毒性。

通过本实验,希望达到以下目的:

(1) 加深对危险固体废弃物中污染物渗出规律的理解;

(2) 通过实验来确定某种固体废弃物的渗滤曲线,并为危险性固体废弃物的处理提供必要的参数;

(3) 加深对危险性固体废弃物的认识,并理解进行特殊处理的重要性。

【实验原理】

实验采用模拟的手段,在玻璃内填装经粉碎的固体废渣,以一定的流速滴加蒸馏水,根据测定渗漏水中有害物质的流出时间和浓度变化规律,推断固体废弃物在堆放时的渗漏情况和危害程度。

【实验设备与材料】

(1) 渗滤装置,1套;

(2) pH计,1台;

(3) TOC测定仪,1台;

(4) 紫外可见分光光度计,1台;

(5) 蒸馏水瓶、废液储存瓶、取样瓶,若干;

(6) 有关药品及玻璃器皿,若干。

固体废弃物渗漏模型实验装置如图7.12所示。

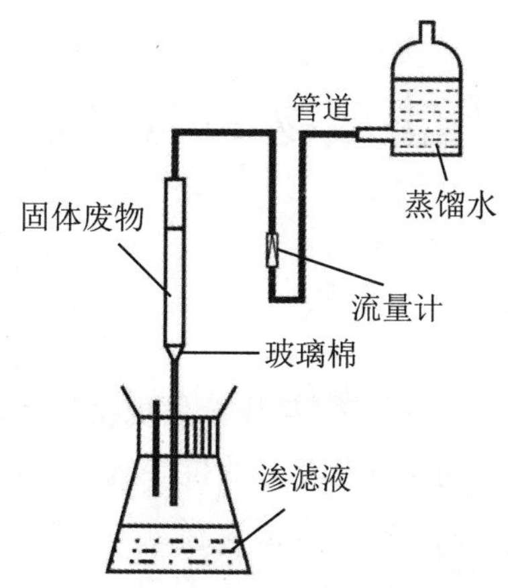

图7.12　固体废弃物渗漏模型实验装置

【实验步骤】

(1) 将去除草木、砖石等异物的含镉工业废渣置于阴凉通风处,使之风干。压碎后,用四分法缩分,然后通过0.5 mm孔径的筛,制备样本量约1000 g,装入色层柱,高约200 mm。试剂瓶中装蒸馏水,以4.5 mL/min的速度通过色层柱流入锥形瓶,待滤液收集至400 mL时,关闭活塞,摇匀滤液,取适量样品按水中镉的分析方法,测定镉的浓度。

(2) 记录实验数据。

【实验结果整理】

根据原始记录,以时间为横坐际,水样浓度为纵坐标,作*c*-*t*曲线。

【思考题】

(1) 根据测定结果推测,如果这种废渣堆放在河边土地上可能会产生什么后果?

(2) 这类废渣应如何处置?

【注意事项】

(1) 进液速度不宜过快或过慢,注意流量计的调节;

(2) 取样体积只要够做检测即可。

7.10 有害废物的固化处理实验

【实验目的】

固化处理的目的是使废弃物中所有污染成分呈现化学惰性或被包容起来，以便运输、利用或处置。因此，理想的固化产物应具有良好的抗渗透性，良好的机械特性，以及抗浸出性、抗干湿、抗冻融特性。这样的固化产物可直接在安全土地填埋场处置，也可用作建筑的基础材料或道路的路基材料。

通过本实验，希望达到以下目的：

(1) 了解固化处理的基本原理；

(2) 初步掌握用固化法处理有害废物的研究方法。

【实验原理】

固化处理方法按原理划分为包胶固化、自胶结固化、玻璃固化和水玻璃固化。根据包胶材料的不同，包胶固化分为硅酸盐胶凝材料固化、石灰固化、热塑性材料固化和有机聚合物固化。包胶固化适用于多种类型的废物。而自胶结固化只适用于含有大量能成为胶结剂的废物。玻璃固化和水玻璃固化一般只适用于极少量毒性特别大的废物处理，如高放射性废物的处理。

一般废物固化都采用包胶固化的方法，包胶固化是采用某种固化基材对废物进行包覆处理的一种方法。一般分宏观包胶和微囊包胶。宏观包胶是把干燥的未稳定化处理的废物用包胶材料在外围包上一层，使废物与环境隔离；微囊包胶是用包胶材料包覆废物的颗粒。宏观包胶工艺简单，但包胶材料一旦破裂，被包覆的有害废物就会进入环境造成污染。微囊包胶有利于有害废物的安全处理，是目前采用较多的处理技术。

本实验采用水泥为基材，固化含铬废渣。水泥基固化原理如下：

水泥基固化是利用水泥和水化合时产生水硬胶凝作用将废物包覆的一种方法，普通硅胶酸盐水泥的主要成分为硅酸三钙、硅酸二钙、铝酸三钙和铁铝酸四钙，它们与水发生水化作用时，产生下列反应：

$$3CaO \cdot SiO_2 + H_2O = 2CaO \cdot SiO_2 + Ca(OH)_2$$

$$2CaO \cdot SiO_2 + H_2O = 2CaO \cdot SiO_2 \cdot H_2O$$

$$3CaO \cdot Al_2O_3 + H_2O = 3CaO \cdot Al_2O_3 \cdot H_2O$$

$$3CaO \cdot Al_2O_3 + H_2O = 2CaO \cdot Al_2O_3 \cdot H_2O + CaO \cdot Fe_2O_3 \cdot H_2O$$

水化后产生的胶体将水泥颗粒相互联络，渐渐变硬而凝结成水泥石，在变硬凝结过程中将砂、石子、铬渣等固体废物包裹在水泥石中。

【实验设备与试剂】

① 搅拌锅;

② 搅和铲;

③ 振动台;

④ 养护箱;

⑤ 台秤;

⑥ 天平;

⑦ 标准稠度与凝结时间测定仪;

⑧ 压力测试机;

⑨ 分光光度计;

⑩ 模子;

⑪ 普通硅酸盐水泥;

⑫ 铬渣和分析铬所需药品。

【实验步骤】

(1) 测定水泥净浆标准稠度和凝结时间

① 以 114 mL 水与 400 g 水泥搅和成均匀的水泥净浆。

② 用标准度与凝结时间测定仪测定试锥在水泥净浆中的下沉深度S(mm)。按下式计算标准稠度用水量P(%)=33.4−0.185S。

③ 用标准稠度用水量制成标准度的水泥净浆,立即一次装入圆模中,振动数次刮平,然后放入养护箱内。

④ 测定凝结时间:从养护箱中取出圆模放在试针下,使试针与净浆面接触,拧紧螺丝然后突然松开螺丝,使试针自由插入水泥净浆中,观察指针读数。由加水时算起,到试针沉入净浆中距底板0.5~1.0 mm时所经历的时间为初凝时间,到试针沉入净浆中不超过1.0 mm时所经历的时间为终凝时间。临近初凝时应每隔5 min测定一次。临近终凝时,可每15 min 测定一次。

(2)测量废渣含水率

将废渣放在干燥箱中,在105 ℃下烘至恒重,按下式计算含水率:

$$\text{含水率}=\frac{\text{废渣湿重}-\text{废渣干重}}{\text{废渣湿重}}\times 100\% \tag{7.29}$$

(3) 制作水泥块

① 先将废渣粉碎、划分。

② 按不同渣、灰比计算用水量。

③ 将渣与灰先混合搅拌5 min,加入所需水量,拌匀,放入模子中。在振动台上振动数次,放入养护箱中养护24 h,脱模。

④ 水泥块养护3 d、7 d及28 d后取出,测定抗压强度。

⑤ 将测定抗压强度后的粉碎物收集后,称取一定重量进行滴沥试验,计算各令期的化块中的有毒物的渗透率及溶出率。

(4) 渗漏液中有毒物质测定

① 渗漏试验

渗漏试验操作同7.9节。

② 水溶性试验

将粒径为0.5~5.0 mm的试料10 g(含水率85%以下)加入pH为5.8~6.3的水100 mL(固液比为1∶10),以200次/min的速率连续振荡1~6 h,用离心法、澄清法或通过孔径为1 μm的滤膜过滤,然后测定滤液中有害物质的含量或做毒性实验。

【实验结果整理】

(1) 实验记录

① 定凝结时间

将试针沉入净浆的深度与时间分别填入表7.13中。

表7.13 试针沉入净浆的深度与时间的关系

凝结时间(min)			
试针沉入净浆的深度(mm)			

② 测定抗压强度

将抗压强度与养护时间分别填入表7.14中。

表7.14 抗压强度与养护时间的关系

养护时间(d)			
抗压强度(MPa)			

③ 测定有毒物质的溶出率

将有毒物质溶出率与养护时间分别填入表7.15中。

表7.15 有毒物质溶出率与养护时间的关系

养护时间(d)			
渗滤液或滤液有毒物质含量(mg/L)			
有毒物溶出率(%)			

(2) 实验数据处理

① 根据实验结果,确定水泥净浆的初凝时间和终凝时间;

② 根据测得的不同养护时间的抗压程度,画出抗压强度随养护时间的变化曲线;

③ 由不同养护时间测得的渗滤液或溶出液中有毒物的含量,计算有毒物质的溶出率,绘制有毒物质的溶出率随养护时间的变化曲线。

【思考题】

(1) 在做水泥固化时,为什么要先测定水泥净浆标准度及凝结时间?

(2) 为什么要测定铬渣含水率?

(3) 水泥固化原理是什么?

(4) 水泥块为何需要在养护箱中养护一段时间?

(5) 进行滴沥试验,对废渣处理有何现实意义?

【注意事项】

凝结时间的测定,必须以试针自由降落测得的结果为准。每次测定不得让试针落入原有针孔内,每次测定完毕应将试模放回养护箱中。测定过程中,圆模不应受到振动。

第8章　物理污染控制实验

8.1　校园环境噪声监测开放实验

【实验目的】

环境噪声是指在工业生产、建筑施工、交通运输和社会生产中所产生的影响周围生活环境的声音。随着市场经济的发展,工业化与城市化的步伐不断加快,噪声污染日益明显,严重影响人们正常生活,危害人体健康与社会和谐,噪声已成为继水污染、空气污染、固体废物污染后的第四大污染。

校园是大学生生活、学习和活动的场所,良好的外界环境可促进学生的生长发育、身心健康,使学生有充沛的精力学习和研究。然而近年来,随着我国经济的高速发展,高校的发展进程也不断加快,导致越来越多的校园噪声,声级也呈现增高趋势。

通过本实验,希望达到以下目的:

(1) 加深对噪声监测技术的理解;

(2) 学会噪声的测定;

(3) 学习噪声评价的方法。

【实验原理】

通过对长江师范学院不同功能区的昼间环境噪声的监测,得出各监测点的声级值,与国家规定的大学校园应执行的噪声管理标准进行比较,来评价校园噪声环境质量。通过调查、分析确定功能小区噪声源及其污染范围,提出环境噪声治理方案,为校园功能小区规划提供建议。

【实验装置与设备】

HY-104A数字声级计,标准校准仪。

【实验步骤】

(1) 监测点的选择

监测布点在空间方位的基础上，按照长江师范学院校园功能区划分，选择有代表性的7个点进行监测，包括教学区（教学楼和图书馆）、学生生活区（学生宿舍）、混合区（校门）等。

(2) 测量条件

① 在无雨、无雪的天气条件下进行，声级计应保持传声器清洁，风力在三级以上必须加风罩（以避免风对噪声的干扰），五级以上大风应停止测量；

② 测量仪器可手持或固定在三脚架上，距离地面1.2 m，使传声器对准声源方向。

(3) 测量步骤

① 测量前应按仪器要求进行校正。

② 测量时间从7:00～23:00，每一个功能区每天按8个时间段进行测量(7:00 ～ 9:00, 9:00 ～ 11:00, 11:00 ～ 13:00, 13:00 ～ 15:00, 15:00 ～ 17:00, 17:00 ～ 19:00, 19:00 ～ 21:00, 21:00 ～ 23:00)。

③ 读数方法。声级计采用A计权，置于慢档，每隔5 s读一个瞬间A声级，连续读取100个数据。测量同时要判断和记录附近主要噪声来源（如交通噪声、施工噪声、生活噪声等）和天气状况。

【实验结果整理】

本实验用等效声级L_{eq}表示

$$L_{eq}=L_{50}+\frac{(L_{10}-L_{90})^2}{60} \tag{8.1}$$

式中，L_{10}，L_{50}，L_{90}为累计百分声级，单位dB。将各监测点每一次测量的100个数据从大到小顺序排列，第10个数据即为L_{10}，第50个数据即为L_{50}，第90个数据即为L_{90}。

利用式(8.1)对监测数据进行处理得到各点、各时间段的等效连续声级值，再将该监测点一整天的各次L_{eq}值求出算术平均值，作为该点的环境噪声评价量。对各点等效连续声级值求平均值，可得到布点的噪声级。

(1) 实验测得的各数据建议按照表8.1填写。

表8.1　监测点昼间各时间段的L_{eq}分布记录表

实验日期：___年___月___日。

时间段	南苑食堂	崇礼楼	环境学院门口	图书馆前门	北苑操场主席台	南苑操场主席台
7:00						
9:00						
11:00						
13:00						
15:00						
17:00						
19:00						
21:00						

(2) 绘监测点昼间各时间段的L_{eq}分布图。

【实验结果讨论】

(1) 学校各点环境噪声评价图,讨论学生宿舍、图书馆、教学楼、学院办公楼、食堂是否达到国家Ⅰ类标准?

(2) 校园环境噪声值的起伏波动,讨论是否与学生作息时间的规律一致?

(3) 对噪声超标的地点进行分析和溯源。

8.2 材料吸声性能实验

【实验目的】

噪声控制工程中普遍采用吸声材料和吸声结构来降低噪声。吸声材料按其吸声机理,可以分为多孔性吸声材料和共振吸声结构两大类。材料的吸声特性采用吸声系数来描述。不同材料或结构的吸声特性不同,因此只有了解吸声材料或吸声结构的吸声特性,才能在噪声控制中选择恰当的材料,从而达到降低噪声的目的。

材料的吸声系数可由实验测出,常用的方法有混响室法和驻波管法两种。用混响室法所测得的吸声系数是材料的无规则入射吸声系数,而用驻波管法所测得的吸声系数是材料的垂直入射吸声系数。

本实验采用的是驻波管法,通过本实验,希望达到以下目的:

(1) 加深对吸声系数的理解;

(2) 了解不同材料的吸声特性;

(3) 掌握材料吸声性能的影响因素。

【实验原理】

在驻波管中传播平面波的频率范围内,声波入射到管中,再从试件表面反射回来,入射波和反射波叠加后在管中形成驻波。由此形成沿驻波管长度方向声压极大值与极小值的交替分布。用试件的反射系数来表示声压极大值与极小值,可写成

$$p_{max}=p_0(1+|r|) \tag{8.2}$$

$$p_{min}=p_0(1-|r|) \tag{8.3}$$

根据吸声系数的定义,吸声系数与反射系数的关系可写成

$$\alpha_0=1-|r|^2 \tag{8.4}$$

定义驻波比S为

$$S=\frac{|p_{max}|}{|p_{min}|} \tag{8.5}$$

吸声系数可用驻波比表示为

$$\alpha_0=\frac{4S}{(1+S)^2} \tag{8.6}$$

因此,只要确定声压极大值和极小值的比值,即可计算出吸声系数。如果实际测得的是声压级的极大值和极小值,设两者之差为L,则根据声压和声压级之间的关系,可由下式计算吸声系数:

$$\alpha_0=\frac{4\times 10^{L/20}}{1+10^{L/20}} \tag{8.7}$$

【实验装置与设备】

驻波管中吸声系数的测量有驻波比法和传递函数法两种,分别见《声学阻抗管中吸声系数和声阻抗的测量第1部分:驻波比法》(GB/T 18696.1—2004)和《声学阻抗管中吸声系数和声阻抗的测量第2部分:传递函数法》(GB/T 18696.2—2002)。为了更直观地理解吸声系数以及驻波形成的角度,建议采用驻波比法。本实验介绍驻波比法的实验装置。

典型的测量材料吸声系数用的驻波管系统如图8.1所示。其主要部分是一根内壁坚硬光滑、截面均匀的管子(圆管或方管),管子的一端用以安装被测试的材料样品,管子的另一端为扬声器。当扬声器向管中辐射的声波频率与管子截面的几何尺寸满足式(8.8)或式(8.9)的关系时,在管中只有沿管轴方向传播的平面波。

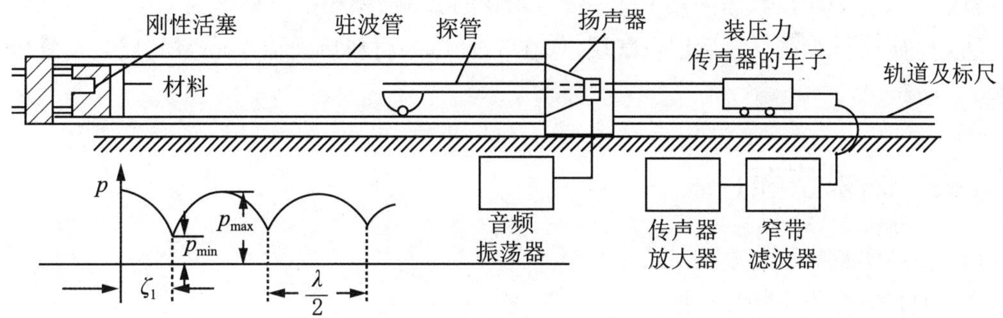

图8.1　驻波管结构及测量装置示意图

$$f<\frac{1.84c_0}{\pi D}\ (圆管) \tag{8.8}$$

$$f<\frac{c_0}{2L}\ (方管) \tag{8.9}$$

式中,D为圆管直径,m;L为方管边长,m;c_0为空气中的声速,m/s。

平面声波传播到材料表面时被反射回来,这样入射声波与反射声波在管中叠加而形成驻波声场。从材料表面位置开始,管中出现了声压极大值和极小值的交替分布。利用可移动的探管传声器接收管中驻波声场的声压,可通过测试仪器测出声压极大值与极小值的差值L,或声压极小值与极大值的比值(即驻波比S),即可根据式(8.6)或式(8.7)计算垂直入射吸声系数。

为在管中获得平面波,驻波管测量所采用的声信号为单频信号,但扬声器辐射声波中包含高次谐波分量,因此在接收端必须进行滤波才能去掉不必要的高次谐波成分。由于要满足在管中传播的声波为平面波以及必要的声压极大值、极小值的数目,常设计有低、中、高频3种尺寸和长度的驻波管,分别适用于不同的频率范围。

【实验步骤】

利用驻波管测试材料垂直入射吸声系数的步骤如下:

(1) 将被测吸声材料按实验要求安装于驻波管的末端。实验材料采用两种厚度(如5 cm和10 cm)的阻性吸声材料(如玻璃棉或泡沫海绵)和抗性吸声材料(如微穿孔板)。

(2) 调整单频信号发生器的频率到指定的数值,并调节信号发生器的输出,以得到适宜的音量。

(3) 移动传声器小车到除极小值以外的任一位置,改变接收滤波器通带的中心频率,使测试仪器得到最大读数。这时接收滤波器通带的中心频率与管中实际声波频率准确一致。

(4) 将探管端部移至试件表面处,然后慢慢离开,找到一个声压极大值,并改变测量放大器的增益,使测试仪器指针正好满刻度,再小心地找出相邻的第1个极小值,这样就得到S或L。根据式(8.6)或式(8.7)可计算出α_0。

(5) 调整单频信号发生器到其他频率,重复以上步骤,就可得到各测试频率的垂直入射吸声系数。实验中测量频率采用100 ～ 2000 Hz的1/3倍频程中心频率。

(6) 更换材料或在材料后留空气层(如在5 cm厚的材料后面加5 cm空气层),重复以上测量。

【实验结果整理】

(1) 记录实验基本参数。

实验日期:___年___月___日。

温度:____ ,湿度:____。

测量设备型号:____。

(2) 实验数据可参考表8.2记录。

表8.2　材料吸声系数测量数据记录表

材料名称(阻性材料名):						材料厚度:(5)cm					背留空腔:(0)cm			
频率(Hz)	100	125	160	200	250	315	400	500	630	800	1000	1250	1600	2000
α_0														

注:表中括号内数字为建议的实验参数。

(3) 将表8.2中的实验数据绘成如图8.2所示的吸声系数曲线,其中横坐标为频率,纵坐标为吸声系数。

【问题与讨论】

(1) 根据实验结果,比较同种阻性材料在不同厚度下吸声性能的变化趋势,5 cm材料背留5 cm空腔后的吸声性能和10 cm材料吸声性能的异同,并由此讨论材料厚度和空腔对材料吸声性能的影响;

(2) 根据实验结果,比较在不同空腔厚度下抗性吸声材料的吸声性能的变化,并由此讨论空腔对吸声材料的吸声性能的影响;

(3) 比较阻性吸声材料和抗性吸声材料的吸声特性的差异。

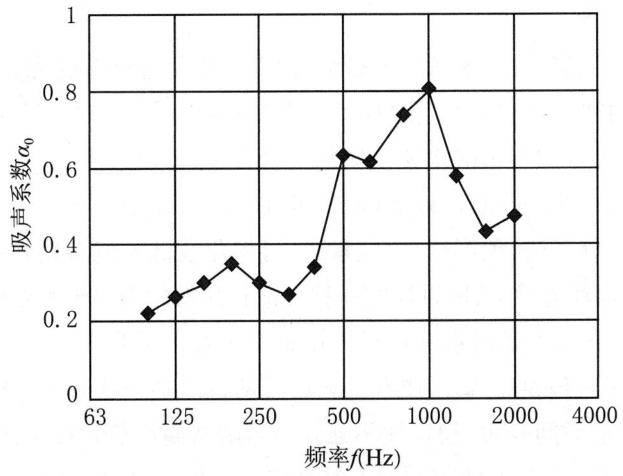

图8.2　材料吸声系数曲线

第9章 综合实验

9.1 亚铁活化过硫酸盐处理染料废水实验

【实验目的】

染料废水具有色度高、含盐量大、COD浓度高、可生化性低等特点，能对人体和环境产生巨大的危害。染料初步降解后产生的有机物质对人体的血管与神经系统有明显的毒害作用；高色度染料废水的排放会影响水体植物的光合作用；染料废水中含有较高浓度的氨氮，造成水体富营养化。罗丹明B(Rhodamine B，RhB)属于偶氮性染料，广泛用于染料行业。罗丹明B染料废水成分复杂、色度高、含盐量大、可生化性低等特点使其不易被一般方法所降解，造成了严重的水环境污染，所以探究一种合适且高效的染料废水处理技术意义重大。

过硫酸盐高级氧化技术是近年来基于Fenton氧化技术而形成的一种新型氧化技术，属于类Fenton氧化技术。Fenton氧化技术是利用羟基自由基(·OH)去除废水中污染物。在实际应用中，·OH存活时间较短，稳定性不强。过硫酸盐高级氧化技术凭借易溶于水、稳定性强、氧化能力强的优势在废水治理方向上具有广阔前景。在常温条件下，利用过渡金属活化过硫酸盐形成硫酸根自由基可以用于污染物的去除。由于Fe元素含量高、易获得，因此采用铁元素活化过硫酸盐最为适宜。

$$Fe^{2+} + S_2O_8^{2-} \longrightarrow Fe^{3+} + SO_4^- \cdot + SO_4^{2-}$$

通过本实验，希望达到以下目的：

(1) 加深对亚铁活化过硫酸盐技术理论的理解；

(2) 掌握RhB的测定方法；

(3) 分析亚铁活化过硫酸盐系统中各因素条件下RhB的降解规律。

【实验仪器】

(1) 所需仪器如下：

① 回旋式振荡器(或者磁力搅拌器)，1套；

② 电子天平，1台；

③ 便携式酸度计，1套；

④ 紫外可见分光光度计，1套；

⑤ 超纯水机,1台;

⑥ 其他:量筒:100 mL或250 mL,2套;玻璃棒:1根;容量瓶:250 mL,5个;比色管:50 mL,7个;离心管:5 mL,10个;移液管:1 mL、2 mL、5 mL、10 mL各一根;洗瓶:2个。

(2) 本实验所用试剂包含硫酸亚铁、氢氧化钠、硫酸、甲醇、过硫酸钾、RhB,皆为分析纯。

【实验步骤】

(1) RhB分析方法的建立及标准曲线的绘制

配置RhB浓度0 mmol/L、0.001 mmol/L、0.002 mmol/L、0.004 mmol/L、0.008 mmol/L、0.01 mmol/L、0.02 mmol/L、0.03 mmol/L,采用紫外分光光度计在554 nm波长处对RhB的吸光度值进行分析测定,绘制标准曲线。数据填入表9.1。

(2) 亚铁活化过硫酸盐法降解RhB

反应在室温下的250 mL的玻璃锥形瓶中进行。先在锥形瓶中加入一定体积的蒸馏水,再加入一定浓度的RhB母液,并用硫酸和氢氧化钠调节溶液pH,然后加入一定浓度的过硫酸盐(PS),最后再加入一定浓度的Fe^{2+}启动反应。此时溶液总体积为200 mL,采用回旋式振荡器振荡或者磁力搅拌器,在不同时间点取出2.5 mL溶液到原先装有0.5 mL甲醇的离心管中,然后采用紫外分光光度计在554 nm波长处对RhB的吸光度值进行分析测定。

① pH的影响

在RhB、PS和亚铁浓度分别在0.01 mmol/L、0.1 mmol/L、0.05 mmol/L条件下,研究pH为2.0、3.0、7.0、9.0、11.0和不调整水样pH时,测定吸光度变化,求出染料的去除效率和反应速率。通过表9.2测定吸光度,求出染料的去除效率。表9.3求出亚铁离子活化过硫酸盐氧化RhB的反应速率。

② 不同亚铁浓度

在pH=3.0,PS浓度为0.1 mmol/ L条件下,Fe^{2+}浓度分别为0.01 mmol/L、0.02 mmol/L、0.05 mmol/L、0.1 mmol/L、0.2 mmol/L、0.5 mmol/L时,测定吸光度变化,求出染料的去除效率和反应速率。通过表9.4测定吸光度,求出染料的去除效率。表9.5求出亚铁离子活化过硫酸盐氧化RhB的反应速率。

③ 不同PS浓度

在pH=3.0,Fe^{2+}浓度为0.05 mmol/L条件下,PS浓度分别为0.05 mmol/L、0.07 mmol/L、0.1 mmol/L、0.15 mmol/L、0.2 mmol/L、0.3 mmol/L时,测定吸光度变化,求出染料的去除效率和反应速率。通过表9.6测定吸光度,求出染料的去除效率,表9.7求出亚铁离子活化过硫酸盐氧化RhB的反应速率。

④ 不同染料初始浓度的影响

在pH=3.0,PS浓度为0.1 mmol/L,Fe^{2+}浓度为0.05 mmol/L条件下,RhB浓度分别为0.001 mmol/L、0.0014 mmol/L、0.018 mmol/L、0.01 mmol/L、0.012 mmol/L、0.16 mmol/L、0.1 mmol/L,测定吸光度变化,求出染料的去除效率和反应速率。通过表9.8测定吸光度,

求出染料的去除效率,表9.9求出亚铁离子活化过硫酸盐氧化RhB的反应速率。

【实验数据整理】

(1)RhB的去除效率按照下式进行计算:

$$\eta_t=\frac{C_0-C_t}{C_0}\times 100\% \tag{9.1}$$

式中,C_0为反应开始前RhB的浓度,mmol/L;C_t为t时刻RhB的浓度,mmol/L;η_t为t时刻RhB的去除效率,%。

(2) 伪一级动力学方程对实验数据进行拟合,并比较不同反应条件下亚铁/过硫酸盐对RhB去除速率:

$$\ln(C/C_0)=-k_{obs}\,t \tag{9.2}$$

式中,k_{obs}为表观速率常数,min^{-1};C_t为时间t测得RhB的污染物浓度,mmol/L;C_0为初始时间RhB的污染物浓度,mmol/L。

(3) 实验测得的各数据建议按照表9.1~表9.9填写。

表9.1　不同浓度RhB对应的吸光度

浓度(mmol/L)	吸光度
0.001	
0.002	
0.004	
0.008	
0.010	
0.020	
0.030	

表9.2　不同初始pH值对RhB去除效率的影响

时间(min)	pH=2.0	pH=3.0	不调整水样pH	pH=7.0	pH=9.0	pH=11.0
0						
2						
5						
10						
15						
20						
25						
30						

表9.3　不同初始pH值对RhB降解速率($\ln(C/C_0)$-t)的影响

时间(min)	pH=2.0	pH=3.0	不调整水样pH	pH=7.0	pH=9.0	pH=11.0
0						
2						
5						
10						
15						
20						
25						
30						

表9.4　不同亚铁浓度对RhB去除效率的影响

时间(min)	亚铁浓度(mmol/L)					
	0.01	0.02	0.05	0.1	0.2	0.5
0						
2						
5						
10						
15						
20						
25						
30						

表9.5　不同亚铁浓度对RhB降解速率($\ln(C/C_0)$-t)的影响

时间(min)	亚铁浓度(mmol/L)					
	0.01	0.02	0.05	0.1	0.2	0.5
0						
2						
5						
10						
15						
20						
25						
30						

表9.6　不同PS浓度对RhB去除效率的影响

取样时间(min)	PS　浓　度　(mmol/L)					
	0.05	0.07	0.1	0.15	0.2	0.3
0						
2						
5						
10						
15						
20						
25						
30						

表9.7　不同PS浓度对RhB降解速率($\ln(C/C_0)$-t)的影响

取样时间(min)	PS　浓　度　(mmol/L)					
	0.05	0.07	0.1	0.15	0.2	0.3
0						
2						
5						
10						
15						
20						
25						
30						

表9.8　不同RhB浓度对RhB去除效率的影响

取样时间(min)	RhB　浓　度　(mmol/L)						
	0.001	0.0014	0.018	0.01	0.012	0.16	0.1
0							
2							
5							
10							
15							
20							
25							
30							

表9.9　不同RhB浓度对RhB降解速率($\ln(C/C_0)$-t)的影响

取样时间(min)	RhB 浓 度 (mmol/L)						
	0.001	0.0014	0.018	0.01	0.012	0.16	0.1
0							
2							
5							
10							
15							
20							
25							
30							

9.2　水体富营养化程度评价实验

【实验目的】

富营养化(eutrophication)是指在人类活动的影响下,生物所需的氮、磷等营养物质大量进入湖泊、河口、海湾等缓流水体,引起藻类及其他浮游生物迅速繁殖,水体溶解氧量下降,水质恶化,鱼类及其他生物大量死亡的现象。在自然条件下,湖泊也会从贫营养状态过渡到富营养状态,沉积物不断增多,先变为沼泽,后变为陆地。这种自然过程非常缓慢,常需几千年甚至上万年。而人为排放含营养物质的工业废水和生活污水所引起的水体富营养化现象,可以在短期内出现。水体富营养化后,即使切断外界营养物质的来源也很难自净和恢复到正常水平。水体富营养化严重时,湖泊可被某些繁生植物及其残骸淤塞,成为沼泽甚至干地。局部海区可变成"死海",或出现"赤潮"现象。植物营养物质的来源广、数量大,有生活污水、农业面源、工业废水、垃圾等。每人每天带进污水中的氮约50 g。生活污水中的磷主要来源于洗涤废水,而施入农田的化肥有50%~80%流入江河、湖海和地下水体中。许多参数可用作水体富营养化的指标,常用的是总磷、叶绿素-a含量和初级生产率的大小(表9.10)。

表9.10　水体富营养化程度划分

富营养化程度	初级生产率[mgC/(m^2·d)]	总磷(μg/L)	无机氮(μg/L)
极贫	0~136	< 0.005	< 0.200
贫一中	—	0.005 ~ 0.010	0.200 ~ 0.400
中	137~409	0.010 ~ 0.030	0.300 ~ 0.650
中一富	—	0.030 ~ 0.100	0.500 ~ 1.500
富	410~547	> 0.100	> 1.500

通过本实验,希望达到以下目的:

(1) 掌握总磷、叶绿素-a及初级生产率的测定原理及方法；

(2) 评价水体的富营养化状况。

【实验仪器及试剂】

(1) 仪器与器具

① 可见分光光度计；

② 移液管：1 mL、2 mL、10 mL；

③ 容量瓶：100 mL、250 mL；

④ 锥形瓶：250 mL；

⑤ 比色管：25 mL；

⑥ BOD瓶(溶解氧瓶)：250 mL；

⑦ 具塞小试管：10 mL；

⑧ 玻璃纤维滤膜、剪刀、玻璃棒、夹子；

⑨ 多功能水质检测仪。

(2) 试剂

① 过硫酸铵$(NH_4)_2S_2O_8$(固体)；

② 浓硫酸；

③ 1 mol/L硫酸溶液；

④ 2 mol/L盐酸溶液；

⑤ 6 mol/L氢氧化钠溶液；

⑥ 1%酚酞：1 g酚酞溶于90 mL乙醇中，加水至100 mL；

⑦ 丙酮：水(9∶1)溶液；

⑧ 酒石酸锑钾溶液：将0.35 g $K(SbO)C_4H_4O_6 \cdot 1/2H_2O$溶于100 mL蒸馏水中，用棕色瓶在4 ℃时保存；

⑨ 钼酸铵溶液：将13 g $(NH_4)_6MO_7O_{24} \cdot 4H_2O$溶于100 mL蒸馏水中，用塑料瓶在4 ℃时保存；

⑩ 钼酸盐溶液：在不断搅拌下，将钼酸铵溶液徐徐加到300 mL硫酸溶液($V_{\rho_{H_2SO_4}}=1.84$ g/mL∶V_{H_2O}=1∶1)中加酒石酸锑氧钾($K(SbO)C_4H_4O_6 \cdot 1/2H_2O$)溶液，混合均匀；

⑪ 抗坏血酸溶液：0.1 mol/L(溶解1.76 g抗坏血酸于100 mL蒸馏水中，转入棕色瓶，若在4 ℃时保存，可维持一个星期不变)；

⑫ 混合试剂：50 mL 2 mol/L硫酸、5 mL酒石酸锑钾溶液、15 mL钼酸铵溶液和30 mL抗坏血酸溶液。混合前，先让上述溶液达到室温，并按上述次序混合，再加入酒石酸锑钾或钼酸铵后，如混合试剂有浑浊，摇动混合试剂，并放置几分钟，至澄清为止。若在4 ℃下保存，可维持1周不变；

⑬ 磷酸盐贮备液(1.00 mg/mL磷)：称取1.098 g KH_2PO_4，溶解后转入250 mL容量瓶

中，稀释至刻度，即得1.00 mg/mL磷溶液；

⑭ 磷酸盐标准溶液：量取1.00 mL贮备液于100 mL容量瓶中，稀释至刻度，即得磷含量为10 μg/mL的工作液。

【实验方法】

(1) 磷的测定

a. 原理

在酸性溶液中，将各种形态的磷转化成磷酸根离子(PO_4^{3-})。随之用钼酸铵和酒石酸锑钾与之反应，生成磷钼锑杂多酸，再用抗坏血酸把它还原为深色钼蓝。

砷酸盐与磷酸盐一样也能生成钼蓝，0.1 g/mL的砷就会干扰测定。六价铬、二价铜和亚硝酸盐能氧化钼蓝，使测定结果偏低。

b. 步骤

水样处理：水样中如有大的微粒，可用搅拌器搅拌2～3 min，以至混合均匀。量取100 mL水样(或经稀释的水样)两份，分别放入250 mL锥形瓶中，另取100 mL蒸馏水于250 mL锥形瓶中作为对照，分别加入1 mL 2 mol/L H_2SO_4、3 g$(NH_4)_2S_2O_8$，微沸约1 h，补加蒸馏水使体积为25～50 mL(如锥形瓶壁上有白色凝聚物，应用蒸馏水将其冲入溶液中)，再加热数分钟。冷却后，加一滴酚酞，并用6 mol/L NaOH将溶液中和至微红色。再滴加2 mol/L HCl使粉红色恰好褪去转入100 mL容量瓶中加水稀释至刻度，移取25 mL至50 mL比色管中，加1 mL混合试剂，摇匀后，放置10 min，加水稀释至刻度再摇匀，放置10 min，以试剂空白作参比，用1 cm比色皿，于波长880 nm处测定吸光度(若分光光度计不能测定880 nm处的吸光度，可选择710 nm波长)。

标准曲线的绘制：分别吸取10 μg/mL磷的标准溶液0.00、0.50、1.00、1.50、2.00、2.50、3.00 mL于50 mL比色管中，加水稀释至约25 mL，加入1 mL混合试剂，摇匀后放置10 min，加水稀释至刻度，再摇匀，10 min后，以试剂空白做参比，用1 cm比色皿，于波长880 nm处测定吸光度。

结果处理：由标准曲线查得磷的含量，按下式计算水中磷的含量：

$$\rho_P = \frac{W_P}{V} \tag{9.3}$$

式中，ρ_P为水中磷的含量，g/L；W_P为由标准曲线上查得磷的含量，μg；V为测定时吸取水样的体积(本实验$V = 25.00$ mL)，mL。

(2) 生产率的测定

a. 原理

绿色植物的生产率是光合作用的结果，与氧的产生量成比例，因此测定水体中的氧可看作对生产率的测量。然而在任何水体中都有呼吸作用产生，要消耗一部分氧。因此在计算生产率时，还必须测量因呼吸作用所损失的氧。本实验用测定两只无色瓶和两只深色瓶中相同样品内溶解氧变化量的方法测定生产率。此外，测定无色瓶中氧的减少量，提供校正呼吸作用的数据。

b. 实验过程

① 取4只BOD瓶,其中两只用铝箔包裹使之不透光,这些分别记作“亮”和“暗”瓶。从一水体上半部的中间取出水样,测量水温和溶解氧。如果此水体的溶解氧未过饱和,则记录此值为ρ_{Oi},然后将水样分别注入一对“亮”和“暗”瓶中。若水样中溶解氧过饱和,则缓缓地给水样通气,以除去过剩的氧,重新测定溶解氧并记作ρ_{Oi}。按上法将水样分别注入一对“亮”和“暗”瓶中。

② 从水体下半部的中间取出水样,按上述方法同样处理。

③ 将两对“亮”和“暗”瓶分别悬挂在与取水样相同的水深位置,调整这些瓶子使阳光能充分照射。一般将瓶子暴露几个小时,暴露期为清晨至中午,或中午至黄昏,也可清晨到黄昏。为方便起见,可选择较短的时间。

④ 暴露期结束即取出瓶子,逐一测定溶解氧,分别将“亮”和“暗”瓶的数值记为ρ_{O1}和ρ_{Od}。

c. 结果处理

① 呼吸作用:氧在暗瓶中的减少量

$$R=\rho_{Oi}-\rho_{Od} \tag{9.4}$$

净光合作用:氧在亮瓶中的增加量

$$P_n=\rho_{O1}-\rho_{Oi} \tag{9.5}$$

总光合作用:

$$P_g=\text{呼吸作用}+\text{净光合作用}=(\rho_{Oi}-\rho_{Od})+(\rho_{O1}-\rho_{Oi})=\rho_{O1}-\rho_{Od} \tag{9.6}$$

② 计算水体上、下两部分值的平均值。

③ 通过以下公式计算来判断每单位水域总光合作用和净光合作用的日速率:

(a) 把暴露时间修改为日周期:

$$P_g'\left[mgO_2/(L\cdot d)\right]=P_g\times\frac{\text{每日光周期时间}}{\text{暴露时间}} \tag{9.7}$$

(b) 将生产率单位从mgO_2/L改为mgO_2/m^2,这表示1 m^2水面下水柱的总产生率,为此必须知道产生区的水深:

$$P_g''\left[mgO_2/(m^2\cdot d)\right]=P_g\times\frac{\text{每日光周期时间}}{\text{暴露时间(h)}}\times10^3\times\text{水深(m)} \tag{9.8}$$

式中,10^3为体积浓度mg/L换算为mg/m^3的系数。

(c) 假设全日24 h呼吸作用保持不变,计算日呼吸作用:

$$R\left[mgO_2/(m^2\cdot d)\right]=\frac{R\times24}{\text{暴露时间(h)}}\times10^3\times\text{水深(m)} \tag{9.9}$$

(d) 计算日净光合作用:

$$P_n\left[mg\,O_2/(L\cdot d)\right]=\text{日}P_g-\text{日}R \tag{9.10}$$

④ 假设符合光合作用的理想方程($CO_2+HO\rightarrow CH_2O+O_2$),将生产率的单位转换成固定碳的单位:

$$\text{日}P_m\left[mg\,C/(m^2\cdot d)\right]=\text{日}P_n\left[mg\,O_2/(m^2\cdot d)\right]\times12/32 \tag{9.11}$$

(3) 叶绿素-a的测定

a. 原理

测定水体中的叶绿素-a的含量,可估计该水体的绿色植物存在量。将色素用丙酮萃取,测量其吸光度值,便可以测得叶绿素-a的含量。

b. 实验过程

① 将100～500 mL水样经玻璃纤维滤膜过滤,记录过滤水样的体积。将滤纸卷成香烟状,放入小瓶或离心管。加10 mL或足以使滤纸淹没的90%丙酮液,记录体积,塞住瓶塞,并在4 ℃下暗处放置4 h。如有浑浊,可离心萃取。将一些萃取液倒入1 cm玻璃比色皿,加比色皿盖,以试剂空白为参比,分别在波长665 nm和750 nm处测其吸光度。

② 加1滴2 mol/L盐酸于上述两只比色皿中,混合并放置1 min,再在波长665 nm和750 nm处测定吸光度。

c. 结果处理

酸化前:$A = A_{665} - A_{750}$,酸化后:$A_a = A_{665a} - A_{750a}$。

在665 nm处测得吸光度减去750 nm处测得值是为了校正浑浊液。

用下式计算叶绿素-a的浓度(μg/L):

$$\text{叶绿素-a} = 29(A - A_a)\frac{V_{\text{萃取液}}}{V_{\text{样品}}} \tag{9.12}$$

式中,$V_{\text{萃取液}}$为取液萃取液体积,mL;$V_{\text{样品}}$为萃取液体积,mL。

根据测定结果,并查阅有关资料,评价水体富营养化状况。

【思考题】

(1) 水体中氮、磷的主要来源有哪些?

(2) 在计算日生产率时,有几个主要假设?

(3) 被测水体的富营养化状况如何?

9.3　锅炉烟气监测与评价实验

【实验目的】

(1) 了解锅炉等固定污染源监测中的布点要求及方法;

(2) 掌握锅炉烟气中颗粒物、气态污染物的采样和测定技术方法;

(3) 掌握锅炉烟气的评价方法。

【实验原理】

(1) 烟尘的测定:将烟尘采样管由采样孔放入烟道中,将采样嘴置于测点上,正对气流方向,按等速采样要求抽取一定量的含尘气体,根据采样前后滤筒的质量差以及抽取的气体体积,计算烟尘的浓度。

(2) 气态污染物的测定(定电位电解法气体传感器):将采样管放入烟道中,抽取含有特定气体的烟气,进行脱尘、脱水处理后通过电化学传感器,分别发生电化学反应,传感器输出的电流的大小在一定条件下与气体的浓度成正比,所以测量传感器输出的电流即可计算出气体的瞬时浓度;同时仪器根据检测到的烟气排放量等参数计算出气体的排放量。

【实验仪器与试剂】

① 自动烟尘/气测试仪:可测定烟尘、二氧化硫、一氧化氮、二氧化氮、硫化氢、二氧化碳、氧气和一氧化碳等;

② 电子天平:感量0.1 mg;

③ 烘箱;

④ 干燥器;

⑤ 滤筒:超细玻璃纤维滤筒或刚玉滤筒。

【实验步骤】

(1) 采样前准备

a. 滤筒前处理和称重

用铅笔将滤筒编号,在 105～110 ℃烘箱内烘烤1 h,取出放入干燥器中冷却至室温,用感量 0.1 mg天平称量,两次质量之差应不超过 0.5 mg。当滤筒在400 ℃以上高温排气中使用时,为了减少滤筒本身减重,应预先在 400 ℃高温箱中烘烤1 h,然后放入干燥器中冷却至室温,称重,记录其质量(g')。放入专用容器中保存。

b. 干燥器的装填

将干燥筒底盖旋开,加入约3/4体积的具有充分能力的变色硅胶(颗粒状),然后将干燥筒盖旋紧即可。

c. 检查仪器

采样前应检查仪器运行是否正常,管路是否漏气,对于烟气测试仪还要及时充电,按规范校准。检查仪器的显示器、键盘、采样泵等是否正常,仪器各功能是否正常等。

(2) 布点要求及方法

a. 采样位置的确定原则

① 采样位置应优先选择在垂直管段,应避开烟道弯头和断面等急剧变化的部位。采样位置应设置在距弯头、阀门、变径管下游方向不小于6 倍直径,距上述部件上游方向不小于

3 倍直径处。

② 测试现场空间位置有限,很难满足上述要求时,则选择比较适宜的管段采样,但采样断面与弯头等的距离至少是烟道直径的1.5倍,并应适当增加测点的数量。采样断面的气流最好在5 m/s以上。

③ 对于气态污染物,由于混合比较均匀,其采样位置可不受上述规定限制,但应避开涡流区。如果同时测定排气流量,采样位置仍按①选取。

④ 采样位置应避开对测试人员操作有危险的场所。

⑤ 必要时应设置采样平台,采样平台应有足够的工作面积使工作人员安全、方便的操作。平台面积应不小于1.5 m,并设有1.1 m高的护栏,采样孔距平台面约1.2~1.3 m。

b. 采样孔和采样点的确定

烟道内同一断面各点的气流速度和烟尘浓度分布通常是不均匀的。因此,必须按照一定原则在同一断面内进行多点测量,才能取得较为准确的数据断面内测点的位置和数目,主要根据烟道断面的形状、尺寸大小和流速分布均匀情况而定不同形状的烟道,其采样孔和采样点的设置按下述方法确定。

① 采样孔:

(a) 在选定的测定位置上开设采样孔,采样孔内径应不小于 80 mm,采样孔长应不大于 50 mm。不使用时应用盖板、管堵或管帽封闭。当采样孔仅用于采集气态污染物时,其内径应不小于40 mm。

(b) 对正压下输送高温或有毒气体的烟道应采用带有闸板阀的密封采样孔。

(c) 对圆形烟道,采样孔应设在包括各测定点在内的互相垂直的直径线上(图9.1)。对矩形或方形烟道,采样孔应设在包括各测定点在内的延长线上(图9.2)。

② 采样点:

圆形烟道:

(a) 将烟道分成适当数量的等面积同心环,各测点选在各环等面积中心线与呈垂直相交的两条直径线的交点上,其中一条直径线应在预期浓度变化最大的平面内。

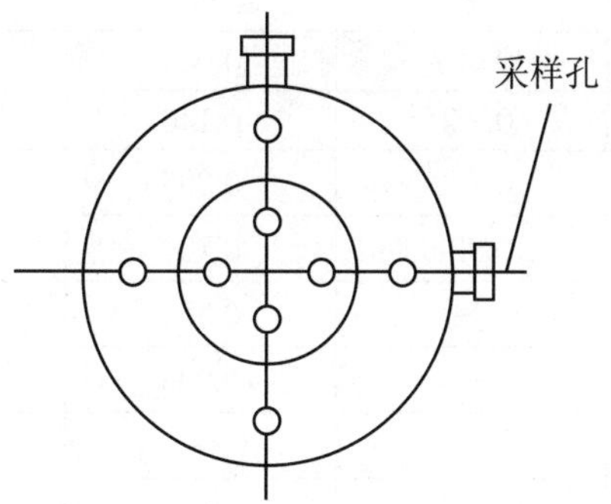

图9.1 圆形断面的测点

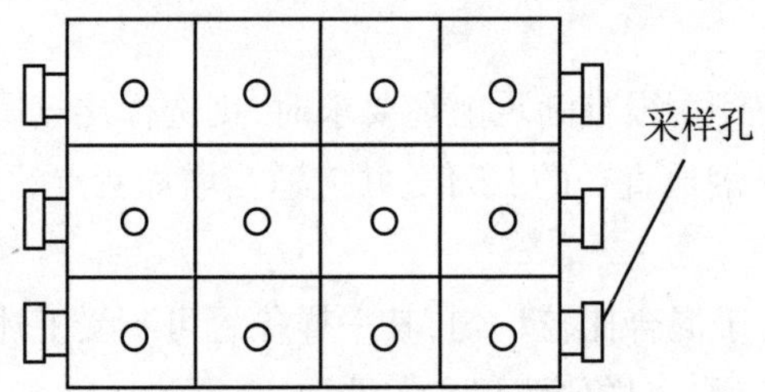

图9.2　矩形或方形断面的测点

(b) 对符合(a)采样位置①要求的烟道,可只选预期浓度变化最大的一条直径线上的测点。

(c) 对直径小于0.3 m流速分布比较均匀、对称并符合a采样位置①要求的小烟道,可取烟道中心作为测点。

(d) 不同直径的圆形烟道的等面积环数、测量直径数及测点数见表9.11,原则上测点不超过20个。

表9.11　圆形烟道分环及测点数的测定

烟道直径(m)	等面积环数	测量直径数	测点数
<0.3	—	—	1
0.3~0.6	1~2	1~2	2~8
0.6~1.0	2~3	1~2	4~12
1.0~2.0	3~4	1~2	6~16
2.0~4.0	4~5	1~2	8~20
>4.0	5	1~2	10~20

(e) 测点距烟道内壁的距离按表9.12确定。当测点距烟道内壁的距离小于25 mm时取25 mm。

表9.12　测点距烟道内壁距离(以烟道直径D计)

测点号	环数				
	1	2	3	4	5
1	0.146	0.067	0.044	0.033	0.026
2	0.854	0.250	0.146	0.105	0.082
3	—	0.750	0.296	0.194	0.146
4	—	0.933	0.704	0.323	0.226
5	—	—	0.854	0.677	0.342
6	—	—	0.956	0.806	0.658
7	—	—	—	0.895	0.774
8	—	—	—	0.967	0.854
9	—	—	—	—	0.918
10	—	—	—	—	0.974

(f) 当水平烟道内积灰时,测定前应尽可能将积灰清除,原则上应将积灰部分的面积从断面内扣除,按有效断面布设采样点。

矩形或方形烟道：

(a) 将烟道断面分成适当数量的等面积小块，各块中心即为测点。小块的数量按表9.13的规定选取，原则上测点不超过20个。

表9.13　形或方形烟道的分块和测点数

烟道断面积(m^2)	等面小块长边长(m)	测点总数
<0.1	<0.32	1
0.1~0.5	<0.35	1~4
0.5~1.0	<0.50	4~6
1.0~4.0	<0.67	6~9
4.0~9.0	<0.75	9~16
>9.0	≤1.0	≤20

(b) 烟道断面面积小于0.1 m^2，流分布比较均匀、对称并符合(a)采样位置①要求的，可取断面中心作为测点。

(c) 与b采样点①中f相同。

③ 当烟道采样位置不能满足(a)采样位置①要求时，应增加采样线和测点。

(3) 烟气基本状态参数及烟尘浓度的测量

a. 根据烟道尺寸确定采样点的数目和位置，将各采样点的位置在采样管上作出标记。

b. 记下滤筒编号，将已称重的滤筒装入采样管内，并装上所选定的采样嘴。

c. 打开烟道的采样孔，清除孔中的灰。

e. 量排气中的分含量。

f. 测量排气的静压。将组合采样管小心地插入烟道近中心处，使S形毕托管的测压孔平面平行于气流，将其一侧出口用橡皮管与采样器静压接头测孔相连，测出排气的静压。

g. 将组合采样管旋转90°，读出热电偶或热电阻温度计指示的排气温度。

h. 将所测得的排气水分含量、静压、大气压、温度和采样嘴直径，以及采样点数和每一个采样点的采样时间输入到采样器中。

i. 将S形毕托管的两个测压出口用毕托管与动接头测相连，将合采样管旋转90°，使采样嘴及S形毕托管全压测孔正对气流，在各个采样点进行采样。采样方法包括：移动采样：用一个筒在已确定的采样点上移动采样，各点采样时间相等，求出采样断面的平均浓度；定点采样：每个测点上采一个样，求出采样断面的平均浓度，则可了解烟道断面上颗粒物浓度变化状况；间断采样：对有周期性变化的排放源，根据工况变化及其延续时间，分段采样，然后求出其时间加权平均浓度。

j. 采样完毕后，关闭抽气泵，从烟道中小心地取出采样管。

k. 用打印机打印出排气温度、压力、流、采集的排气体积(标准状态下)流量等排气参数。

l. 将采样后的放入105~110 ℃烘箱内烤1 h，取出放器中冷却至室温用分析天平称量，记录其质量(g)。

(4) 气态污染物的测定

a. 布点

由于气态污染物在烟道内分布比较均匀,不需要多点采样,在靠近烟道中心的任何一点采样即可。

b. 测定

① 自动烟尘/气测试仪测定:根据需要测定的项目,分别将采样管连接到仪器上相应的SO_2、NO、NO_2等传感器上,开启抽气泵,从仪器上直接读出各污染物的浓度值。

② 化学分测定法:

采样:不需要等速采样,一般可按图9.3所示装置用溶液吸收法采样(同大气中气态污染物)。如废气浓度高、需气量较少时,可按图9.4所示装置用注射器采样。

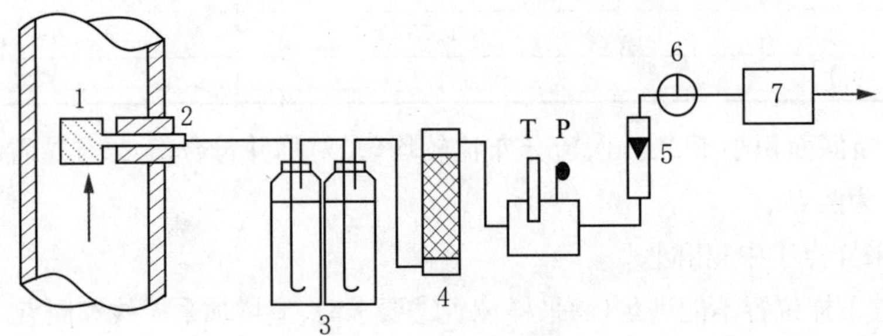

图9.3　吸收法采样装置

1. 滤料;2. 加热(或保温)采样导管;3. 吸收瓶;4. 干燥器;5. 流量计;6. 三通阀;7. 抽气泵

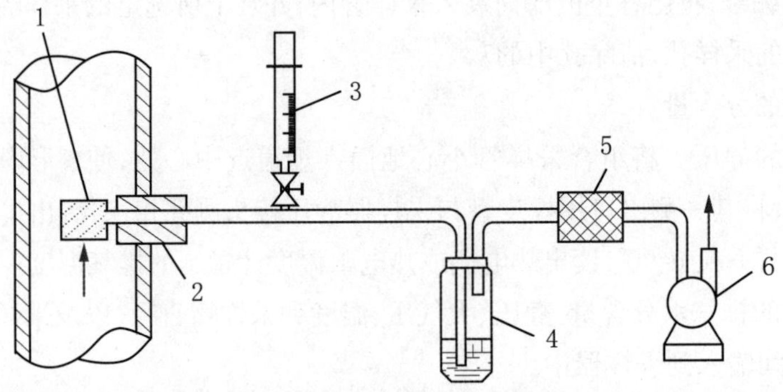

图9.4　注射器采样装置

1. 滤料;2. 加热(或保温)采样导管;3. 采样注射器;4. 吸收瓶;5. 干燥器;6. 抽气泵

分析测定:分光光度法测定(同大气中有害组分的测定)。

【结果计算与评价】

(1) 烟尘度的计算

$$c=\frac{g-g'}{V_{nd}}\times 10^6 \tag{9.13}$$

式中,c为实测烟尘浓度,mg/m³;g为滤筒终重,mg;g'为滤筒初重,mg;V_{nd}为烟气标况体积,m³。

(2) 气污染物浓度的计算

SO_2、NO_x等气态污染物浓度如采用仪器自动测定,其浓度可从仪器上直接读数。如通过化学分析测定,按大气监测中气态污染物浓度的计算方法计算。

(3) 评价

根据锅炉建成使用年限、适用区域及实际监测的锅炉烟气中颗粒物和气态污染物的浓度,依据《锅炉大气污染物排放标准》(GB 13271—2001)中烟尘二氧化硫、氮氧化物等污染物的最高允许排放浓度,对所监测的锅炉烟气进行评价,评价其是否符合排放标准。

【思考与讨论】

(1) 采集烟尘时需用等速采样法,而采集气态污染物时则不需要,为什么?

(2) 采集气态污染物时,采样管头部为何要加装滤料?

(3) 采集气态污染物时,采样管加热或保温的目的是什么?

【注意事项】

(1) 烟尘采样现场一般环境比较恶劣,常为高空作业,采样人员一定要确保人机安全;

(2) 高温烟气采样时,持采样管的人员应戴防烫手套,以防烫伤;

(3) 采样过程中应及时将采样孔堵住,以防正压烟道有害气体喷出,也防止对烟道内气流的扰动。

9.4 生活垃圾厌氧堆肥产气实验

【实验目的】

城市生活垃圾的处理方式主要有填埋、焚烧和堆肥。填埋占地面积大,而且对土壤、地下水和大气都会造成危害;焚烧是对资源的极大浪费,而且易产生烟尘及有害气体;好氧堆肥可以将生活垃圾中的有机可腐物转化为腐殖质,但需要供给氧气,有一定的能源消耗;厌氧堆肥不仅可以得到腐殖土,不用供给氧气,能源消耗小,而且可以得到可观的可燃气体甲烷,因此厌氧堆肥具有重要的社会及环境意义。通过本实验,可达到以下目的:

(1) 了解生活垃圾厌氧发酵产甲烷的生物学原理;

(2) 了解影响厌氧发酵产甲烷的各主要因素;

(3) 学会使用奥氏气体分析仪定量测定甲烷和二氧化碳。

【实验原理】

由于厌氧发酵的原料成分复杂,参加反应的微生物种类繁多,使得厌氧发酵过程中物质的代谢、转化和各种菌群的作用等非常复杂,最终,碳素大部分转化为甲烷。氮素转化为氨和氮,硫素转化为硫化氢。目前,一般认为该过程可划分为3个阶段。

(1) 水解酸化阶段

水解细菌与发酵细菌将碳水化合物、蛋白质、脂肪等大分子有机化合物水解和发酵转化成单糖、氨基酸、脂肪酸、甘油等小分子有机化合物。

(2) 产乙酸阶段

在产氢产乙酸菌的作用下把第1阶段的产物转化成氢气、二氧化碳和乙酸等。

(3) 产甲烷阶段

在厌氧菌产甲烷菌的作用下,把第2阶段的产物转化为甲烷和二氧化碳。

前两个阶段称为酸性发酵阶段,体系的pH降低,后一个阶段称为碱性发酵阶段,由于产甲烷菌对环境条件要求苛刻(尤其是pH控制在6.8~7.2),所以控制好碱性发酵阶段体系的条件是实验成功的关键。

【实验仪器与材料】

① 剪切及破碎工具,1套;

② 温度计,1个;

③ 恒温水浴锅,1台;

④ 简易厌氧消化实验装置(图9.5),1套;

⑤ 奥氏气体分析仪,1台。

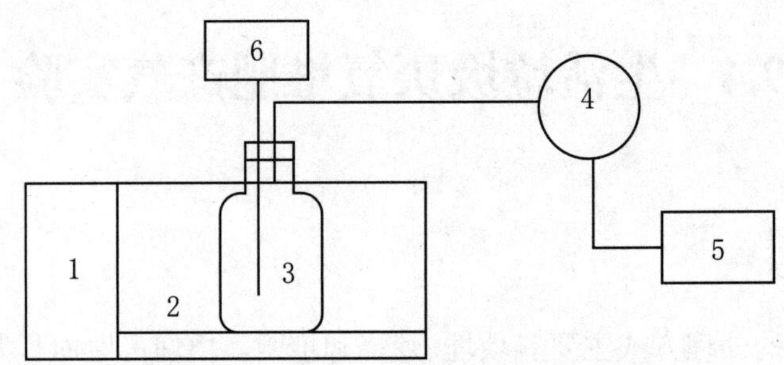

图9.5　分类垃圾厌氧消化实验装置示意图

1. 温控仪;2. 水浴;3. 反应器;4. 集气瓶;5. 气体分析仪;6. 采样口

【实验方法】

(1) 采集制备堆肥原料;

(2) 检查实验装置的气密性;

(3) 掌握奥氏气体分析仪使用方法;

(4) 合理地设定实验温度,合理地设定测量产气量的时间间隔及实验总时间,模拟消化过程进行实验。

【实验数据整理】

(1) 整理实验数据，绘制产气速率曲线，讨论厌氧产气规律；
(2) 求出所产气体中二氧化碳和甲烷的含量；
(3) 与未经过堆肥过程的相同成分垃圾物进行比较，观察其颜色、气味的不同；
(4) 讨论不同的堆肥原料和操作条件可能会对实验结果有什么影响。

【相关基础储备】

(1) 厌氧堆肥的原理等相关知识；
(2) 所用原料的主要特性分析以及混合原料碳氮比的计算方法；
(3) 奥氏气体分析仪使用方法。

9.5　区域环境噪声监测与评价实验

【实验目的】

(1) 进一步熟悉声级计的使用；
(2) 掌握环境噪声的监测与评价方法；
(3) 训练学生独立完成一项模拟或实际监测任务的能力、处理数据的能力以及综合分析和评价能力。

【实验仪器】

① AWA6270＋型噪声分析仪或AWA5633A型声级计；
② HY603型声校准器；
③ 风速仪；
④ 温度计；
⑤ 大气压力计。

【实验操作规程】

(1) 实验预习，熟悉实验内容、相关知识点、注意事项等；
(2) 测量点的选择；
(3) 查阅相关资料，包括监测方法、对应标准、政策法规等；
(4) 确定方案，并进行小组讨论。

【实验内容与步骤】

(1) 声级计的使用

(2) 声级计的校准

(3) 测量条件的要求

天气条件要求在无雨、无雪的时间，声级计应保持传声器膜片清洁，风力在三级以上必须加风罩，五级(5.5 m/s)以上应停止测量。手持仪器测量，传声器要求距离地面1.2 m，距人体至少50 cm。

(4) 选择好待测量的点

全班同学分成几组，每组负责一个网点测量，并记录附近主要噪声来源和天气情况。

(5) 噪声测量时间及测量频率安排

时间从8:00～17:00每一网点至少测量4次，时间间隔尽可能相同。

(6) 数据记录

【数据处理】

环境噪声是随着时间而起伏的无规律噪声，因此，测量结果一般用统计值或等效声级来表示。

将各网点每一次的测量数据顺序排列，找出L_{10}，L_{50}，L_{90}，求出等效声级L_{eq}，再由该网点一整天的各次L_{eq}值求出算术平均值，作为该网点的环境噪声评价量。

【评价】

将该区域的噪声环境监测值与国家相应标准进行比较，得出该区域的环境噪声污染情况，通过分析噪声环境现状，提出改善该区域噪声环境质量的建议和措施。

【思考题】

影响噪声测定的因素有哪些?如何避免?

附　　录

附录A　格拉布斯(Grubbs)检验临界值T_a表

n	显著性水平a				n	显著性水平a			
	0.05	0.025	0.01	0.005		0.05	0.025	0.01	0.005
3	1.153	1.155	1.155	1.155	30	2.745	2.908	3.103	3.236
4	1.463	1.481	1.492	1.496	31	2.759	2.024	3.119	3.253
5	1.672	1.715	1.749	1.764	32	2.773	2.938	3.135	3.270
6	1.822	1.887	1.944	1.973	33	2.786	2.952	3.150	3.286
7	1.938	2.020	2.097	2.139	34	2.799	2.965	3.164	3.301
8	2.032	2.126	2.221	2.274	35	2.811	2.979	3.178	3.316
9	2.110	2.315	2.323	2.387	36	2.823	2.991	3.191	3.330
10	2.176	2.290	2.410	2.482	37	2.835	3.003	3.204	3.343
11	2.234	2.355	2.485	2.564	38	2.846	3.014	3.216	3.356
12	2.285	2.412	2.550	2.636	39	2.857	3.025	3.288	3.369
13	2.331	2.462	2.607	2.699	40	2.866	3.036	3.240	3.381
14	2.371	2.507	2.659	2.755	41	2.877	3.046	3.251	3.393
15	2.409	2.549	2.705	2.806	42	2.887	3.057	3.261	3.404
16	2.443	2.585	2.747	2.852	43	2.896	3.067	3.271	3.415
17	2.475	2.620	2.785	2.894	44	2.905	3.075	3.282	3.425
18	2.504	2.650	2.821	2.932	45	2.914	3.085	3.292	3.435
19	2.532	2.681	2.854	2.968	46	2.923	3.094	3.302	3.445
20	2.557	2.709	2.884	2.001	47	2.931	3.103	3.310	3.455
21	2.580	2.733	2.912	3.031	48	2.940	3.111	3.319	3.464
22	2.603	2.758	2.939	3.060	49	2.948	3.120	3.329	3.474
23	2.624	2.781	2.963	3.087	50	2.956	3.128	3.336	3.483
24	2.644	2.802	2.987	3.112	60	3.025	3.199	3.411	3.560
25	2.663	2.822	3.009	3.135	70	3.082	3.257	3.471	3.622
26	2.681	2.841	3.029	3.157	80	3.130	3.305	3.521	3.673
27	2.698	2.859	3.049	3.178	90	3.171	3.347	3.563	3.716
28	2.714	2.876	3.068	3.199	100	3.207	3.383	3.600	3.754
29	2.730	2.893	3.085	3.128	—	—	—	—	—

附录B　*F*分布表

表B.1　*F*分布表(α=0.05)

n_2 \ n_1	1	2	3	4	5	6	7	8	9	10	12	15	20	60	∞
1	161.4	199.5	215.7	224.6	230.2	234.0	236.8	238.9	240.5	241.9	243.9	245.9	248.0	252.2	254.3
2	18.51	19.00	19.16	19.25	19.30	19.33	19.35	19.37	19.38	19.10	19.41	19.43	19.45	19.48	19.50
3	10.13	9.55	9.28	9.12	9.01	8.94	8.89	8.85	8.81	8.79	8.74	8.70	8.66	8.57	8.53
4	7.71	6.94	6.59	6.39	6.26	6.16	6.09	6.04	6.00	5.96	5.91	5.86	5.80	5.69	5.63
5	6.61	5.79	5.41	5.19	5.05	4.95	4.88	1.82	4.77	4.74	4.68	4.62	4.56	4.43	4.36
6	5.99	5.14	4.76	4.53	4.39	4.28	4.21	4.15	4.10	4.06	4.o0	3.94	3.87	3.74	3.67
7	5.59	41.74	4.35	4.12	3.97	3.87	3.79	3.37	3.68	3.64	3.57	3.51	3.44	3.30	3.23
8	5.32	4.46	4.07	3.84	3.69	3.58	3.50	3.44	3.39	3.35	3.28	3.22	3.15	3.01	2.93
9	5.12	4.26	3.86	3.63	3.48	3.37	3.29	3.23	3.18	3.14	3.07	3.01	2.94	2.79	2.71
10	4.96	4.10	3.71	3.48	3.33	3.22	3.14	3.o7	3.02	2.98	2.91	2.85	2.77	2.62	2.54
11	4.84	3.98	3.59	3.36	3.20	3.09	3.01	2.95	2.90	2.85	2.79	2.72	2.65	2.49	2.40
12	4.75	3.89	3.49	3.26	3.11	3.00	2.91	2.85	2.80	2.75	2.69	2.62	2.54	2.38	2.30
13	4.67	3.81	3.41	3.18	3.03	2.92	2.83	2.77	2.71	2.67	2.60	2.53	2.46	2.30	2.21
14	4.60	3.74	3.34	3.11	2.96	2.85	2.76	2.70	2.65	2.60	2.53	2.46	2.39	2.22	2.13
15	4.54	3.68	3.29	3.06	2.90	2.79	2.71	2.64	2.59	2.54	2.43	2.40	2.33	2.16	2.07
16	4.49	3.63	3.24	3.01	2.85	2.74	2.66	2.59	2.54	2.49	2.42	2.35	2.28	2.11	2.01
17	4.45	3.59	3.20	2.96	2.81	2.70	2.61	2.55	2.49	2.45	2.38	2.31	2.23	2.03	1.96
18	4.41	3.55	3.16	2.93	2.77	2.66	2.58	2.51	2.46	2.41	2.34	2.27	2.19	2.02	1.92
19	4.38	3.52	3.13	2.90	2.74	2.63	2.54	2.48	2.41	2.38	2.31	2.23	2.16	1.98	1.88
20	4.35	3.49	3.10	2.87	2.71	2.60	2.51	2.45	2.39	2.35	2.28	2.20	2.12	1.95	1.84
21	4.32	3.47	3.07	2.84	2.68	2.57	2.49	2.42	2.37	2.3.2	2.25	2.18	2.10	1.92	1.81
22	4.30	3.44	3.05	2.82	2.66	2.55	2.46	2.10	2.34	2.30	2.23	2.15	2.07	1.89	1.78
23	4.28	3.42	3.03	2.80	2.64	2.53	2.44	2.37	2.32	2.27	2.20	2.13	2.05	1.86	1.76
24	4.26	3.10	3.01	2.45	2.62	2.51	2.42	2.36	2.30	2.25	2.18	2.11	2.03	1.84	1.73
25	4.24	3.39	2.99	2.76	2.60	2.49	2.40	2.34	2.28	2.24	2.16	2.09	2.01	1.82	1.71
30	4.17	3.32	2.92	2.69	2.53	2.42	2.33	2.27	2.21	2.16	2.09	2.01	1.93	1.74	1.62
40	4.08	3.23	2.84	2.61	2.15	2.34	2.25	2.18	2.12	2.08	2.00	1.92	1.84	1.64	1.51
60	4.00	3.15	2.13	2.53	2.37	2.25	2.17	2.10	2.04	1.99	1.92	1.84	1.75	1.53	1.39
120	3.92	3.07	2.68	2.45	2.29	2.17	2.09	2.02	1.96	1.91	1.83	1.75	1.66	1.43	1.25
∞	3.84	3.00	2.60	2.37	2.21	2.10	2.01	1.94	1.88	1.83	1.75	1.67	1.57	1.32	1.00

表B.2　F分布表($\alpha=0.01$)

n_2 \ n_1	1	2	3	4	5	6	7	8	9	10	12	15	20	60	∞
1	4052	4999.5	5403	5625	5764	5859	5928	5982	6022	6056	6106	6157	6209	6313	6366
2	98.50	99.00	99.17	99.25	99.30	99.33	99.36	99.37	99.39	99.40	99.42	99.43	99.45	99.48	99.50
3	34.12	30.82	29.46	23.71	28.24	27.91	27.67	27.49	27.35	27.23	27.05	26.37	26.69	26.32	26.13
4	21.20	18.00	16.69	15.98	15.52	15.21	14.98	14.80	14.66	14.55	14.37	14.20	14.02	13.65	13.46
5	16.26	13.27	12.06	11.39	10.97	10.67	10.46	10.29	10.16	10.05	9.89	9.72	9.55	9.20	9.02
6	13.75	10.92	9.78	9.15	8.75	8.47	8.26	8.10	7.98	7.87	7.72	7.56	7.40	7.06	6.88
7	12.25	9.55	8.45	7.85	7.46	7.19	6.99	6.84	6.72	6.62	6.47	6.31	6.16	5.82	5.65
8	11.26	8.65	7.59	7.01	6.65	6.37	6.18	6.03	5.97	5.81	5.67	5.52	5.36	5.03	4.86
9	10.56	8.02	6.99	6.42	6.06	5.80	5.61	5.47	5.35	5.26	5.11	4.96	4.81	4.48	4.31
10	10.04	7.56	9.55	5.99	5.64	5.39	5.20	5.06	4.94	4.85	4.71	4.56	4.41	4.08	3.91
11	9.65	7.21	6.22	5.67	6.32	5.07	4.89	4.74	4.63	4.54	4.40	4.25	4.10	3.78	3.60
12	9.33	6.93	5.95	5.41	5.06	4.82	4.64	4.50	4.39	4.30	4.16	4.01	3.86	3.54	3.36
13	9.07	6.70	5.74	5.21	4.86	4.62	4.44	4.30	4.19	4.10	3.96	3.82	3.66	3.34	3.17
14	8.86	6.51	5.56	5.04	4.69	4.46	4.28	4.14	4.03	3.94	3.80	3.66	3.51	3.18	3.00
15	8.68	6.36	5.42	4.89	4.56	4.32	4.14	4.00	3.89	3.80	3.67	3.52	3.37	3.05	2.87
16	8.53	6.23	5.29	4.77	4.44	4.20	4.03	3.89	3.78	3.69	3.55	3.41	3.26	2.93	2.75
17	8.40	6.11	5.18	4.67	4.43	4.10	3.93	3.79	3.68	3.59	3.46	3.31	3.16	2.83	2.65
18	8.29	6.01	5.09	4.58	4.25	4.01	3.84	3.71	3.60	3.51	3.37	3.23	3.08	2.75	2.57
19	8.18	5.93	5.01	4.50	4.17	3.94	3.77	3.63	3.52	3.43	3.30	3.15	3.00	2.67	2.49
20	8.10	5.85	4.94	4.43	4.10	3.87	3.70	3.56	3.46	3.37	3.23	3.09	2.94	2.61	2.45
21	8.02	5.78	4.87	4.37	4.04	3.81	3.64	3.51	3.40	3.31	3.17	3.03	2.88	2.55	2.36
22	7.95	5.72	4.82	4.31	3.99	3.76	3.59	3.45	3.35	3.26	3.12	2.98	2.83	2.50	2.31
23	7.88	5.66	4.76	4.26	3.94	3.71	3.54	3.41	3.30	3.21	3.07	2.93	2.78	2.45	2.26
24	7.82	5.61	4.72	4.22	3.90	3.67	3.50	3.36	3.26	3.17	3.03	2.89	2.74	2.40	2.21
25	7.77	5.57	4.68	4.18	3.85	3.63	3.46	3.32	3.22	3.13	2.99	2.85	2.70	2.36	2.17
30	7.56	5.39	4.51	4.02	3.70	3.47	3.30	3.17	3.07	2.98	2.84	2.70	2.55	2.21	2.01
40	7.31	5.18	4.31	4.83	3.51	3.29	3.12	2.99	2.89	2.80	2.66	2.52	2.37	2.02	1.80
60	7.08	4.98	4.13	3.65	3.34	3.12	2.95	2.82	2.72	2.63	2.50	2.35	2.20	1.84	1.60
120	6.85	4.79	3.95	3.48	3.17	2.96	2.79	2.66	2.56	2.47	2.34	2.19	2.03	1.66	1.38
∞	6.63	4.61	3.78	3.32	3.02	2.80	2.64	2.51	2.41	2.32	2.18	2.04	1.88	1.47	1.00

附录C　相关系数检验表

$n-2$	5%	1%	$n-2$	5%	1%	$n-2$	5%	1%
1	0.997	1.000	16	0.468	0.590	35	0.325	0.418
2	0.950	0.990	17	0.456	0.575	40	0.304	0.393

续表

$n-2$	5%	1%	$n-2$	5%	1%	$n-2$	5%	1%
3	0.878	0.959	18	0.444	0.561	45	0.288	0.372
4	0.811	0.917	19	0.433	0.549	50	0.273	0.354
5	0.754	0.874	20	0.423	0.537	60	0.25	0.325
6	0.707	0.834	21	0.413	0.526	70	0.232	0.302
7	0.666	0.798	22	0.404	0.515	80	0.217	0.283
8	0.632	0.765	23	0.396	0.505	90	0.205	0.267
9	0.602	0.735	24	0.388	0.496	100	0.195	0.254
10	0.576	0.708	25	0.381	0.487	125	0.174	0.228
11	0.553	0.684	26	0.374	0.478	150	0.159	0.208
12	0.532	0.661	27	0.367	0.47	200	0.138	0.181
13	0.514	0.641	28	0.361	0.463	300	0.113	0.148
14	0.497	0.623	29	0.355	0.456	400	0.098	0.128
15	0.482	0.606	30	0.349	0.449	1000	0.062	0.081

附录D　各种压力和温度下水中溶解氧饱和浓度

t (℃)	大　气　压 (mmHg)							
	775	760	750	725	700	675	650	625
0	14.9	14.6	14.4	13.9	13.5	12.9	12.5	12.0
1	14.5	14.2	14.1	13.6	13.1	12.6	12.2	11.7
2	14.1	13.9	13.7	13.2	12.0	12.3	11.8	11.4
3	13.8	13.5	13.3	12.9	12.4	12.0	11.5	11.1
4	13.4	13.2	13.0	12.5	12.1	11.7	11.2	10.8
5	13.1	12.8	12.6	12.2	11.8	11.4	10.9	10.5
6	12.7	12.5	12.3	11.9	11.5	11.1	10.7	10.3
7	12.4	12.2	12.0	11.6	11.2	10.8	10.4	10.0
8	12.1	11.9	11.7	11.3	10.9	10.5	10.1	9.8
9	11.8	11.6	11.5	11.1	10.7	10.3	9.9	9.5
10	11.6	11.3	11.2	10.8	10.4	10.1	9.7	9.3
11	11.3	11.1	10.9	10.6	10.2	9.8	9.5	9.1
12	11.1	10.8	10.7	10.3	10.0	9.6	9.2	8.9
13	10.8	10.6	10.5	10.1	9.8	9.4	9.1	8.7
14	10.6	10.4	10.2	9.9	9.5	9.2	8.9	8.6
15	10.4	10.2	10.0	9.7	9.3	9.0	8.7	8.3
16	10.1	9.9	9.8	9.5	9.1	8.8	8.5	8.1
17	9.9	9.7	9.6	9.3	9.0	8.6	8.3	8.0
18	9.7	9.5	9.4	9.1	8.8	8.4	8.1	7.8

续表

t (℃)	大　气　压　(mmHg)							
	775	760	750	725	700	675	650	625
19	9.5	9.3	9.2	8.9	8.6	8.3	8.0	7.6
20	9.3	9.2	9.1	8.7	8.4	8.1	7.8	7.5
21	9.2	9.0	8.9	8.6	8.3	8.0	7.7	7.4
22	9.0	8.8	8.7	8.4	8.1	7.8	7.5	7.2
23	8.8	8.7	8.5	8.2	8.0	7.7	7.4	7.1
24	8.7	8.5	8.4	8.1	7.8	7.5	7.2	7.0
25	8.5	8.4	8.3	8.0	7.7	7.4	7.1	6.8
26	8.4	8.2	8.1	7.8	7.6	7.3	7.0	6.7
27	8.2	8.1	8.0	7.7	7.4	7.1	6.9	6.6
28	8.1	7.9	7.8	7.6	7.3	7.0	6.7	6.5
29	7.9	7.8	7.7	7.4	7.2	6.9	6.6	6.4
30	7.8	7.7	7.6	7.3	7.0	6.8	6.5	6.2
31	7.7	7.5	7.4	7.2	6.9	6.7	6.4	6.1
32	7.6	7.4	7.3	7.0	6.8	6.6	6.3	6.0
33	7.4	7.3	7.2	6.9	6.7	6.4	6.2	5.9
34	7.3	7.2	7.1	6.8	6.6	6.3	6.1	5.8
35	7.2	7.1	7.0	6.7	6.5	6.2	6.0	5.7
36	7.1	7.0	6.9	6.6	6.4	6.1	5.9	5.6
37	7.0	6.8	6.7	6.5	6.3	6.0	5.8	5.6
38	6.9	6.7	6.6	6.4	6.2	5.9	5.7	5.5
39	6.8	6.6	6.5	6.3	6.1	5.8	5.6	5.4
40	6.7	6.5	6.4	6.2	6.0	5.7	5.5	5.3

注:单位:mg/L。

附录E　臭氧测定方法

【实验原理】

臭氧与碘化钾发生氧化还原反应而析出与水样中所含O_3等量的碘。臭氧含量越多析出的碘也越多,溶液颜色也就越深,化学反应式如下:

$$O_3 + 2KI + H_2O \longrightarrow 2KOH + O_2$$

以淀粉作指示剂,用硫代硫酸钠标准溶液滴定,化学反应式如下:

$$I_2 + 2Na_2SO_3 \longrightarrow 2NaI + Na_2S_4O_6$$

待完全反应,生成物为无色碘化钠。可根据硫代硫酸钠耗量计算出臭氧浓度。

【实验设备及试剂】

(1) 气体吸收瓶:500 mL,2只;

(2) 量筒:25 mL,1个;

(3) 气体转子流量计:25～250 L/h, 2只;

(4) 碘化钾溶液:20% 1000 mL;

(5) 3 mol/L硫酸溶液1000 mL;

(6) 0.05 mol/L硫代硫酸钠标准溶液:1000 mL;

(7) 淀粉溶液:1% 100 mL。

【实验步骤】

(1) 用量筒将碘化钾溶液(含量20%)20 mL加入气体吸收瓶中。

(2) 然后往气体吸收瓶中加250 mL蒸馏水,摇匀。

(3) 打开进气阀门,往瓶内通入臭氧化空气2 L(注意控制进气口转子流量计读数500 mL/min)。平行取两个水样,并加入5 mL的3 mol/L硫酸溶液摇后静止5 min。

(4) 用0.05 mol/L硫代硫酸钠溶液滴定。待溶液呈淡黄色时,滴入含量为1%的淀粉液数滴,溶液至蓝褐色。

(5) 继续用0.05 mol/L硫代硫酸钠溶液滴定至无色,记录其用量。

【实验结果整理】

计算臭氧度ρ(mg/L):

$$\rho=\frac{48c_2V_2}{V_1}$$

式中,c_2为硫代硫酸钠溶液的物质的量浓度,mol/L;V_2为硫代硫酸钠溶液的滴定用量(体积),mL;V_1为臭氧取样体积,L。

参考文献

[1] 章非娟,徐竟成. 环境工程实验[M]. 北京:高等教育出版社,2006.
[2] 银玉容,朱能武. 环境工程实验[M]. 广州:华南理工大学出版社,2014.
[3] 王琼,尹奇德. 环境工程实验[M]. 武汉:华中科技大学出版社,2009.
[4] 雷中方,刘翔. 环境工程学实验[M]. 北京:化学工业出版社,2007.
[5] 成官文. 水污染控制工程实验教学指导书[M]. 北京:化学工业出版社,2013.
[6] 王兵. 环境工程综合实验教程[M]. 北京:化学工业出版社,2011.
[7] 韩照祥. 环境工程实验技术[M]. 南京:南京大学出版社,2006.
[8] 王娟. 环境工程实验技术与应用[M]. 北京:中国建筑工业出版社,2016.
[9] 吴俊奇,李燕城. 水处理实验技术[M]. 2版. 北京:中国建筑工业出版社,2004.
[10] 郝瑞霞,吕鉴. 水质工程学实验与技术[M]. 北京:北京工业大学出版社,2006.
[11] 陈泽堂. 水污染控制工程实验[M]. 北京:化学工业出版社,2011.
[12] 张健. 环境工程实验技术[M]. 镇江:江苏大学出版社,2015.
[13] 章琴琴,丁世敏,封享华,等. Fenton法降解邻苯二甲酸二乙酯的动力学特征及其影响因素研究[J]. 环境化学,2020,39(11):3009-3016.
[14] 卞文娟,刘德启. 环境工程实验[M]. 南京:南京大学出版社,2011.
[15] 童志权. 大气污染控制工程[M]. 北京:机械工业出版社,2006.
[16] 宋立杰,赵天涛,赵由才. 固体废物处理与资源化实验[M]. 北京:化学工业出版社,2008
[17] 杨胜科,席临平,易秀. 环境科学实验技术[M]. 北京:化学工业出版社,2008.
[18] 张琳,肖玫,胡将军. 校园环境噪声监测开放实验的探索与实践[J]. 实验科学与技术,2015,13(06):238-239.
[19] 彭党聪. 水污染控制工程实践教程[M]. 北京:化学工业出版社,2004.
[20] 高廷耀,顾国维,周琪. 水污染控制工程[M]. 北京:高等教育出版社,2007.
[21] 张莉,余训平,祝启坤. 环境工程实验指导教程[M]. 北京:化学工业出版社,2011.
[22] 陈靖,唐家良,杨红薇,等. 基于响应面法的人工湿地大肠杆菌去除率的优化设计[J]. 环境工程,2018,36(4):42-46.
[23] 苗婷婷. 氯及臭氧消毒技术对城市污水水质的影响[D]. 北京:北京林业大学,2023.
[24] 章琴琴,宋诚,华亚妮,等. Fenton法降解垃圾渗滤液中的溶解性有机质[J].环境工程学报,2017,11(4):2219-2226.
[25] 蒋梦云. 微塑料对典型农药的吸附行为及作用机理研究[D]. 北京:北京化工大学,2020.